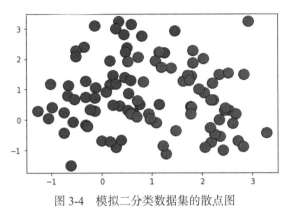

图 3-4　模拟二分类数据集的散点图

图 3-6　对数几率回归分类决策边界图

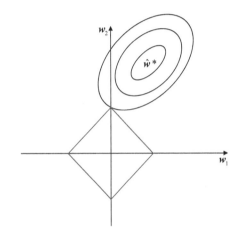

图 4-1　LASSO 回归的参数估计图

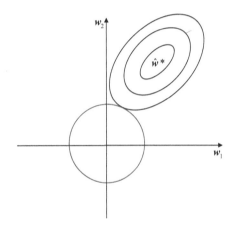

图 4-4　Ridge 回归的参数估计图

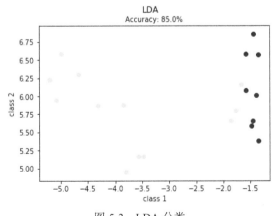

图 5-3　LDA 分类

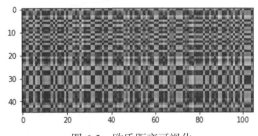

图 6-3　欧氏距离可视化

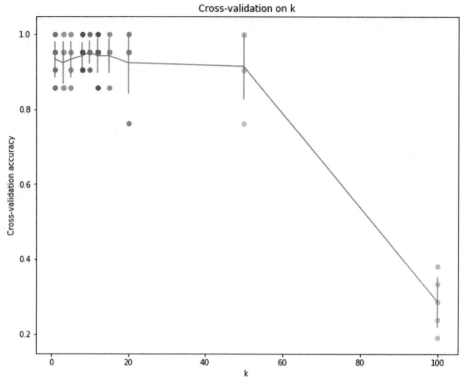

图 6-5　不同 k 值下交叉验证的分类准确率变化图

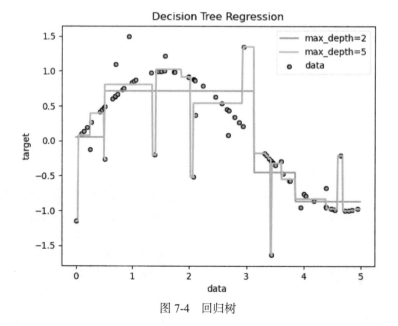

图 7-4　回归树

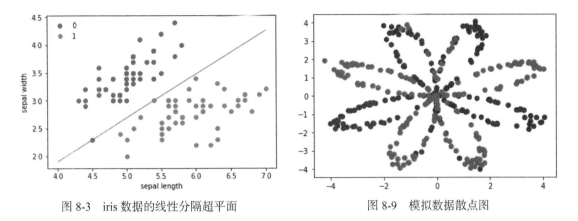

图 8-3　iris 数据的线性分隔超平面

图 8-9　模拟数据散点图

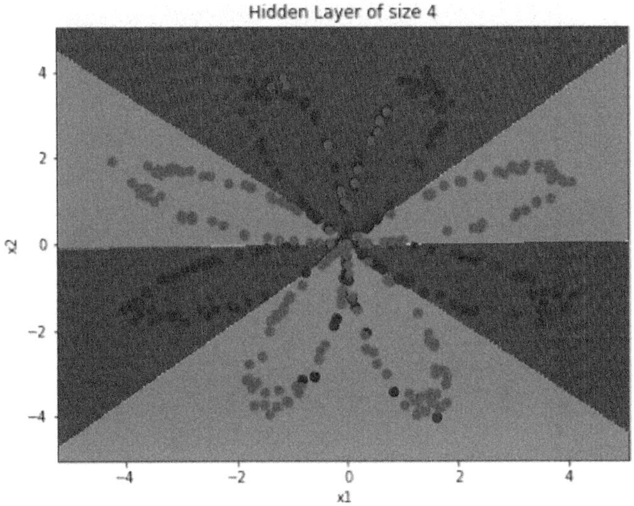

图 8-10　神经网络的分类决策边界

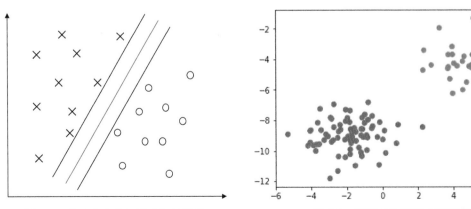

图 9-1　有无穷多个解的感知机模型

图 9-3　模拟二分类样本的散点图

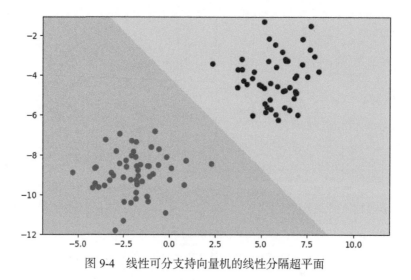

图 9-4　线性可分支持向量机的线性分隔超平面

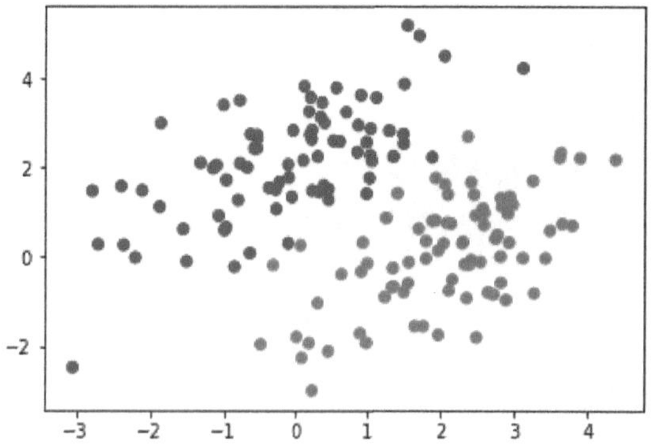

图 9-5　近似线性可分模拟样本

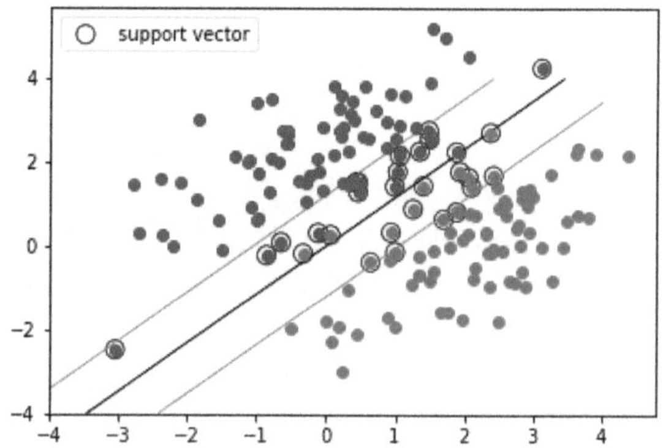

图 9-7　近似线性可分支持向量机的线性分隔超平面

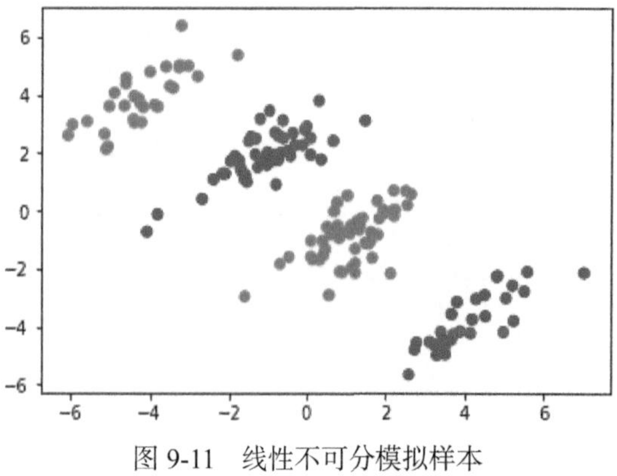

图 9-11　线性不可分模拟样本

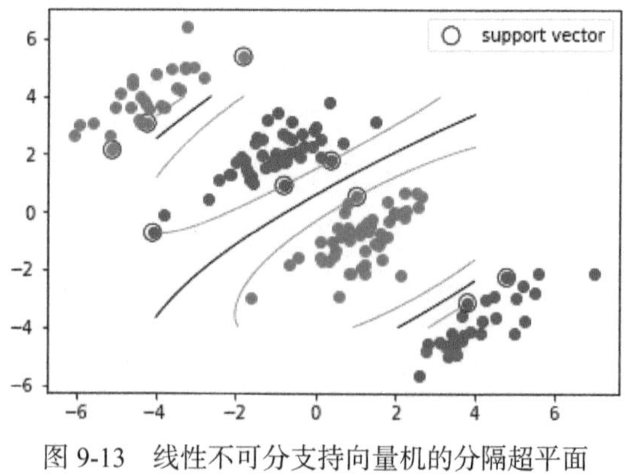

图 9-13　线性不可分支持向量机的分隔超平面

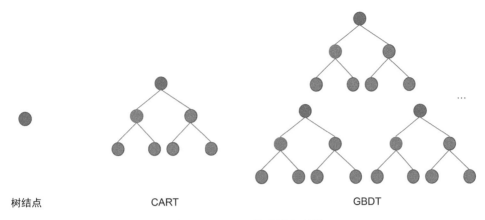

树结点   CART   GBDT

图 11-2   GBDT 模型搭建过程

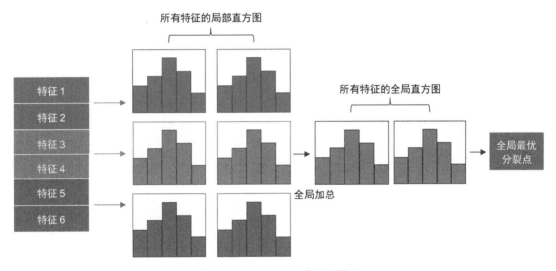

图 13-1   LightGBM 直方图算法

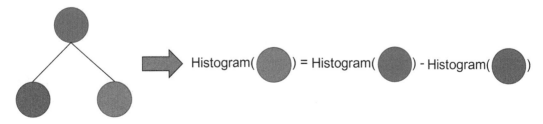

图 13-2   直方图差加速

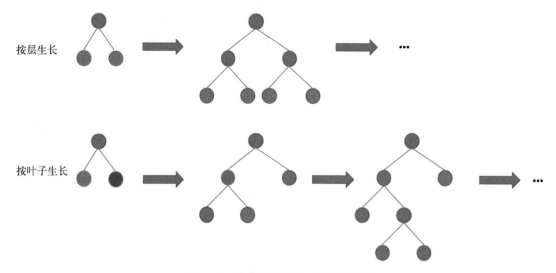

图 13-3　按层生长和按叶子结点生长

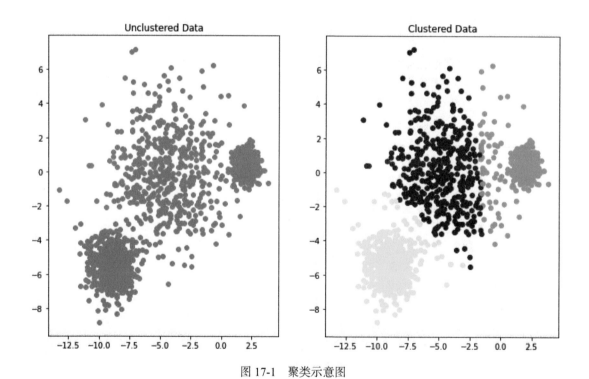

图 17-1　聚类示意图

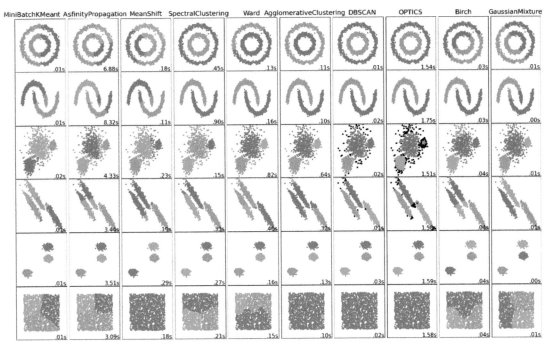

图 17-2　10 类聚类算法效果对比（图来自 sklearn 官网教程）

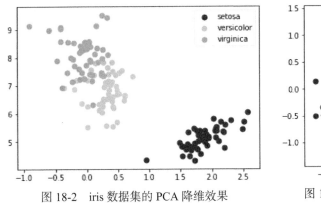

图 18-2　iris 数据集的 PCA 降维效果

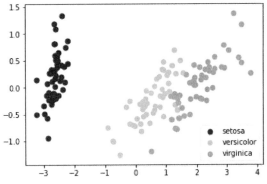

图 18-3　基于 sklearn 实现的 PCA 降维效果

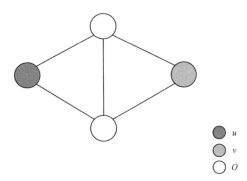

图 24-1　成对马尔可夫性

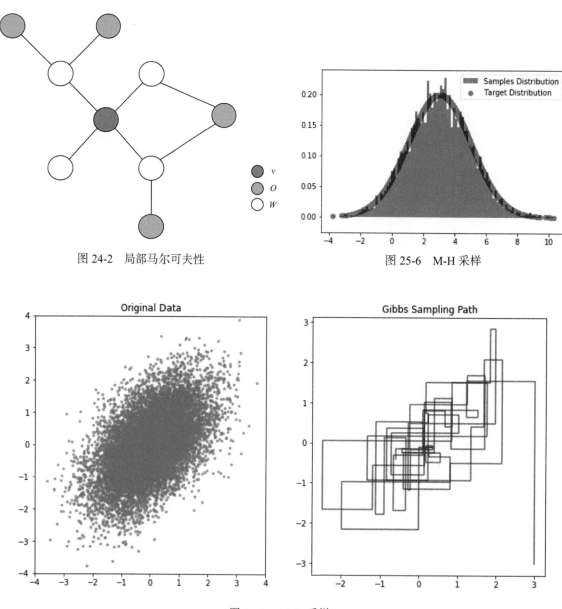

图 24-2　局部马尔可夫性

图 25-6　M-H 采样

图 25-7　Gibbs 采样

机器学习

公式推导与代码实现

鲁伟 编著

人民邮电出版社

北　京

图书在版编目（CIP）数据

机器学习：公式推导与代码实现 / 鲁伟编著. --
北京：人民邮电出版社，2022.1
（图灵原创）
ISBN 978-7-115-57952-2

Ⅰ．①机… Ⅱ．①鲁… Ⅲ．①机器学习 Ⅳ.
①TP181

中国版本图书馆CIP数据核字(2021)第235868号

内 容 提 要

作为一门应用型学科，机器学习植根于数学理论，落地于代码实现。这就意味着，掌握公式推导和代码编写，方能更加深入地理解机器学习算法的内在逻辑和运行机制。本书在对全部机器学习算法进行分类梳理的基础之上，分别对监督学习单模型、监督学习集成模型、无监督学习模型、概率模型四个大类共26个经典算法进行了细致的公式推导和代码实现，旨在帮助机器学习学习者和研究者完整地掌握算法细节、实现方法以及内在逻辑。

本书既适合数理基础扎实的入门者阅读，也适合深入学习的进阶者阅读。此外，它还适合作为机器学习领域的参考书。

◆ 编　著　鲁　伟
　　责任编辑　王军花
　　责任印制　周昇亮

◆ 人民邮电出版社出版发行　　北京市丰台区成寿寺路11号
　　邮编 100164　电子邮件 315@ptpress.com.cn
　　网址 https://www.ptpress.com.cn
　　三河市君旺印务有限公司印刷

◆ 开本：800×1000　1/16　　　彩插：4
　　印张：20　　　　　　　　　2022年1月第1版
　　字数：447千字　　　　　　2025年1月河北第9次印刷

定价：99.80元

读者服务热线：(010)84084456-6009　印装质量热线：(010)81055316
反盗版热线：(010)81055315
广告经营许可证：京东市监广登字 20170147 号

序

机器学习虽经近几十年的发展，在国内大规模流行却是近几年的事情。这些年国内机器学习领域历经产学研的极大繁荣，越来越多的人投入到机器学习的学习与研究工作之中。在此背景下，国内机器学习领域的相关教材和参考书大多以快速上手、重在实战为主。

相反，本书却好像在逆潮流而行。本书的两大主题——公式推导与代码实现，毫无疑义都是在直击机器学习的基本功。在如今的大环境下，作者编写此书的目的无疑是呼吁大家重视基础，夯实理论学习的基本功。

这是一本极具特色的机器学习参考书。全书有两个非常鲜明的特点。第一个是书名所点出的，基于数学理论的公式推导与基于 NumPy 的代码实现之间的对应；第二个则是基于 NumPy 的代码实现与基于 sklearn 机器学习算法库代码实现的比较。

第一个特色体现出这是一本作者总结个人学习和工作经验编著而成的书。依托于国内两本机器学习理论著作，根据它们重在理论而缺少代码的特点，并结合当前学习者和求职者遇到的问题，将机器学习的公式推导与算法的代码逻辑实现进行有机的融合，能够给读者带来耳目一新的体验。

第二个特色则表明作者希望大家在熟悉理论和夯实基本功之后，还是要回归到机器学习的实践应用上。重视公式推导和代码实现的最终目的，也还是要落地于实际应用。本书用 NumPy 实现机器学习算法，目的不是让大家在实际工作的过程中重复造轮子，而是重视机器学习算法的基本功。真正实际应用时，调用现成的机器学习算法库仍然是第一选择。

对于本书，有如下几点阅读建议，供大家参考。

首先，本书的理论框架借鉴了《统计学习方法》和"西瓜书"《机器学习》，阅读本书的同时可以配套上述两本书进行参考，相信会有不小的帮助。其次，本书中的公式推导大多只涉及算法的逻辑层面，非常易于阅读，推荐大家参照本书手动推导一遍。最后，对于本书所有的代码实现例子，希望大家可以基于本书配套的代码库，手动运行一遍，相信一定会学有所获。

祝大家阅读愉快！

清华大学交叉信息研究院助理教授、博士生导师

前　言

　　时至今日，以机器学习为代表的人工智能技术已经取得令人惊叹的成就。从计算机视觉、自然语言处理、推荐系统，到人脸识别、自动驾驶、医学诊断和电子竞技等，机器学习已逐渐普及到各行各业。

　　作为一名算法工程师，笔者从 2017 年以来一直从事医疗数据和医学影像数据的处理和分析工作。在笔者的技术成长过程中，李航老师的《统计学习方法》和周志华老师的"西瓜书"《机器学习》，给了笔者极大的帮助和启发。对于国内机器学习相关方向的学生和从业人员，这两本书几乎人手一本。

　　这两本书有一个共同的特点，就是理论功底相当深厚，但不太注重算法的代码实现。这两年笔者接触了不少求职者，其中大部分人除了在机器学习基本原理上狠下功夫之外，并不满足于现有机器学习调包的学习方式，希望能够从底层的算法实现逻辑和方法上更加深入地掌握机器学习。事实上，随着这几年机器学习的火爆，从业门槛也越来越高，以至于经常出现让面试者现场手推对数几率回归①和手写反向传播代码的情况。这些都使得笔者产生了撰写本书的想法。

　　机器学习是一门建立在数学理论上的应用型学科，完备的数学公式推导对于每一个机器学习研究者都是非常必要的。而代码实现是更加深入地理解机器学习算法的内在逻辑和运行机制的不二法门。因此，本书取名为《机器学习：公式推导与代码实现》。

　　本书力求系统、全面地展示公式推导和代码实现这两个维度。全书分为六大部分，26 章，包括入门篇、监督学习单模型、监督学习集成模型、无监督学习模型、概率模型和总结，其中监督学习的两大部分是本书的重点内容。在叙述方式上，第 2~25 章中的每一章对应一个或两个具体的模型和算法，一般会以一个例子或者概念作为切入点，然后重点从公式推导的角度介绍算法，最后辅以一定程度的基础代码实现，重在展现算法实现的内在逻辑。各部分、各章内容相对独立，但前后又多有联系，读者可以从头到尾通读全书，也可以根据自身情况选读某一部分或某一章节。

---

　　① 英文为 logistic regression，本书遵从"西瓜书"的叫法。

本书既可以作为机器学习相关专业的教学参考书，也可以作为相关从业者的面试工具书。本书的理论体系在很大程度上参考了《统计学习方法》和"西瓜书"《机器学习》，在此也向二位老师表示感谢。本书初稿完成后，人民邮电出版社图灵公司的王军花老师认真对本书做了审稿和编校，提出了很多建设性的修改意见，并全程指导了本书的出版过程，在此向王老师表示衷心的感谢。全书代码实现思路和框架部分参考了开源库的官方教程、GitHub 的开源贡献和一些在线资源，包括但不限于斯坦福大学的 CS231n 计算机视觉课程、吴恩达 deeplearningai 深度学习专项课程、博客园和知乎专栏。写作过程中也得到了一些开源贡献者的支持，在此一并表示感谢。因篇幅有限，部分章节的模型和算法借助了一些现成的算法库进行实现，全书代码可参考笔者的 GitHub 地址（luwill）①。

因为笔者水平有限，成书时间仓促，书中难免会有错误和不当之处，欢迎各位读者指正或提出修改意见。

鲁伟

2021 年 9 月 5 日

---

① 本书源码也可在图灵社区（iTuring.cn）本书主页下载。

目　　录

第一部分

入 门 篇

❑ 第 1 章　机器学习预备知识

第1章

机器学习预备知识

1.1 引言

随着人工智能技术的快速发展，如今**机器学习**（machine learning）这个名词说是"烂大街"也不为过。作为一门以数学计算理论为支撑的综合性学科，机器学习的范畴早已广博繁杂，以至于别人问你擅长什么，你答曰机器学习，那么大概率你是没有专长的。在不同的细分领域、应用场景和研究方向下，每个人做的机器学习研究可能天差地别。

甲同学即将毕业，他想用线性回归来预测应届毕业生在机器学习岗位上的薪资水平；乙同学任职于一家医疗技术公司，他想用卷积神经网络来预测患者肺部是否发生病变；丙同学是一家游戏公司的算法工程师，他的工作是利用强化学习来进行游戏开发。上面提到的线性回归、卷积神经网络和强化学习，都是机器学习算法在不同场景下的应用。上层的应用千变万化，但机器学习的底层技术是不变的。

那么，什么是机器学习的底层技术呢？一是必备的数学推导能力，二是基于数据结构和算法的基本代码实现能力。本书取名为"公式推导与代码实现"，正是源于此。笔者希望通过对主流机器学习模型的详细数学推导和不借助或少借助第三方机器学习库的源码实现，来帮助各位读者从底层技术的角度完整、系统和深入地掌握机器学习。

为了方便本章的行文叙述，下面通过一个简单的例子来引入机器学习。丁师傅是一家饭店的厨师，根据个人从业经验，他认为"食材新鲜度""食材是否经过处理""火候""调味品用量"和"烹饪技术"是影响一盘菜肴烹饪水平的关键因素。

1.2 关键术语与任务类型

机器学习的官方定义为：系统通过计算手段利用经验来改善自身性能的过程。更具体的说法是，机器学习是一门通过分析和计算数据来归纳出数据中普遍规律的学科。

要进行机器学习，最关键的是要有数据。我们根据丁师傅的经验，记录和收集了几条关于烹饪的数据，这些数据的集合称为**数据集**（data set），如表 1-1 所示。

表 1-1　烹饪数据集示例

食材新鲜度	食材是否经过处理	火候	调味品用量	烹饪技术	菜肴评价
新鲜	是	偏大	偏大	熟练	中等
不够新鲜	否	适中	适中	一般	好
新鲜	是	适中	适中	熟练	好
新鲜	否	适中	偏小	一般	差
不够新鲜	是	偏小	适中	一般	差

我们把数据集中的一条记录（即烹饪过程中各种影响因素和结果的组合）叫作**样本**（sample）或者**实例**（instance）。影响烹饪结果的各种因素，如"食材新鲜度"和"火候"等，称为**特征**（feature）或者**属性**（attribute）。样本的数量叫作**数据量**（data size），特征的数量叫作**特征维度**（feature dimension）。

对于实际的机器学习任务，我们需要将整个数据集划分为**训练集**（train set）和**测试集**（test set），其中前者用于训练机器学习模型，而后者用于验证模型在未知数据上的效果。假设我们要预测的目标变量是离散值，如本例中的"菜肴评价"，分为"好""差"和"中等"，那么该机器学习任务就是一个**分类**（classification）问题。但如果我们想要对烹饪出来的菜肴进行量化评分，比如表 1-1 的数据，第一条我们评为 5 分，第二条我们评为 8 分等，这种预测目标为连续值的任务称为**回归**（regression）问题。

分类问题和回归问题可以统称为**监督学习**（supervised learning）问题。但当收集的数据没有具体的标签时，我们也可以仅根据输入特征来对数据进行**聚类**（clustering）。聚类分析可以对数据进行潜在的概念划分，自动将上述烹饪数据划分为"好菜品"和"一般菜品"。这种无标签情形下的机器学习称为**无监督学习**（unsupervised learning）。监督学习和无监督学习共同构建起了机器学习的内容框架。

1.3　机器学习三要素

按照统计机器学习的观点，任何一个机器学习方法都是由**模型**（model）、**策略**（strategy）和**算法**（algorithm）三个要素构成的，具体可理解为机器学习模型在一定的优化策略下使用相应求解算法来达到最优目标的过程。

机器学习的第一个要素是模型。机器学习中的模型就是要学习的决策函数或者条件概率分布，一般用**假设空间**（hypothesis space）$\mathcal{F}$ 来描述所有可能的决策函数或条件概率分布。当模型是一个决策函数时，如线性模型的线性决策函数，$\mathcal{F}$ 可以表示为若干决策函数的集合：

$$\mathcal{F} = \{f \mid Y = f(X)\} \tag{1-1}$$

其中 X 和 Y 为定义在输入空间和输出空间中的变量。

当模型是一个条件概率分布时，如决策树是定义在特征空间和类空间中的条件概率分布，$\mathcal{F}$ 可以表示为条件概率分布的集合：

$$\mathcal{F} = \{P \mid P(Y \mid X)\} \tag{1-2}$$

其中 X 和 Y 为定义在输入空间和输出空间中的随机变量。

机器学习的第二个要素是策略。简单来说，就是在假设空间的众多模型中，机器学习需要按照什么标准选择最优模型。对于给定模型，模型输出 $f(X)$ 和真实输出 Y 之间的误差可以用一个**损失函数**（loss function）$L(Y, F(X))$ 来度量。不同的机器学习任务都有对应的损失函数，回归任务一般使用均方误差，分类任务一般使用对数损失函数或者交叉熵损失函数等。

机器学习的最后一个要素是算法。这里的算法有别于所谓"机器学习算法"，在没有特别说明的情况下，"机器学习算法"实际上指的是模型。作为机器学习三要素之一的算法，指的是学习模型的具体优化方法。当机器学习的模型和损失函数确定时，机器学习就可以具体地形式化为一个最优化问题，可以通过常用的优化算法，比如随机梯度下降法、牛顿法、拟牛顿法等进行模型参数的优化求解。

如果一个机器学习问题的模型、策略和算法都确定了，相应的机器学习方法也就确定了，因而这三者也叫"机器学习三要素"。

1.4　机器学习核心

机器学习的目的在于训练模型，使其不仅能够对已知数据而且能对未知数据有较好的预测能力。当模型对已知数据预测效果很好但对未知数据预测效果很差的时候，就引出了机器学习的核心问题之一：**过拟合**（over-fitting）。

先来看一下监督机器学习的核心哲学。总的来说，所有监督机器学习都可以用如下公式来概括：

$$\min \frac{1}{N} \sum_{i=1}^{N} L(y_i, f(x_i)) + \lambda J(f) \tag{1-3}$$

式(1-3)便是监督机器学习中的损失函数计算公式，其中第一项为针对训练集的经验误差项，即我们常说的**训练误差**；第二项为正则化项，也称惩罚项，用于对模型复杂度的约束和惩罚。所以，所有监督机器学习的核心任务无非就是正则化参数的同时最小化经验误差。多么简约的哲学啊！各类机器学习模型的差别无非就是变着方式改变经验误差项，即我们常说的**损失函数**。不信你看：当第一项是**平方损失**（square loss）时，机器学习模型便是线性回归；当第一项变成**指数损失**

（exponential loss）时，模型则是著名的 AdaBoost（一种集成学习树模型算法）；而当损失函数为**合页损失**（hinge loss）时，模型便是大名鼎鼎的 SVM 了！

综上所述，第一项"经验误差项"很重要，它能变着法儿改变模型形式，我们在训练模型时要最大限度地把它变小。但在很多时候，决定机器学习模型质量的关键通常不是第一项，而是第二项"正则化项"。正则化项通过对模型参数施加约束和惩罚，让模型时时刻刻保持对过拟合的警惕。所以，我们再回到前面提到的监督机器学习的核心任务：正则化参数的同时最小化经验误差。通俗来讲，就是训练集误差小，测试集误差也小，模型有着较好的泛化能力；或者模型偏差小，方差也小。

但是很多时候模型的训练并不如人愿。当你在机器学习领域摸爬滚打已久时，想必更能体会到模型训练的艰辛，要想训练集和测试集的性能表现高度一致实在太难了。很多时候，我们会把经验损失（即训练误差）降到极低，但模型一到测试集上，瞬间"天崩地裂"，表现得一塌糊涂。这种情况便是本节要谈的主题：过拟合。所谓过拟合，指在机器学习模型训练的过程中，模型对训练数据学习过度，将数据中包含的噪声和误差也学习了，使得模型在训练集上表现很好，而在测试集上表现很差的一种现象。机器学习简单而言就是归纳学习数据中的普遍规律，一定得是普遍规律，像这种将数据中的噪声也一起学习了的，归纳出来的便不是普遍规律，而是过拟合。欠拟合、正常拟合与过拟合的表现形式如图 1-1 所示。

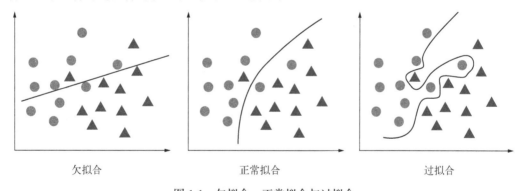

图 1-1　欠拟合、正常拟合与过拟合

鉴于过拟合十分普遍并且关乎模型的质量，笔者认为，在机器学习实践中，与过拟合长期坚持不懈地斗争是机器学习的核心。而机器学习的一些其他问题，诸如特征工程、扩大训练集数量、算法设计和超参数调优等都是为防止过拟合这个核心问题而服务的。

1.5　机器学习流程

虽然本书主要聚焦于机器学习模型与算法，但作为预备知识，还是非常有必要了解一个完整的机器学习项目的流程，具体如图 1-2 所示。下面详细介绍一下。

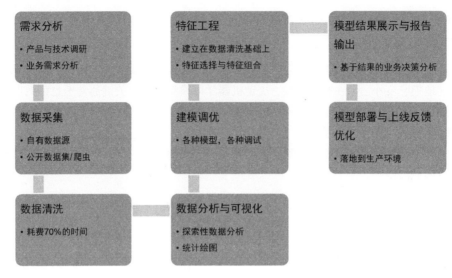

图 1-2　机器学习基本流程

❑ **需求分析**。很多算法工程师可能觉得需求分析没有技术含量，因而不太重视项目启动前的需求分析工作。这对于一个项目而言其实是非常危险的。需求分析的主要目的是为项目确定方向和目标，为整个项目的顺利开展制订计划和设立里程碑。我们需要明确机器学习目标，输入是什么，目标输出是什么，是回归任务还是分类任务，关键性能指标都有哪些，是结构化的机器学习任务还是基于深度学习的图像和文本任务，市面上项目相关的产品都有哪些，对应的 SOTA（state of the art）模型有哪些，相关领域的前沿研究和进展都到什么程度了，项目有哪些有利条件和风险。这些都需要在需求分析阶段认真考虑。

❑ **数据采集**。一个机器学习项目要开展下去，最关键的资源就是数据。在数据资源相对丰富的领域，比如电商、O2O、直播以及短视频等行业，企业一般会有自己的数据源，业务部门提出相关需求后，数据工程师可直接根据需求从数据库中提取数据。但对于本身数据资源就贫乏或者数据隐私性较强的行业，比如医疗行业，一般很难获得大量数据，并且医疗数据的标注也比较专业化，高质量的医疗标注数据尤为难得。对于这种情况，我们可以先获取一些公开数据集或者竞赛数据集进行算法开发。还有一种情况是目标数据在网页端，比如我们想了解杭州二手房价格信息，找出影响杭州二手房价格的关键因素，这时候可能需要使用像爬虫一类的数据采集技术获取相关数据。

❑ **数据清洗**。由于公开数据集和一些竞赛数据集非常"干净"，有的甚至可以直接用于模型训练，所以一些机器学习初学者认为只需专注于模型与算法设计就可以了。其实不然。在生产环境下，我们拿到的数据都会比较"脏"，以至于需要花大量时间清洗数据，有些人甚至认为数据清洗和特征工程要占用项目 70% 以上的时间。

- **数据分析与可视化**。数据清洗完后，一般不建议直接对数据进行训练。这时候我们对于要训练的数据还是非常陌生的。数据都有哪些特征？是否有很多类别特征？目标变量分布如何？各自变量与目标变量的关系是否需要可视化展示？数据中各变量缺失值的情况如何？怎样处理缺失值？上述问题都需要在**探索性数据分析**（exploratory data analysis，EDA）和数据可视化过程中找到答案。

- **建模调优与特征工程**。数据初步分析完后，对数据就会有一个整体的认识，一般就可以着手训练机器学习模型了。但建模通常不是一锤子买卖，训练完一个**基线**（baseline）模型之后，需要花大量时间进行模型调参和优化。另外，结合业务的精细化特征工程工作比模型调优更能改善模型表现。建模调优与特征工程之间本身是个交互性的过程，在实际工作中我们可以一边进行调参，一边进行特征设计，交替进行，相互促进，共同改善模型表现。

- **模型结果展示与报告输出**。经过一定的特征工程和模型调优之后，一般会有一个阶段性的最优模型结果，模型对应的关键性能指标都会达到最优状态。这时候需要通过一定的方式呈现模型，并对模型的业务含义进行解释。如果需要给上级领导和业务部门做决策参考，一般还需要生成一份有价值的分析报告。

- **模型部署与上线反馈优化**。给出一份分析报告不是一个机器学习项目的最终目的，将模型部署到生产环境并能切实产生收益才是机器学习的最终价值所在。如果新上线的推荐算法能让用户的广告点击率上升 0.5%，为企业带来的收益也是巨大的。该阶段更多的是需要进行工程方面的一些考量，是以 Web 接口的形式提供给开发部门，还是以脚本的形式嵌入到软件中，后续如何收集反馈并提供产品迭代参考，这些都是需要在模型部署和上线之后考虑的。

1.6　NumPy 必学必会

本书所讲的模型和算法的主要实现工具是 Python 的第三方科学计算库 NumPy（Numerical Python），本章作为机器学习的入门介绍，有必要单独对 NumPy 的常用方法进行梳理和总结。NumPy 是一个用于大规模矩阵和数组运算的高性能 Python 计算库，广泛应用于 Python 矩阵运算和数据处理，在机器学习中也有大量应用。NumPy 的基本用法包括创建数组、索引与切片、基础运算、维度变换和数组合并与切分等内容。本节所使用的 NumPy 版本为 1.16.2。

1.6.1　创建数组

NumPy 有多种创建数组的方式，其核心为 array 方法。NumPy 通过 array 方法将常规的**列表**（list）和**元组**（tuple）等数据结构转化为数组。array 的基本用法如代码清单 1-1 所示。

代码清单 1-1　array 方法

```
# 导入 numpy 模块
>>> import numpy as np
# 将整数列表转换为 NumPy 数组
>>> a = np.array([1, 2, 3])
# 查看数组对象
>>> a
array([1, 2, 3])
# 查看整数数组对象类型
>>> a.dtype
dtype('int64')
# 将浮点数列表转换为 NumPy 数组
>>> b = np.array([1.2, 2.3, 3.4])
# 查看浮点数数组对象类型
>>> b.dtype
dtype('float64')
```

此外，array 方法也可以转换多维数组，如代码清单 1-2 所示。

代码清单 1-2　转换多维数组

```
# 将两个整数列表转换为二维 NumPy 数组
>>> c = np.array([[1,2,3], [4,5,6]])
>>> c
array([[1, 2, 3],
       [4, 5, 6]])
```

除使用常规的 array 方法构建数组外，NumPy 还提供了一些方法来创建固定形式的数组。比如，zeros 方法用于创建全 0 数组，ones 方法用于创建全 1 数组，empty 方法用于创建未初始化的随机数数组，arange 方法用于创建给定范围内的数组。具体示例如代码清单 1-3 所示。

代码清单 1-3　其他生成数组的方法

```
# 生成 2×3 的全 0 数组
>>> np.zeros((2, 3))
array([[0., 0., 0.],
       [0., 0., 0.]])
# 生成 3×4 的全 1 数组
>>> np.ones((3, 4), dtype=np.int16))
array([[1, 1, 1, 1],
       [1, 1, 1, 1],
       [1, 1, 1, 1]])
# 生成 2×3 未初始化的随机数数组
>>> np.empty([2, 3])
array([[6.51395443e-312, 6.51395462e-312, 6.51395462e-312],
       [6.51395474e-312, 6.51394714e-312, 6.51374504e-312]])
# arange 方法用于创建给定范围内的数组
>>> np.arange(10, 30, 5 )
array([10, 15, 20, 25])
```

　　NumPy random 模块也提供了多个生成随机数数组的方法，包括 rand、randint 和 randn 等，其中 rand 方法用于生成符合 $(0, 1)$ 均匀分布的随机数数组，randint 方法用于生成指定范围内固定长度的整数数组，而 randn 用于生成符合标准正态分布的随机数数组，具体用法如代码清单 1-4 所示。

代码清单 1-4   NumPy random 模块提供的生成随机数数组的方法

```
# 生成 3×2 的符合(0,1)均匀分布的随机数数组
>>> np.random.rand(3,2)
array([[ 0.14022471,  0.96360618],
       [ 0.37601032,  0.25528411],
       [ 0.49313049,  0.94909878]])
# 生成 0 到 2 范围内长度为 5 的数组
>>> np.random.randint(3, size=5)
array([0, 2, 1, 0, 1])
# 生成一组符合标准正态分布的随机数数组
>>> np.random.randn(3)
array([-1.02912516, 2.60962431, 0.79762957])
```

1.6.2 数组的索引与切片

　　类似于 Python 的列表和元组等数据结构，NumPy 数组有着灵活且强大的索引与切片功能，无论是一维数组还是多维数组，NumPy 都可以灵活地进行索引。NumPy 数组索引示例如代码清单 1-5 所示。

代码清单 1-5   NumPy 数组索引

```
# 创建一个一维数组
>>> a = np.arange(10)**2
>>> a
array([ 0,  1,  4,  9, 16, 25, 36, 49, 64, 81], dtype=int32)
# 获取数组的第 3 个元素
>>> a[2]
4
# 获取第 2 个到第 4 个数组元素
>>> a[1:4]
array([1, 4, 9])
# 一维数组翻转
>>> a[::-1]
array([81, 64, 49, 36, 25, 16,  9,  4,  1,  0], dtype=int32)
# 创建一个多维数组
>>> b = np.random.random((3,3))
>>> b
array([[0.8659863 , 0.25414013, 0.28693072],
       [0.64070509, 0.33274465, 0.42479728],
       [0.70247791, 0.56211258, 0.95634787]])
# 获取第 2 行第 3 列的数组元素
```

```
>>> b[1,2]
0.42479728
# 获取第 2 列数据
>>> b[:,1]
array([0.25414013, 0.33274465, 0.56211258])
# 获取第 3 列的前两行数据
>>> b[:2, 2]
array([0.28693072, 0.42479728])
```

1.6.3　数组的基础运算

常规的数学运算都可以借助 NumPy 数组向量化计算的广播（broadcast）形式提高运算效率。数组的基础运算示例如代码清单 1-6 所示。

代码清单 1-6　数组的基础运算

```
# 创建两个不同的数组
>>> a = np.arange(4)
>>> b = np.array([5, 10, 15, 20])
# 两个数组做减法运算
>>> b - a
array([ 5, 9, 13, 17])
# 计算数组的平方
>>> b**2
array([ 25, 100, 225, 400], dtype=int32)
# 计算数组的正弦值
>>> np.sin(a)
array([0.      , 0.84147098, 0.90929743, 0.14112001])
# 数组的逻辑运算
>>> b < 20
array([ True, True, True, False])
# 数组求均值和方差
>>> np.mean(b)
12.5
>>> np.var(b)
31.25
```

除基础运算外，NumPy 数组以及 linalg 模块还支持大部分线性代数运算。代码清单 1-7 给出了一些计算范例，更多线性代数计算方法可参考 NumPy 官方文档。

代码清单 1-7　数组线性代数运算

```
# 创建两个不同的数组
>>> A = np.array([[1,1],
                  [0,1]])
>>> B = np.array([[2,0],
                  [3,4]])
# 矩阵元素乘积
```

```
>>> A * B
array([[2, 0],
       [0, 4]])
# 矩阵乘法
>>> A.dot(B)
array([[5, 4],
       [3, 4]])
# 矩阵求逆
>>> np.linalg.inv(A)
array([[ 1., -1.],
       [ 0.,  1.]])
# 矩阵求行列式
>>> np.linalg.det(A)
1.0
```

1.6.4 数组维度变换

在编写机器学习算法时，为了适应计算需要，有时候需要灵活地对数组进行维度变换。NumPy 可以方便地变换数组维度。应用示例如代码清单 1-8 所示。

代码清单 1-8   数组维度变换

```
# 创建一个 3×4 的数组
>>> a = np.floor(10*np.random.random((3,4)))
>>> a
array([[4., 0., 2., 1.],
       [1., 4., 3., 5.],
       [2., 3., 7., 5.]])
# 查看数组维度
>>> a.shape
(3, 4)
# 数组展平
>>> a.ravel()
array([4., 0., 2., 1., 1., 4., 3., 5., 2., 3., 7., 5.])
# 将数组变换为 2×6 数组
>>> a.reshape(2,6)
array([[4., 0., 2., 1., 1., 4.],
       [3., 5., 2., 3., 7., 5.]])
# 求数组的转置
>>> a.T
array([[4., 1., 2.],
       [0., 4., 3.],
       [2., 3., 7.],
       [1., 5., 5.]])
>>> a.T.shape
(4, 3)
# -1 维度表示 NumPy 会自动计算该维度
>>> a.reshape(3,-1)
array([[4., 0., 2., 1.],
       [1., 4., 3., 5.],
       [2., 3., 7., 5.]])
```

1.6.5   数组合并与切分

数组合并与切分也是 NumPy 数组的常用方法。按照水平方向合并和垂直方向合并数组时，使用的分别为 hstack 方法和 vstack 方法；按照水平方向切分和垂直方向切分数组时，使用的分别为 hsplit 方法和 vsplit 方法。应用示例如代码清单 1-9 所示。

代码清单 1-9   数组合并与切分

```
# 按行合并代码清单 1-7 中的 A 数组和 B 数组
>>> np.hstack((A, B))
array([[1, 1, 2, 0],
       [0, 1, 3, 4]])
# 按列合并 A 数组和 B 数组
>>> np.vstack((A, B))
array([[1, 1],
       [0, 1],
       [2, 0],
       [3, 4]])
# 创建一个新数组
>>> C = np.arange(16.0).reshape(4, 4)
>>> C
array([[  0.,   1.,   2.,   3.],
       [  4.,   5.,   6.,   7.],
       [  8.,   9.,  10.,  11.],
       [ 12.,  13.,  14.,  15.]])
# 按水平方向将数组 C 切分为两个数组
>>> np.hsplit(C, 2)
    [array([[  0.,   1.],
            [  4.,   5.],
            [  8.,   9.],
            [ 12.,  13.]]),
     array([[  2.,   3.],
            [  6.,   7.],
            [ 10.,  11.],
            [ 14.,  15.]])]
# 按垂直方向将数组 C 切分为两个数组
>>> np.vsplit(C, 2)
[array([[  0.,   1.,   2.,   3.],
        [  4.,   5.,   6.,   7.]]),
 array([[  8.,   9.,  10.,  11.],
        [ 12.,  13.,  14.,  15.]])]
```

本节简单梳理了 NumPy 的常用方法，这些方法也是本书后续章节实现大多数机器学习算法所用到的核心方法。当然，NumPy 是一个功能强大的科学计算库，我们在学习时不可能面面俱到，一些用法可在实际需要时再查阅 NumPy 官方文档。

1.7 sklearn 简介

sklearn 是 Python 机器学习的核心模型与算法库，其全称为 scikit-learn，模型和算法实现主要建立在 NumPy、SciPy 和 matplotlib 等 Python 核心库上，对主流的监督学习和无监督学习模型与算法均有较好的支持。

sklearn 的官网首页如图 1-3 所示，其中有六大核心模块——分类、回归、聚类、降维、模型选择和预处理，基本实现了对机器学习的全方位覆盖。实际应用机器学习算法时，只需要调用 sklearn 对应的算法模块即可，能够对机器学习算法落地和部署提供较好的支持。代码清单 1-10 给出了一个基于 sklearn 实现对数几率回归的示例。在该示例代码中，先是导入 iris 数据集和对数几率回归算法模块，然后导入数据并基于 LogisticRegression 进行模型拟合，最后分别给出类别预测和概率预测两种模型预测方式，并计算模型的分类准确率。

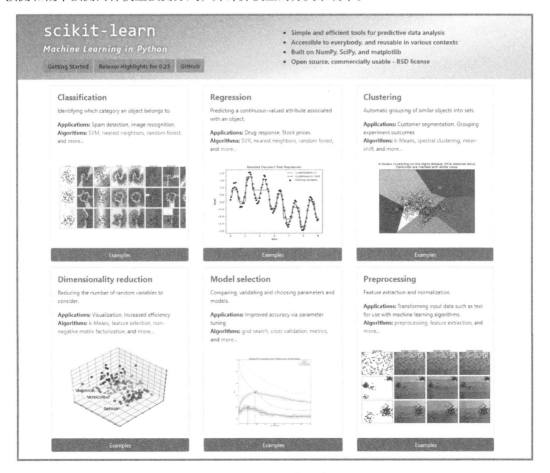

图 1-3　sklearn 官网首页

代码清单 1-10　sklearn 对数几率回归

```
# 导入 iris 数据集和对数几率回归算法模块
>>> from sklearn.datasets import load_iris
>>> from sklearn.linear_model import LogisticRegression
# 导入数据
>>> X, y = load_iris(return_X_y=True)
# 拟合模型
>>> clf = LogisticRegression(random_state=0).fit(X, y)
# 预测
>>> clf.predict(X[:2, :])
array([0, 0])
# 概率预测
>>> clf.predict_proba(X[:2, :])
array([[8.78030305e-01, 1.21958900e-01, 1.07949250e-05],
       [7.97058292e-01, 2.02911413e-01, 3.02949242e-05]])
# 模型分类准确率
>>> clf.score(X, y)
0.96
```

为了方便读者参照，对于大多数机器学习模型，本书在基于 NumPy 实现的同时，也会基于 sklearn 进行实现，旨在让各位读者在调用算法时，不仅知其然，更知其所以然，对各类算法有更深入的理解。

1.8　章节安排

为了能够系统、全面和深入地对主流机器学习模型和算法进行推导和手动实现，除第 1 章的预备知识和最后一章的总结外，本书将机器学习知识体系分为 4 大部分，包括监督学习单模型、监督学习集成模型、无监督学习模型和概率模型。

监督学习单模型主要包括线性回归、对数几率回归、回归模型拓展（包括 LASSO 回归和 Ridge 回归）、线性判别分析（LDA）、k 近邻算法、决策树、神经网络和支持向量机等 8 章，监督学习集成模型主要包括 AdaBoost、GBDT、XGBoost、LightGBM、CatBoost、随机森林和集成学习模型对比等 7 章，无监督学习模型主要包括聚类分析与 k 均值聚类算法、主成分分析（PCA）、奇异值分解（SVD）等 3 章，概率模型主要包括最大信息熵模型、贝叶斯概率模型、EM 算法、隐马尔可夫模型（HMM）、条件随机场（CRF）和马尔可夫链蒙特卡洛方法（MCMC）等 6 章。加了第 1 章的预备知识和最后一章的总结，全书共计 26 章。

全书针对机器学习模型的主要写作模式是原理和数学推导加上基于 NumPy 的手动实现，然后基于 sklearn 或算法的原生库进行对比分析，侧重于让读者全面、系统和深入地掌握主流机器学习模型，熟练掌握算法细节。完整的机器学习模型知识体系如图 1-4 所示。

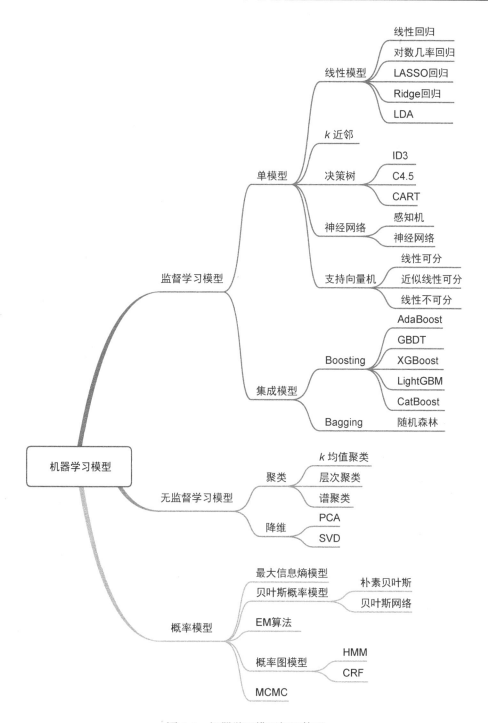

图 1-4　机器学习模型知识体系

需要说明的是，作为一本算法书，本书侧重于理论细节，并没有实战案例，但部分章节有模型应用的小例子。

1.9   小结

本章作为全书的第一个部分，是机器学习的入门介绍章节。本章对机器学习的基本概念、三要素、核心、基本流程做了一个概览性的介绍，同时对全书代码实现的两大基础工具——NumPy 和 sklearn 的基本用法进行了讲解。

第二部分

监督学习单模型

第 2 章

线性回归

在机器学习模型中，**线性模型**（linear model）是一种形式简单但包含机器学习主要建模思想的模型。**线性回归**（linear regression）是线性模型的一种典型方法，比如"双十一"中某款产品的销量预测、某数据岗位的薪资水平预测，都可以用线性回归来拟合模型。从某种程度上来说，回归分析不再局限于线性回归这一具体模型和算法，更包含了广泛的由自变量到因变量的机器学习建模思想。

2.1 杭州的二手房房价

自从 G20 峰会之后，杭州房地产市场已逐渐成为国内最为发达和最具代表性的房地产市场之一。2019 年杭州二手房挂牌数量累计超过 10 万套，在新房数量少和排队摇号的限制下，购买二手房已成为杭州人买房更重要的方式。图 2-1 是某二手房网站公开的杭州部分地区的二手房房价信息。

图 2-1　杭州二手房信息

　　二手房的市场价格是多种因素综合作用的结果。现在我们想对杭州二手房的房屋单价做预测。以图 2-1 中公布的相关信息为例，可以看到，影响二手房单价的主要因素包括面积、户型、朝向、是否精装、楼层、建筑形态、所属地段、所属城区和附近是否有地铁等。我们的目标是预测二手房的均价，输入自变量包括上述特征，因为二手房房屋单价是一个连续数值，所以可以直接建立起由自变量到因变量的线性回归模型。

2.2　线性回归的原理推导

　　给定一组由输入 x 和输出 y 构成的数据集 $D = \{(x_1, y_1), (x_2, y_2), \cdots, (x_m, y_m)\}$，其中 $x_i = (x_{i1}; x_{i2}; \cdots; x_{id}), y_i \in \mathbb{R}$。线性回归就是通过训练学习得到一个线性模型来最大限度地根据输入 x 拟合输出 y。

　　以前述杭州二手房房价预测为例：影响杭州二手房房屋单价的主要因素包括面积、户型和地段等因素。线性回归试图以上述影响因素作为输入 x_i，以房屋单价 y_i 作为输出，学习得到：$y = wx_i + b$，使得 $y \cong y_i$。

　　线性回归学习的关键问题在于确定参数 w 和 b，使得拟合输出 y 与真实输出 y_i 尽可能接近。在回归任务中，我们通常使用均方误差来度量预测与标签之间的损失，所以回归任务的优化目标就是使得拟合输出和真实输出之间的均方误差最小化，所以有：

$$
\begin{aligned}
(w^*, b^*) &= \arg\min \sum_{i=1}^{m} (y - y_i)^2 \\
&= \arg\min \sum_{i=1}^{m} (wx_i + b - y_i)^2
\end{aligned}
\tag{2-1}
$$

　　为求得 w 和 b 的最小化参数 w^* 和 b^*，可基于式(2-1)分别对 w 和 b 求一阶导数并令其为 0，对 w 求导的推导过程如式(2-2)所示：

$$
\begin{aligned}
\frac{\partial L(w, b)}{\partial w} &= \frac{\partial}{\partial w} \left[\sum_{i=1}^{m} \left(wx_i + b - y_i \right)^2 \right] \\
&= \sum_{i=1}^{m} \frac{\partial}{\partial w} \left[(y_i - wx_i - b)^2 \right] \\
&= \sum_{i=1}^{m} \left[2 \cdot (y_i - wx_i - b) \cdot (-x_i) \right] \\
&= \sum_{i=1}^{m} \left[2 \cdot (wx_i^2 - y_i x_i + bx_i) \right] \\
&= 2 \cdot \left(w \sum_{i=1}^{m} x_i^2 - \sum_{i=1}^{m} y_i x_i + b \sum_{i=1}^{m} x_i \right)
\end{aligned}
\tag{2-2}
$$

同理，对参数 b 求导的推导过程如式(2-3)所示：

$$
\begin{aligned}
\frac{\partial L(w,\, b)}{\partial b} &= \frac{\partial}{\partial b}\left[\sum_{i=1}^{m}(wx_i + b - y_i)^2\right] \\
&= \sum_{i=1}^{m}\frac{\partial}{\partial b}\left[(y_i - wx_i - b)^2\right] \\
&= \sum_{i=1}^{m}\left[2\cdot(y_i - wx_i - b)\cdot(-1)\right] \\
&= \sum_{i=1}^{m}\left[2\cdot(-y_i + wx_i + b)\right] \\
&= 2\cdot\left(-\sum_{i=1}^{m}y_i + \sum_{i=1}^{m}wx_i + \sum_{i=1}^{m}b\right) \\
&= 2\cdot\left(mb - \sum_{i=1}^{m}(y_i - wx_i)\right)
\end{aligned}
\tag{2-3}
$$

基于式(2-2)和式(2-3)，分别令其为 0，可解得 w 和 b 的最优解表达式为：

$$
w^* = \frac{\displaystyle\sum_{i=1}^{m}y_i(x_i - \overline{x})}{\displaystyle\sum_{i=1}^{m}x_i^2 - \frac{1}{m}\left(\sum_{i=1}^{m}x_i\right)^2}
\tag{2-4}
$$

$$
b^* = \frac{1}{m}\sum_{i=1}^{m}(y_i - wx_i)
\tag{2-5}
$$

其中 $\overline{x} = \dfrac{1}{m}\displaystyle\sum_{i=1}^{m}x_i$ 为 x 的均值。这种基于均方误差最小化求解线性回归参数的方法就是著名的**最小二乘法**（least squares method）。最小二乘法的简单图示如图 2-2 所示。

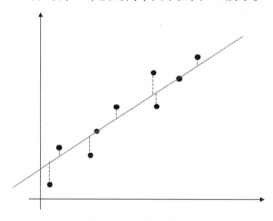

图 2-2　最小二乘法

下面我们将上述推导过程进行矩阵化以适应多元线性回归问题。所谓多元问题，就是输入有多个变量，如前述影响薪资水平的因素包括城市、学历、年龄和经验等。为方便矩阵化的最小二乘法的推导，可将参数 w 和 b 合并为向量表达形式：$\hat{\boldsymbol{w}} = (\boldsymbol{w}; b)$。训练集 D 的输入部分可表示为一个 $m \times (d+1)$ 维的矩阵 $\boldsymbol{X}$，其中 d 为输入变量的个数。则矩阵 $\boldsymbol{X}$ 可表示为：

$$\boldsymbol{X} = \begin{pmatrix} x_{11} & x_{12} & \cdots & x_{1d} & 1 \\ x_{21} & x_{22} & \cdots & x_{2d} & 1 \\ \vdots & \vdots & \ddots & \vdots & \vdots \\ x_{m1} & x_{m2} & \cdots & x_{md} & 1 \end{pmatrix} = \begin{pmatrix} \boldsymbol{x}_1^{\mathrm{T}} & 1 \\ \vdots & \vdots \\ \boldsymbol{x}_m^{\mathrm{T}} & 1 \end{pmatrix} \tag{2-6}$$

输出 $\boldsymbol{y}$ 的向量表达形式为 $\boldsymbol{y} = (y_1; y_2; \cdots; y_m)$，类似于式(2-1)，参数优化目标函数的矩阵化表达式为：

$$\hat{\boldsymbol{w}}^* = \arg\min(\boldsymbol{y} - \boldsymbol{X}\hat{\boldsymbol{w}})^{\mathrm{T}}(\boldsymbol{y} - \boldsymbol{X}\hat{\boldsymbol{w}}) \tag{2-7}$$

令 $L = (\boldsymbol{y} - \boldsymbol{X}\hat{\boldsymbol{w}})^{\mathrm{T}}(\boldsymbol{y} - \boldsymbol{X}\hat{\boldsymbol{w}})$，基于式(2-7)对参数 $\hat{\boldsymbol{w}}$ 求导，其推导过程如下：

$$L = \boldsymbol{y}^{\mathrm{T}}\boldsymbol{y} - \boldsymbol{y}^{\mathrm{T}}\boldsymbol{X}\hat{\boldsymbol{w}} - \hat{\boldsymbol{w}}^{\mathrm{T}}\boldsymbol{X}^{\mathrm{T}}\boldsymbol{y} + \hat{\boldsymbol{w}}^{\mathrm{T}}\boldsymbol{X}^{\mathrm{T}}\boldsymbol{X}\hat{\boldsymbol{w}} \tag{2-8}$$

$$\frac{\partial L}{\partial \hat{\boldsymbol{w}}} = \frac{\partial \boldsymbol{y}^{\mathrm{T}}\boldsymbol{y}}{\partial \hat{\boldsymbol{w}}} - \frac{\partial \boldsymbol{y}^{\mathrm{T}}\boldsymbol{X}\hat{\boldsymbol{w}}}{\partial \hat{\boldsymbol{w}}} - \frac{\partial \hat{\boldsymbol{w}}^{\mathrm{T}}\boldsymbol{X}^{\mathrm{T}}\boldsymbol{y}}{\partial \hat{\boldsymbol{w}}} + \frac{\partial \hat{\boldsymbol{w}}^{\mathrm{T}}\boldsymbol{X}^{\mathrm{T}}\boldsymbol{X}\hat{\boldsymbol{w}}}{\partial \hat{\boldsymbol{w}}} \tag{2-9}$$

根据矩阵微分公式：

$$\frac{\partial \boldsymbol{a}^{\mathrm{T}}\boldsymbol{x}}{\partial \boldsymbol{x}} = \frac{\partial \boldsymbol{x}^{\mathrm{T}}\boldsymbol{a}}{\partial \boldsymbol{x}} = \boldsymbol{a} \tag{2-10}$$

$$\frac{\partial \boldsymbol{x}^{\mathrm{T}}\boldsymbol{A}\boldsymbol{x}}{\partial \boldsymbol{x}} = (\boldsymbol{A} + \boldsymbol{A}^{\mathrm{T}})\boldsymbol{x} \tag{2-11}$$

可得：

$$\frac{\partial L}{\partial \hat{\boldsymbol{w}}} = 0 - \boldsymbol{X}^{\mathrm{T}}\boldsymbol{y} - \boldsymbol{X}^{\mathrm{T}}\boldsymbol{y} + (\boldsymbol{X}^{\mathrm{T}}\boldsymbol{X} + \boldsymbol{X}^{\mathrm{T}}\boldsymbol{X})\hat{\boldsymbol{w}} \tag{2-12}$$

$$\frac{\partial L}{\partial \hat{\boldsymbol{w}}} = 2\boldsymbol{X}^{\mathrm{T}}(\boldsymbol{X}\hat{\boldsymbol{w}} - \boldsymbol{y}) \tag{2-13}$$

当矩阵 $\boldsymbol{X}^{\mathrm{T}}\boldsymbol{X}$ 为满秩矩阵或者正定矩阵时，令式(2-13)等于 0，可解得参数为：

$$\hat{\boldsymbol{w}}^* = (\boldsymbol{X}^{\mathrm{T}}\boldsymbol{X})^{-1}\boldsymbol{X}^{\mathrm{T}}\boldsymbol{y} \tag{2-14}$$

但有些时候，矩阵 $\boldsymbol{X}^{\mathrm{T}}\boldsymbol{X}$ 并不是满秩矩阵，我们通过对 $\boldsymbol{X}^{\mathrm{T}}\boldsymbol{X}$ 添加正则化项来使得该矩阵可逆。一个典型的表达式如下：

$$\hat{\boldsymbol{w}}^* = (\boldsymbol{X}^{\mathrm{T}}\boldsymbol{X} + \lambda\boldsymbol{I})^{-1}\boldsymbol{X}^{\mathrm{T}}\boldsymbol{y} \tag{2-15}$$

其中 λI 即为添加的正则化项。在线性回归模型的迭代训练时，基于式(2-14)直接求解参数的方法并不常用，通常我们可以使用梯度下降之类的优化算法来求得 $\hat{\boldsymbol{w}}^*$ 的最优估计。

从上述推导来看，线性回归本身非常简单，但其蕴含的朴素的机器学习建模思想非常关键，即对于任何目标变量 y，我们总能基于一系列输入变量 $\boldsymbol{X}$，构建从 $\boldsymbol{X}$ 到 y 的机器学习模型。根据目标变量的类型，分别构建回归和分类等模型。

2.3 线性回归的代码实现

基于一个完整机器学习模型实现的视角，我们从整体编写思路到具体分步实现，使用 NumPy 实现一个线性回归模型。按照机器学习三要素——模型、策略和算法的原则，逐步搭建线性回归代码框架。

2.3.1 编写思路

线性回归模型的主体较为简单，即 $y = \boldsymbol{w}^{\mathrm{T}}\boldsymbol{x} + b$，在具体编写过程中，基于均方损失最小化的优化策略和梯度下降的寻优算法非常关键。线性回归模型代码的编写思路如图 2-3 所示。

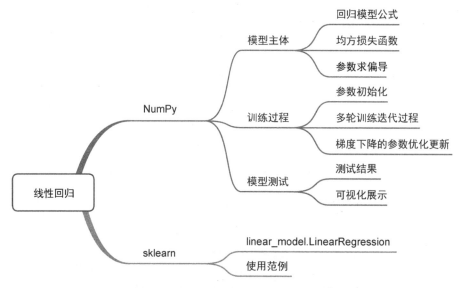

图 2-3 线性回归模型代码的编写思路

可以看到，图 2-3 提供了两种实现方式。一种是基于 NumPy 的手动实现，也是本章的重点所在。具体包括三个主要模块：线性回归模型的主体部分，包括回归模型公式、均方损失函数和参数求偏导；线性回归模型的训练过程，包括参数初始化、多轮训练迭代过程和梯度下降的参数优化更新；最后是基于数据示例的模型测试，包括测试结果和可视化展示。另一种是调用 sklearn

机器学习库的实现方式，旨在提供对比参考。

2.3.2　基于 NumPy 的代码实现

按照 2.3.1 节的编写思路，我们首先尝试实现线性回归模型的主体部分，包括回归模型公式、均方损失函数和参数求偏导。线性回归模型主体部分的实现如代码清单 2-1 所示。

代码清单 2-1　定义线性回归模型主体

```
# 导入 numpy 模块
import numpy as np
### 定义模型主体部分
### 包括线性回归模型公式、均方损失函数和参数求偏导三部分
def linear_loss(X, y, w, b):
    '''
    输入：
    X：输入变量矩阵
    y：输出标签向量
    w：变量参数权重矩阵
    b：偏置
    输出：
    y_hat：线性回归模型预测值
    loss：均方损失
    dw：权重系数一阶偏导
    db：偏置一阶偏导
    '''
    # 训练样本量
    num_train = X.shape[0]
    # 训练特征数
    num_feature = X.shape[1]
    # 线性回归模型预测值
    y_hat = np.dot(X, w) + b
    # 计算预测值与实际标签之间的均方损失
    loss = np.sum((y_hat-y)**2) / num_train
    # 基于均方损失对权重系数的一阶梯度
    dw = np.dot(X.T, (y_hat-y)) / num_train
    # 基于均方损失对偏置的一阶梯度
    db = np.sum((y_hat-y)) / num_train
    return y_hat, loss, dw, db
```

在代码清单 2-1 中，我们尝试将线性回归模型的主体部分定义为 linear_loss 函数。该函数的输入参数包括训练数据和权重系数，输出为线性回归模型预测值、均方损失、权重系数一阶偏导和偏置一阶偏导。在给定模型初始参数的情况下，线性回归模型根据训练数据和参数计算出当前均方损失和参数一阶梯度。

然后在 linear_loss 函数的基础上，定义线性回归模型的训练过程。主要包括参数初始化、迭代训练和梯度下降寻优。我们可以先定义一个参数初始化函数 initialize_params，再基于 linear_loss 函数和 initialize_params 函数来定义包含迭代训练和梯度下降寻优的线性回归拟合

过程。参数初始化函数 initialize_params 如代码清单 2-2 所示。

代码清单 2-2   初始化模型参数

```
### 初始化模型参数
def initialize_params(dims):
    '''
    输入:
    dims: 训练数据的变量维度
    输出:
    w: 初始化权重系数
    b: 初始化偏置参数
    '''
    # 初始化权重系数为零向量
    w = np.zeros((dims, 1))
    # 初始化偏置参数为零
    b = 0
    return w, b
```

在代码清单 2-2 中，我们输入训练数据的变量维度，即对于线性回归而言，每一个变量都有一个权重系数。输出为初始化为零向量的权重系数和初始化为零的偏置参数。

最后，我们尝试结合 linear_loss 和 initialize_params 函数定义线性回归模型训练过程的函数 linear_train，如代码清单 2-3 所示。

代码清单 2-3   定义线性回归模型的训练过程

```
### 定义线性回归模型的训练过程
def linear_train(X, y, learning_rate=0.01, epochs=10000):
    '''
    输入:
    X: 输入变量矩阵
    y: 输出标签向量
    learning_rate: 学习率
    epochs: 训练迭代次数
    输出:
    loss_his: 每次迭代的均方损失
    params: 优化后的参数字典
    grads: 优化后的参数梯度字典
    '''
    # 记录训练损失的空列表
    loss_his = []
    # 初始化模型参数
    w, b = initialize_params(X.shape[1])
    # 迭代训练
    for i in range(1, epochs):
        # 计算当前迭代的预测值、均方损失和梯度
        y_hat, loss, dw, db = linear_loss(X, y, w, b)
        # 基于梯度下降法的参数更新
        w += -learning_rate * dw
        b += -learning_rate * db
        # 记录当前迭代的损失
```

```
        loss_his.append(loss)
        # 每 10000 次迭代打印当前损失信息
        if i % 10000 == 0:
            print('epoch %d loss %f' % (i, loss))
        # 将当前迭代步优化后的参数保存到字典中
        params = {
            'w': w,
            'b': b
        }
        # 将当前迭代步的梯度保存到字典中
        grads = {
            'dw': dw,
            'db': db
        }
    return loss_his, params, grads
```

在代码清单 2-3 中，我们首先初始化模型参数，然后对遍历设置训练迭代过程。在每一次迭代过程中，基于 linear_loss 函数计算当前迭代的预测值、均方损失和梯度，并根据梯度下降法不断更新系数。在训练过程中记录每一步的损失、每 10 000 次迭代打印当前损失信息、保存更新后的模型参数字典和梯度字典。这样，一个完整的线性回归模型就基本完成了。

基于上述代码实现，我们使用 sklearn 的 diabetes 数据集进行测试，其具体信息如表 2-1 所示。

表 2-1　diabetes 数据集

数据集属性	基本信息
样本量	442
特征数	10
各特征含义	年龄，性别，BMI，平均血压， S1, S2, S3, S4, S5, S6（S1~S6 为一年后的患病级数指标）
特征取值范围	(−0.2, 0.2)
标签含义	基于病情发展一年后的定量测量结果
标签取值范围	[25, 346]

从 sklearn 中导入该数据集并将其划分为训练集和测试集，如代码清单 2-4 所示。

代码清单 2-4　导入数据集

```
# 导入 load_diabetes 模块
from sklearn.datasets import load_diabetes
# 导入打乱数据函数
from sklearn.utils import shuffle
# 获取 diabetes 数据集
diabetes = load_diabetes()
# 获取输入和标签
data, target = diabetes.data, diabetes.target
# 打乱数据集
X, y = shuffle(data, target, random_state=13)
```

```
# 按照 8：2 划分训练集和测试集
offset = int(X.shape[0] * 0.8)
# 训练集
X_train, y_train = X[:offset], y[:offset]
# 测试集
X_test, y_test = X[offset:], y[offset:]
# 将训练集改为列向量的形式
y_train = y_train.reshape((-1,1))
# 将测试集改为列向量的形式
y_test = y_test.reshape((-1,1))
# 打印训练集和测试集的维度
print("X_train's shape: ", X_train.shape)
print("X_test's shape: ", X_test.shape)
print("y_train's shape: ", y_train.shape)
print("y_test's shape: ", y_test.shape)
```

代码清单 2-4 首先导入 sklearn 的 diabetes 公开数据集，获取数据输入和标签并打乱顺序后划分数据集，输出为：

```
X_train's shape:  (353, 10)
X_test's shape:  (89, 10)
y_train's shape:  (353, 1)
y_test's shape:  (89, 1)
```

然后我们使用代码清单 2-3 定义的 linear_train 函数训练划分后的数据集，如代码清单 2-5 所示。

代码清单 2-5　模型训练过程

```
# 线性回归模型训练
loss_his, params, grads = linear_train(X_train, y_train, 0.01, 200000)
# 打印训练后得到的模型参数
print(params)
```

输出如下：

```
{'w': array([[  10.56390075],
             [-236.41625133],
             [ 481.50915635],
             [ 294.47043558],
             [ -60.99362023],
             [-110.54181897],
             [-206.44046579],
             [ 163.23511378],
             [ 409.28971463],
             [  65.73254667]]),
 'b': 150.8144748910088}
```

在学习率为 0.01、迭代次数为 200 000 的条件下，我们得到上述训练参数。训练中的均方损失下降过程如图 2-4 所示。

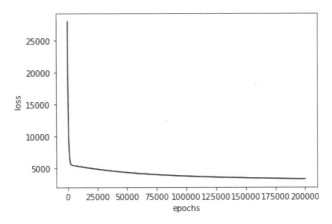

图 2-4 训练中的均方损失下降过程

基于前述训练参数，我们可以定义一个预测函数对测试集进行预测，如代码清单 2-6 所示。

代码清单 2-6 回归模型的预测函数

```
### 定义线性回归模型的预测函数
def predict(X, params):
    '''
    输入:
    X: 测试集
    params: 模型训练参数
    输出:
    y_pred: 模型预测结果
    '''
    # 获取模型参数
    w = params['w']
    b = params['b']
    # 预测
    y_pred = np.dot(X, w) + b
    return y_pred
# 基于测试集的预测
y_pred = predict(X_test, params)
```

代码清单 2-6 定义了回归模型的预测函数，输入参数为测试集和模型训练参数，然后通过回归表达式即可进行回归预测。

如何衡量预测结果的好坏呢？除均方损失外，回归模型的一个重要评估指标是 R^2 系数，用来判断模型拟合水平。我们尝试自定义一个 R^2 系数计算方法，并基于该系数计算代码清单 2-6 预测结果的拟合水平，具体如代码清单 2-7 所示。

代码清单 2-7 回归模型 R^2 系数

```
### 定义 R² 系数函数
def r2_score(y_test, y_pred):
    '''
```

```
    输入：
    y_test：测试集标签值
    y_pred：测试集预测值
    输出：
    r2：R² 系数
    '''
    # 测试集标签均值
    y_avg = np.mean(y_test)
    # 总离差平方和
    ss_tot = np.sum((y_test - y_avg)**2)
    # 残差平方和
    ss_res = np.sum((y_test - y_pred)**2)
    # R² 计算
    r2 = 1- (ss_res/ss_tot)
    return r2
# 计算测试集的 R² 系数
print(r2_score(y_test, y_pred))
```

代码清单 2-7 给出了回归模型 R^2 系数的计算方式。根据总离差平方和、残差平方和以及 R^2
计算公式，我们计算测试集的 R^2 系数。代码清单 2-7 的输出如下：

```
0.5334188457463576
```

可以看到，我们自定义并训练的线性回归模型在该测试集上的 R^2 系数约为 0.53，结果并不
算太好，除了模型的一些超参数需要做一些调整和优化外，可能线性回归模型本身对该数据集拟
合效果有限。

2.3.3   基于 sklearn 的模型实现

作为参考对比，这里同样基于 sklearn 的 LinearRegression 类给出对于该数据集的拟合效果。
LinearRegression 函数位于 sklearn 的 linear_model 模块下，定义该类的一个线性回归实例后，
直接调用其 fit 方法拟合训练集即可。参考实现如代码清单 2-8 所示。

代码清单 2-8   基于 sklearn 的线性回归模型

```
# 导入线性模型模块
from sklearn import linear_model
from sklearn.metrics import mean_squared_error, r2_score
# 定义模型实例
regr = linear_model.LinearRegression()
# 模型拟合训练数据
regr.fit(X_train, y_train)
# 模型预测值
y_pred = regr.predict(X_test)
# 输出模型均方误差
print("Mean squared error: %.2f"% mean_squared_error(y_test, y_pred))
# 计算 R² 系数
print('R Square score: %.2f' % r2_score(y_test, y_pred))
```

输出如下：

```
Mean squared error: 3371.88
R Square score: 0.54
```

可以看到，在不做任何特征处理的情况下，基于 sklearn 的线性回归模型在同样的数据集上与我们基于 NumPy 手写的模型表现差异并不大，这也验证了我们手写算法的有效性。

2.4 小结

作为最常用的统计分析方法和机器学习模型之一，线性回归包含了最朴素的由自变量到因变量的机器学习建模思想。基于均方误差最小化的最小二乘法是线性回归模型求解的基本方法，通过最小均方误差和 R^2 系数可以评估线性回归的拟合效果。此外，线性回归模型也是其他各种线性模型的基础。

第 3 章

对数几率回归

由第 2 章可知，线性回归就是基于线性模型进行回归学习，但如果想用线性模型进行分类学习的话，是否可行呢？答案是肯定的。**对数几率回归**（logistic regression，LR）正是这样一种线性分类模型。对数几率回归作为机器学习的一个基础分类模型，广泛应用于各类业务场景：信用卡场景下基于客户数据对其进行违约预测，互联网广告场景下预测用户是否会点击广告，医疗场景下基于患者的体检数据预测其是否罹患某种疾病，以及在社交场景下判断一封邮件是否是垃圾邮件等。本章以 App 开屏广告作为引入，深入对数几率回归的理论推导，并在此基础上给出对数几率回归的 NumPy 和 sklearn 实现方式。

3.1　App 开屏广告

广告已成为现在移动 App 的主要盈利方式。除极少数可以靠增值服务赚钱的 App 外，大多数 App 很难实现向用户收费，所以向广告主出售广告位成了 App 的盈利来源。移动 App 能提供的广告位有很多，在用户打开 App 时曝光给用户的广告叫开屏广告。图 3-1 分别是 12306、哔哩哔哩和杭州公交 App 的开屏广告。

图 3-1　App 开屏广告

　　一个用户是否点击 App 开屏广告的因素有很多。除用户的个人特征和行为数据外，广告内容本身也对用户是否点击有较大影响，比如 App 类型、推送时间段、广告尺寸、用户手机品牌等。所以基于这些自变量信息，我们就可以构建对目标变量"是否点击"的分类模型。因为这里目标变量是一个 0-1 分类变量，所以我们的目的是构建一个分类模型，而对数几率回归正是典型的线性分类模型。

3.2　对数几率回归的原理推导

　　线性模型如何执行分类任务呢？只需要找到一个单调可微函数将分类任务的真实标签 y 与线性回归模型的预测值进行映射。在线性回归中，我们直接令模型学习逼近真实标签 y，但在对数几率回归中，我们需要找到一个映射函数将线性回归模型的预测值转化为 0/1 值。

　　Sigmoid 函数正好具备上述条件，单调可微，取值范围为(0, 1)，且具有较好的求导特性。Sigmoid 函数的表达式如式(3-1)所示：

$$y = \frac{1}{1+\mathrm{e}^{-z}} \tag{3-1}$$

Sigmoid 函数的图像如图 3-2 所示。

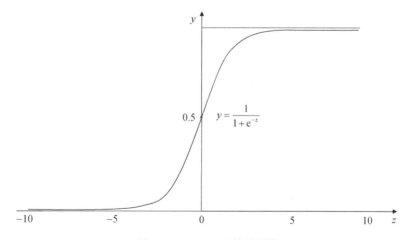

图 3-2　Sigmoid 函数的图像

Sigmoid 函数的一个重要特性是其求导函数可以用其本身来表达：

$$f'(x) = f(x)(1-f(x)) \tag{3-2}$$

下面开始对数几率回归的基本数学推导。线性回归模型的公式为：

$$z = \boldsymbol{w}^{\mathrm{T}}\boldsymbol{x}+b \tag{3-3}$$

将式(3-3)代入式(3-1)，得到：

$$y = \frac{1}{1 + e^{-(\boldsymbol{w}^{\mathrm{T}}\boldsymbol{x}+b)}} \tag{3-4}$$

对式(3-4)两边取对数并转换为：

$$\ln\frac{y}{1-y} = \boldsymbol{w}^{\mathrm{T}}\boldsymbol{x} + b \tag{3-5}$$

式(3-5)即为对数几率回归的模型表达式。如果将 y 看作样本 $\boldsymbol{x}$ 作为正例的可能性，那么 $1-y$ 即为样本作为反例的概率。$\frac{y}{1-y}$ 也称"几率"（odds），对几率取对数则得到对数几率。

为了确定式(3-5)中的模型参数 $\boldsymbol{w}$ 和 b，我们需要推导对数几率回归的损失函数，然后对损失函数进行最小化，得到 $\boldsymbol{w}$ 和 b 的估计值。给定训练集 $\{(\boldsymbol{x}_i, y_i)\}_{i=1}^m$，将式(3-4)中的 y 视作类后验概率估计 $p(y=1\,|\,\boldsymbol{x})$，则对数几率回归模型的表达式(3-5)可重写为：

$$\ln\frac{p(y=1\,|\,\boldsymbol{x})}{p(y=0\,|\,\boldsymbol{x})} = \boldsymbol{w}^{\mathrm{T}}\boldsymbol{x} + b \tag{3-6}$$

展开式(3-6)，可得：

$$p(y=1\,|\,\boldsymbol{x}) = \frac{e^{\boldsymbol{w}^{\mathrm{T}}\boldsymbol{x}+b}}{1 + e^{\boldsymbol{w}^{\mathrm{T}}\boldsymbol{x}+b}} = \hat{y} \tag{3-7}$$

$$p(y=0\,|\,\boldsymbol{x}) = \frac{1}{1 + e^{\boldsymbol{w}^{\mathrm{T}}\boldsymbol{x}+b}} = 1 - \hat{y} \tag{3-8}$$

将式(3-7)和式(3-8)综合，可得：

$$p(y\,|\,\boldsymbol{x}) = \hat{y}^y(1-\hat{y})^{1-y} \tag{3-9}$$

对式(3-9)两边取对数，改为求和式，并取负号，有：

$$-\ln p(y\,|\,\boldsymbol{x}) = -\frac{1}{m}\sum_{i=1}^m \left(y\ln\hat{y} + (1-y)\ln(1-\hat{y})\right) \tag{3-10}$$

式(3-10)就是经典的交叉熵损失函数，其中 $\hat{y} = \dfrac{1}{1 + e^{-(\boldsymbol{w}^{\mathrm{T}}\boldsymbol{x}+b)}}$。令 $L = \ln p(y\,|\,\boldsymbol{x})$，基于 L 分别对 $\boldsymbol{w}$ 和 b 求偏导，有：

$$\frac{\partial L}{\partial \boldsymbol{w}} = \frac{1}{m}\boldsymbol{x}(\hat{y} - y) \tag{3-11}$$

$$\frac{\partial L}{\partial b} = \frac{1}{m}\sum_{i=1}^m (\hat{y} - y) \tag{3-12}$$

基于 w 和 b 的梯度下降对交叉熵损失最小化，相应的参数即为模型最优参数。

另一种求解对数几率回归模型参数的方法为**极大似然法**（maximum likehood method）。给定训练集 $\{(x_i, y_i)\}_{i=1}^m$，对数几率回归模型最大化的对数似然可表示为：

$$L(w, b) = \sum_{i=1}^m \ln p(y_i \mid x_i; w, b) \tag{3-13}$$

所谓对数似然，即最大化抽样样本的对数化概率估计，令每个样本属于其真实标签的概率越大越好。令 $\beta = (w; b)$，$\hat{x} = (x; 1)$，相应的 $w^{\mathrm{T}}x + b$ 可表示为 $\beta^{\mathrm{T}}\hat{x}$。然后令 $p_1(\hat{x}, \beta) = p(y=1 \mid \hat{x}; \beta)$，$p_0(\hat{x}, \beta) = p(y=0 \mid \hat{x}; \beta) = 1 - p_1(\hat{x}, \beta)$，则式(3-13)似然项可表示为：

$$p(y_i \mid x_i; w, b) = y_i p_1(\hat{x}_i, \beta) + (1 - y_i) p_0(\hat{x}_i, \beta) \tag{3-14}$$

将式(3-14)代入式(3-13)，并结合式(3-7)和式(3-8)，最大化式(3-13)相当于最小化式(3-15)：

$$L(\beta) = \sum_{i=1}^m \left(-y_i \beta^{\mathrm{T}} \hat{x}_i + \ln\left(1 + e^{\beta^{\mathrm{T}} \hat{x}_i}\right) \right) \tag{3-15}$$

最小化式(3-15)可使用梯度下降法、牛顿法或拟牛顿法等凸优化求解算法进行计算，这里不做过多阐述。

从上述推导来看，对数几率回归虽是分类模型，但总体上仍属于线性模型框架，其推导思路跟线性回归有不少相似之处：一方面，我们可以直接基于模型主体推导出交叉熵损失函数，然后基于损失函数进行梯度优化；另一方面，也可以通过极大似然法来进行参数优化推导。

3.3 对数几率回归的代码实现

基于一个完整机器学习模型实现的视角，我们从整体编写思路到具体分步实现，使用 NumPy 实现一个对数几率回归模型。下面按照机器学习三要素——模型、策略和算法的原则，逐步搭建对数几率回归的代码框架。

3.3.1 编写思路

对数几率回归的编写思路跟线性回归较为相似。模型主体方面需要注意对线性模型预测值使用 Sigmoid 函数进行转换，对于预测函数，需要注意使用分类阈值对概率结果进行分类转换。如图 3-3 所示，对数几率回归代码实现仍然包括了 NumPy 和 sklearn 两种实现方式，其中基于 NumPy 的代码实现主要包括模型主体、训练过程和预测函数三大部分，旨在让读者从原理上掌握对数几率回归的基本过程。另外，作为对比和实际应用，我们也给出了 sklearn 的对数几率回归实现方式。

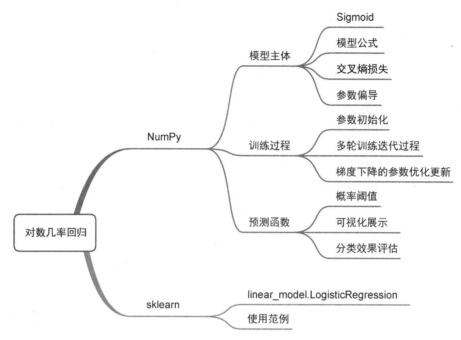

图 3-3   对数几率回归代码的编写思路

3.3.2   基于 NumPy 的对数几率回归实现

根据图 3-3 的 NumPy 代码编写思路，在实现对数几率回归模型主体之前，需要先定义一些辅助函数，包括一个 Sigmoid 函数和一个参数初始化函数。

1. 定义辅助函数

分别定义 Sigmoid 函数和参数初始化函数，具体如代码清单 3-1 所示。

代码清单 3-1   定义辅助函数

```
# 导入 numpy 模块
import numpy as np
### 定义 sigmoid 函数
def sigmoid(x):
    '''
    输入：
    x：数组
    输出：
    z：经过 sigmoid 函数计算后的数组
    '''
    z = 1 / (1 + np.exp(-x))
    return z
```

```
### 定义参数初始化函数
def initialize_params(dims):
    '''
    输入：
    dims：参数维度
    输出：
    z：初始化后的参数向量W和参数值b
    '''
    # 将权重向量初始化为零向量
    W = np.zeros((dims, 1))
    # 将偏置初始化为零
    b = 0
    return W, b
```

2. 定义对数几率回归模型主体

基于 Sigmoid 函数和式(3-4)的对数几率回归模型公式，我们可以定义对数几率回归模型的主体部分，包括计算模型输出、计算损失函数和参数梯度等，如代码清单 3-2 所示。

代码清单 3-2 定义对数几率回归模型主体

```
### 定义对数几率回归模型主体
def logistic(X, y, W, b):
    '''
    输入：
    X：输入特征矩阵
    y：输出标签向量
    W：权重系数
    b：偏置参数
    输出：
    a：对数几率回归模型输出
    cost：损失
    dW：权重梯度
    db：偏置梯度
    '''
    # 训练样本量
    num_train = X.shape[0]
    # 训练特征数
    num_feature = X.shape[1]
    # 对数几率回归模型输出
    a = sigmoid(np.dot(X, W) + b)
    # 交叉熵损失
    cost = -1/num_train * np.sum(y*np.log(a) + (1-y)*np.log(1-a))
    # 权重梯度
    dW = np.dot(X.T, (a-y))/num_train
    # 偏置梯度
    db = np.sum(a-y)/num_train
    # 压缩损失数组维度
    cost = np.squeeze(cost)
    return a, cost, dW, db
```

3. 定义对数几率回归模型训练过程

定义完对数几率回归模型主体之后，即可定义其训练过程，如代码清单 3-3 所示。

代码清单 3-3　定义对数几率回归模型训练过程

```
### 定义对数几率回归模型训练过程
def logistic_train(X, y, learning_rate, epochs):
    '''
    输入:
    X: 输入特征矩阵
    y: 输出标签向量
    learning_rate: 学习率
    epochs: 训练轮数
    输出:
    cost_list: 损失列表
    params: 模型参数
    grads: 参数梯度
    '''
    # 初始化模型参数
    W, b = initialize_params(X.shape[1])
    # 初始化损失列表
    cost_list = []
    # 迭代训练
    for i in range(epochs):
        # 计算当前迭代的模型输出、损失和参数梯度
        a, cost, dW, db = logistic(X, y, W, b)
        # 参数更新
        W = W - learning_rate * dW
        b = b - learning_rate * db
        # 记录损失
        if i % 100 == 0:
            cost_list.append(cost)
        # 打印训练过程中的损失
        if i % 100 == 0:
            print('epoch %d cost %f' % (i, cost))

    # 保存参数
    params = {
        'W': W,
        'b': b
    }

    # 保存梯度
    grads = {
        'dW': dW,
        'db': db
    }
    return cost_list, params, grads
```

4. 定义预测函数

对数几率回归模型训练完成之后，我们需要借助训练好的模型参数定义预测函数，用以对验

证集进行预测以及方便后续评估模型的分类准确性。定义预测函数的代码如代码清单 3-4 所示。

代码清单 3-4　定义预测函数

```
### 定义预测函数
def predict(X, params):
    '''
    输入:
    X: 输入特征矩阵
    params: 训练好的模型参数
    输出:
    y_pred: 转换后的模型预测值
    '''
    # 模型预测值
    y_pred = sigmoid(np.dot(X, params['W']) + params['b'])
    # 基于分类阈值对概率预测值进行类别转换
    for i in range(len(y_pred)):
        if y_pred[i] > 0.5:
            y_pred[i] = 1
        else:
            y_pred[i] = 0
    return y_pred
```

5. 生成模拟二分类数据集

为了测试上述对数几率回归模型的表现，我们尝试基于 sklearn datasets 模块下的 make_classi-fication 函数生成模拟的二分类数据集，并对其进行可视化，如代码清单 3-5 所示。

代码清单 3-5　生成模拟二分类数据集并进行可视化

```
# 导入 matplotlib 绘图库
import matplotlib.pyplot as plt
# 导入生成分类数据函数
from sklearn.datasets.samples_generator import make_classification
# 生成 100×2 的模拟二分类数据集
X, labels = make_classification(
    n_samples=100,
    n_features=2,
    n_redundant=0,
    n_informative=2,
    random_state=1,
    n_clusters_per_class=2)
# 设置随机数种子
rng = np.random.RandomState(2)
# 对生成的特征数据添加一组均匀分布噪声
X += 2 * rng.uniform(size=X.shape)
# 标签类别数
unique_labels = set(labels)
# 根据标签类别数设置颜色
colors = plt.cm.Spectral(np.linspace(0, 1, len(unique_labels)))
# 绘制模拟数据的散点图
for k,col in zip(unique_labels, colors):
    x_k = X[labels==k]
```

```
        plt.plot(x_k[:,0], x_k[:,1],'o',
                markerfacecolor=col,
                markeredgecolor='k',
              · markersize=14)
    plt.title('Simulated binary data set')
    plt.show();
```

根据代码清单 3-5，我们生成了一个包含 100 个样本和 2 个特征的模拟二分类数据集，该数据集的散点图如图 3-4 所示。

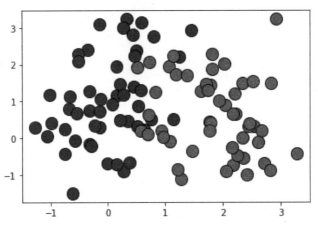

图 3-4   模拟二分类数据集的散点图（另见彩插）

然后我们将生成的模拟数据集划分为训练集和测试集，前者用于训练模型，后者用于测试模型的分类准确性，如代码清单 3-6 所示。

代码清单 3-6   划分数据集

```
# 按 9:1 简单划分训练集与测试集
offset = int(X.shape[0] * 0.9)
X_train, y_train = X[:offset], labels[:offset]
X_test, y_test = X[offset:], labels[offset:]
y_train = y_train.reshape((-1,1))
y_test = y_test.reshape((-1,1))
print('X_train =', X_train.shape)
print('X_test =', X_test.shape)
print('y_train =', y_train.shape)
print('y_test =', y_test.shape)
```

输出如下：

```
X_train = (90, 2)
X_test = (10, 2)
y_train = (90, 1)
y_test = (10, 1)
```

6. 执行训练并基于训练参数进行预测和评估

准备好数据之后即可开始训练模型，获取模型参数并对测试集进行预测，然后基于预测结果评估模型表现，如代码清单 3-7 所示。

代码清单 3-7　模型训练和预测

```
# 执行对数几率回归模型训练
cost_list, params, grads = logistic_train(X_train, y_train, 0.01, 1000)
# 打印训练好的模型参数
print(params)
# 基于训练参数对测试集进行预测
y_pred = predict(X_test, params)
print(y_pred)
```

输出如下：

```
{'W': array([[ 1.55740577],
            [-0.46456883]]), 'b': -0.5944518853151362}
[[0.]
 [1.]
 [1.]
 [0.]
 [1.]
 [1.]
 [0.]
 [0.]
 [1.]
 [0.]]
```

最后，我们可基于 sklearn 的分类评估方法来衡量模型在测试集上的表现，如代码清单 3-8 所示。

代码清单 3-8　测试集上的分类准确率评估

```
# 导入 classification_report 模块
from sklearn.metrics import classification_report
# 打印测试集分类预测评估报告
print(classification_report(y_test, y_pred))
```

图 3-5 为 classification_report 给出的分类预测评估报告，主要包括精确率、召回率和 F1 得分等分类评估指标结果。各项结果均为 1，虽然数据集划分和模型预测有一定的随机性，但也说明我们基于 NumPy 实现的对数几率回归模型还是比较成功的。

```
              precision    recall  f1-score   support

           0       1.00      1.00      1.00         5
           1       1.00      1.00      1.00         5

   micro avg       1.00      1.00      1.00        10
   macro avg       1.00      1.00      1.00        10
weighted avg       1.00      1.00      1.00        10
```

图 3-5　测试集上的分类预测评估报告

7. 绘制分类决策边界

我们还可以对模型进行可视化，通过在数据集的散点图上绘制分类决策边界的方式来直观地评估模型表现，具体如代码清单 3-9 所示。

代码清单 3-9　绘制对数几率回归分类决策边界

```python
### 绘制对数几率回归分类决策边界
def plot_decision_boundary(X_train, y_train, params):
    '''
    输入:
    X_train: 训练集输入
    y_train: 训练集标签
    params: 训练好的模型参数
    输出:
    分类决策边界图
    '''
    # 训练样本量
    n = X_train.shape[0]
    # 初始化类别坐标点列表
    xcord1 = []
    ycord1 = []
    xcord2 = []
    ycord2 = []
    # 获取两类坐标点并存入列表
    for i in range(n):
        if y_train[i] == 1:
            xcord1.append(X_train[i][0])
            ycord1.append(X_train[i][1])
        else:
            xcord2.append(X_train[i][0])
            ycord2.append(X_train[i][1])
    # 创建绘图
    fig = plt.figure()
    ax = fig.add_subplot(111)
    # 绘制两类散点，以不同颜色表示
    ax.scatter(xcord1, ycord1,s=32, c='red')
    ax.scatter(xcord2, ycord2, s=32, c='green')
    # 取值范围
    x = np.arange(-1.5, 3, 0.1)
    # 分类决策边界公式
    y = (-params['b'] - params['W'][0] * x) / params['W'][1]
    # 绘图
    ax.plot(x, y)
    plt.xlabel('X1')
    plt.ylabel('X2')
    plt.show()

plot_decision_boundary(X_train, y_train, params)
```

代码清单 3-9 绘制的对数几率回归分类决策边界如图 3-6 所示。

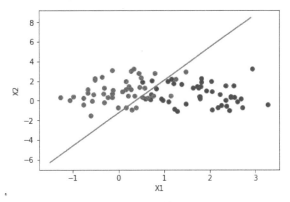

图 3-6 对数几率回归分类决策边界图（另见彩插）

3.3.3 基于 sklearn 的对数几率回归实现

作为参考对比，这里同样基于 sklearn 的 LogisticRegression 类给出该数据集的拟合效果。LogisticRegression 函数位于 sklearn 的 linear_model 模块下，定义该类的一个对数几率回归实例后，直接调用其 fit 方法拟合训练集即可。参考实现如代码清单 3-10 所示。

代码清单 3-10　sklearn 对数几率回归示例

```
# 导入对数几率回归算法模块
from sklearn.linear_model import LogisticRegression
# 拟合训练集
clf = LogisticRegression(random_state=0).fit(X_train, y_train)
# 预测测试集
y_pred = clf.predict(X_test)
# 打印预测结果
print(y_pred)
```

输出如下：

```
array([0, 1, 1, 0, 1, 1, 0, 0, 1, 0])
```

可见，基于 sklearn 的对数几率回归预测结果跟基于 NumPy 手动实现的对数几率回归方法的预测结果完全一致。虽然有一定的随机性，但也从侧面说明了算法实现的有效性。

3.4　小结

对数几率回归是用线性回归的结果来拟合真实标签的对数几率。同时，我们也可以将对数几率回归看作由条件概率分布表示的分类模型。另外，对数几率回归也是感知机模型、神经网络和支持向量机等模型的基础。

作为一种线性分类模型，对数几率回归在金融风控、计算广告、推荐系统和医疗健康领域都有着广泛应用。

第 4 章

回归模型拓展

通过前两章的学习，我们知道目标变量通常有很多影响因素。通过各类影响因素构建对目标变量的回归模型，能够实现对目标的预测。但根据稀疏性的假设，即使影响一个变量的因素有很多，其关键因素永远只会是少数。在这种情况下，还用传统的线性回归方法来处理的话，效果可能并不理想。针对这种情况，本章介绍两种线性回归模型的拓展模型，分别是 LASSO 回归和 Ridge 回归。

4.1　回到杭州二手房房价

回到 2.1 节的杭州二手房房价的例子，当下杭州房地产市场依旧是全国比较火热的房地产市场之一。假设杭州某高校研究团队为了更好地研究杭州房地产市场，给相关部门提供房价调控建议，决定尽可能将影响杭州二手房房价的因素全都提取出来。几轮头脑风暴下来，影响二手房房价的因素越找越多。实际上，这些因素中能够对二手房房价起到关键影响的就那么几个，大多数因素可能只是"打个酱油"，对房价的影响几乎可以忽略不计。

在这种情况下，最好构建一个能够找出关键影响因素的回归模型。这样一来，研究得出的结论提供给相关部门进行决策，会更具针对性。

4.2　LASSO 回归的原理推导

为了从众多因素中找出关键因素，我们先来看 LASSO（the least absolute shrinkage and selection operator）回归模型，可译为最小绝对收缩和选择算子。由第 2 章的式(2-14)可知，线性回归模型的最优参数估计表达式为：

$$\hat{\boldsymbol{w}}^* = (\boldsymbol{X}^{\mathrm{T}}\boldsymbol{X})^{-1}\boldsymbol{X}^{\mathrm{T}}\boldsymbol{y} \tag{4-1}$$

假设训练样本量为 m，样本特征数为 n，按照惯例，就有 $m > n$，即样本量大于特征数。当 $m > n$ 时，若 $\mathrm{rank}(\boldsymbol{X}) = n$，即 $\boldsymbol{X}$ 为满秩矩阵，则 $\boldsymbol{X}^{\mathrm{T}}\boldsymbol{X}$ 是可逆矩阵，式(4-1)是可以直接求解的。但如果 $m < n$，即特征数大于样本量时，$\mathrm{rank}(\boldsymbol{X}) < n$，矩阵 $\boldsymbol{X}$ 不满秩，$\boldsymbol{X}^{\mathrm{T}}\boldsymbol{X}$ 不可逆，这时候式(4-1)中的参数 $\hat{\boldsymbol{w}}^*$ 是不可估计的。

对于这个问题，LASSO 回归给出的做法是在线性回归的损失函数后面加一个 1-范数项，也叫正则化项，如式(4-2)所示：

$$L(w) = (y - wX)^2 + \lambda \parallel w \parallel_1 \tag{4-2}$$

其中 $\parallel w \parallel_1$ 即为矩阵的 1-范数，λ 为 1-范数项的系数。

这里简单解释一下**范数**（norm）的概念。在数学分析中，范数可视为一种长度或者距离概念的函数。针对向量或者矩阵而言，常用的范数包括 0-范数、1-范数、2-范数和 p-范数等。矩阵的 0-范数为矩阵中非零元素的个数，矩阵的 1-范数可定义为矩阵中所有元素的绝对值之和，而矩阵的 2-范数是指矩阵中各元素的平方和再求均方根的结果。

从机器学习的角度来看，式(4-2)相当于给最初的线性回归损失函数添加了一个 L1 正则化项，λ 也叫正则化系数。从防止模型过拟合的角度而言，正则化项相当于对目标参数施加了一个惩罚项，使得模型不能过于复杂。在优化过程中，正则化项的存在能够使那些不重要的特征系数逐渐为零，从而保留关键特征，使得模型简化。所以，式(4-2)等价于：

$$\arg\min(y - wX)^2 \tag{4-3}$$

$$\text{s.t.} \quad \sum |w_{ij}| < s \tag{4-4}$$

其中式(4-3)即为线性回归目标函数，式(4-4)为其约束条件，即权重系数矩阵所有元素绝对值之和小于一个指定常数 s，s 取值越小，特征参数中被压缩到零的特征就会越多。图 4-1 为 LASSO 回归的参数估计图。

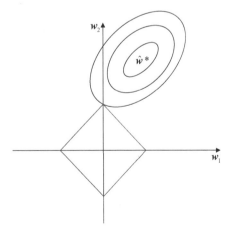

图 4-1　LASSO 回归的参数估计图（另见彩插）

如图 4-1 所示，横纵坐标分别为两个回归参数 w_1 和 w_2，红色线框表示 LASSO 回归的 L1 正则化约束 $|w_1| + |w_2| \leq s$，椭圆形区域为回归参数的求解空间。可以看到，LASSO 回归的参数解空

间与纵坐标轴相交，此时意味着参数 w_1 被压缩为 0。

最后一个关键问题是如何针对式(4-2)的 LASSO 回归目标函数进行参数优化，即如何求 LASSO 回归的最优解问题。L1 正则化项的存在使得式(4-2)是连续不可导的函数，直接使用梯度下降法无法进行寻优，一种替代的 LASSO 回归寻优方法称为**坐标下降法**（coordinate descent method）。坐标下降法是一种迭代算法，相较于梯度下降法通过损失函数的负梯度来确定下降方向，坐标下降法是在当前坐标轴上搜索损失函数的最小值，无须计算函数梯度。

以二维空间为例，假设 LASSO 回归损失函数为凸函数 $L(x, y)$，给定初始点 x_0，可以找到使得 $L(y)$ 达到最小的 y_1，然后固定 y_1，再找到使得 $L(x)$ 达到最小的 x_2。这样反复迭代之后，根据凸函数的性质，一定能够找到使得 $L(x, y)$ 最小的点 (x_k, y_k)。坐标下降法的寻优过程如图 4-2 所示。

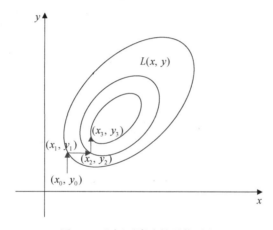

图 4-2　坐标下降法的寻优过程

4.3　LASSO 回归的代码实现

有了第 2 章线性回归模型代码实现的经验，基于 2.3.2 节的代码框架快速搭建 LASSO 回归模型并非难事。为了内容的完整性，我们依然按照本书的行文范式来阐述模型代码实现。

4.3.1　编写思路

LASSO 回归的编写思路跟线性回归比较一致，只是 LASSO 回归损失函数多了一个 L1 正则化项，所以基于 NumPy 实现 LASSO 回归的关键在于对基于 L1 损失的梯度优化处理。因为直接求导不太方便，所以可以尝试设计一个符号函数并将其向量化，从而达到梯度下降寻优的目的。

LASSO 回归代码的编写思路如图 4-3 所示。代码实现同样包括 NumPy 和 sklearn 两种方式，基于 NumPy 的代码实现包括模型主体、训练过程和数据测试三大模块，实现思路与第 2 章一致。

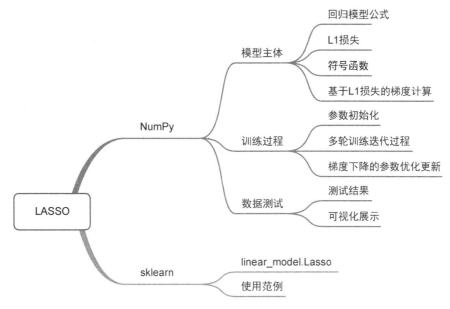

图 4-3 LASSO 回归代码的编写思路

4.3.2 基于 NumPy 的 LASSO 回归实现

按照 4.3.1 节的编写思路,我们先尝试定义一个符号函数来作为 L1 损失的梯度计算辅助函数,再定义 L1 损失和 LASSO 回归模型主体部分。L1 正则化项为 $\lambda \lVert w \rVert_1$,即参数项绝对值,无法直接计算梯度,因此我们可设计符号函数如式(4-5)所示:

$$\operatorname{sign}(x) = \begin{cases} 1, & x > 0 \\ 0, & x = 0 \\ -1, & x < 0 \end{cases} \tag{4-5}$$

定义符号函数并将其向量化,如代码清单 4-1 所示。

代码清单 4-1 定义符号函数

```
# 导入 numpy 模块
import numpy as np
### 定义符号函数
def sign(x):
    '''
    输入:
    x: 浮点数值
    输出:
    整型数值
    '''
    if x > 0:
        return 1
```

```
    elif x < 0:
        return -1
    else:
        return 0
# 利用 NumPy 对符号函数进行向量化
vec_sign = np.vectorize(sign)
```

然后基于 L1 损失和符号函数定义模型主体部分，包括回归模型公式、L1 损失函数和基于 L1 损失的参数梯度。定义 l1_loss 函数的代码如代码清单 4-2 所示。

代码清单 4-2   LASSO 回归模型主体

```
### 定义 LASSO 回归损失函数
def l1_loss(X, y, w, b, alpha):
    '''
    输入：
    X：输入变量矩阵
    y：输出标签向量
    w：变量参数权重矩阵
    b：偏置
    alpha：正则化系数
    输出：
    y_hat：线性模型预测输出
    loss：均方损失值
    dw：权重系数一阶偏导
    db：偏置一阶偏导
    '''
    # 训练样本量
    num_train = X.shape[0]
    # 训练特征数
    num_feature = X.shape[1]
    # 回归模型预测输出
    y_hat = np.dot(X, w) + b
    # L1 损失函数
    loss = np.sum((y_hat-y)**2)/num_train + np.sum(alpha*abs(w))
    # 基于向量化符号函数的参数梯度计算
    dw = np.dot(X.T, (y_hat-y)) /num_train + alpha * vec_sign(w)
    db = np.sum((y_hat-y)) /num_train
    return y_hat, loss, dw, db
```

接下来的步骤跟线性回归一样，在上述 l1_loss 函数的基础上，定义线性回归模型的训练过程，主要包括参数初始化、迭代训练和梯度下降寻优。我们可以首先定义一个参数初始化函数 initialize_params，然后基于 l1_loss 函数和 initialize_params 函数定义包含迭代训练和梯度下降寻优的 LASSO 回归的拟合过程，具体如代码清单 4-3 所示。

代码清单 4-3   参数初始化和 LASSO 回归模型训练函数

```
### 初始化模型参数
def initialize_params(dims):
    '''
    输入：
```

```
        dims: 训练数据变量维度
        输出:
        w: 初始化权重系数值
        b: 初始化偏置参数值
        '''
        # 初始化权重系数为零向量
        w = np.zeros((dims, 1))
        # 初始化偏置参数为零
        b = 0
        return w, b

### 定义 LASSO 回归模型的训练过程
def lasso_train(X, y, learning_rate=0.01, epochs=1000):
        '''
        输入:
        X: 输入变量矩阵
        y: 输出标签向量
        learning_rate: 学习率
        epochs: 训练迭代次数
        输出:
        loss_his: 每次迭代的 L1 损失列表
        params: 优化后的参数字典
        grads: 优化后的参数梯度字典
        '''
        # 记录训练损失的空列表
        loss_his = []
        # 初始化模型参数
        w, b = initialize_params(X.shape[1])
        # 迭代训练
        for i in range(1, epochs):
            # 计算当前迭代的预测值、损失和梯度
            y_hat, loss, dw, db = l1_loss(X, y, w, b, 0.1)
            # 基于梯度下降法的参数更新
            w += -learning_rate * dw
            b += -learning_rate * db
            # 记录当前迭代的损失
            loss_his.append(loss)
            # 每 50 次迭代打印当前损失信息
            if i % 50 == 0:
                print('epoch %d loss %f' % (i, loss))
            # 将当前迭代步优化后的参数保存到字典中
            params = {
                'w': w,
                'b': b
            }
            # 将当前迭代步的梯度保存到字典中
            grads = {
                'dw': dw,
                'db': db
            }
        return loss_his, params, grads
```

这样我们就基本实现了 LASSO 回归模型。接下来，基于示例数据对我们实现的代码进行测试。导入示例数据并将其划分成训练集和测试集，如代码清单 4-4 所示。

代码清单 4-4　导入数据集

```python
# 读取示例数据
data = np.genfromtxt('example.dat', delimiter=',')
# 选择特征与标签
x = data[:,0:100]
y = data[:,100].reshape(-1,1)
# 加一列
X = np.column_stack((np.ones((x.shape[0],1)),x))
# 划分训练集与测试集
X_train, y_train = X[:70], y[:70]
X_test, y_test = X[70:], y[70:]
print(X_train.shape, y_train.shape, X_test.shape, y_test.shape)
```

输出如下：

```
(70, 101) (70, 1) (31, 101) (31, 1)
```

代码清单 4-4 的输出显示，该示例数据集的训练集有 70 个样本，但特征有 101 个，属于典型的特征数大于样本量的情形，适用于 LASSO 回归模型。所以我们用编写的 LASSO 回归模型来训练该数据集，如代码清单 4-5 所示。

代码清单 4-5　LASSO 回归训练

```python
# 执行训练示例
loss_list, params, grads = lasso_train(X_train, y_train, 0.01, 300)
# 获取训练参数
print(params)
```

输出如下：

```
{'w':
array([[-0.   , -0.   ,  0.594,  0.634,  0.001,  0.999, -0.   ,  0.821,
        -0.238,  0.001,  0.   ,  0.792,  0.   ,  0.738, -0.   , -0.129,
         0.   ,  0.784, -0.001,  0.82 ,  0.001,  0.001,  0.   ,  0.561,
         0.   , -0.001, -0.   , -0.001,  0.   ,  0.488, -0.   , -0.   ,
        -0.   ,  0.001, -0.001, -0.001,  0.   , -0.   ,  0.001, -0.001,
        -0.001, -0.   ,  0.001, -0.001, -0.006,  0.002,  0.001, -0.001,
        -0.   ,  0.028, -0.001,  0.   ,  0.001, -0.   ,  0.001, -0.065,
         0.251, -0.   , -0.044, -0.   ,  0.106,  0.03 ,  0.001,  0.   ,
        -0.   , -0.001,  0.   ,  0.   , -0.001,  0.132,  0.239, -0.001,
         0.   ,  0.169,  0.001,  0.013,  0.001, -0.   ,  0.002,  0.001,
        -0.   ,  0.202, -0.001,  0.   , -0.001, -0.042, -0.106, -0.   ,
         0.025, -0.111,  0.   , -0.001,  0.134,  0.001,  0.   , -0.055,
        -0.   ,  0.095,  0.   , -0.178,  0.067]]),
 'b': -0.24041528707142962)
```

由参数结果可以看到，数据中大量特征系数被压缩成了 0，可见我们实现的 LASSO 回归模型具备一定的有效性。

4.3.3 基于 sklearn 的 LASSO 回归实现

sklearn 中也提供了 LASSO 回归模型的调用接口。跟线性回归和对数几率回归等线性模型一样，LASSO 回归模型接口也位于 `linear_model` 模块下。其用法示例如代码清单 4-6 所示。

代码清单 4-6　sklearn LASSO 回归示例

```python
# 导入线性模型模块
from sklearn import linear_model
# 创建 LASSO 回归模型实例
sk_LASSO = linear_model.LASSO(alpha=0.1)
# 对训练集进行拟合
sk_LASSO.fit(X_train, y_train)
# 打印模型相关系数
print("sklearn LASSO intercept :", sk_LASSO.intercept_)
print("\nsklearn LASSO coefficients :\n", sk_LASSO.coef_)
print("\nsklearn LASSO number of iterations :", sk_LASSO.n_iter_)
```

输出如下：

```
sklearn LASSO intercept : [-0.238]
sklearn LASSO coefficients :
[ 0.    -0.     0.598  0.642  0.     1.007 -0.     0.818 -0.228  0.
  0.     0.794  0.     0.741 -0.    -0.125 -0.     0.794  0.     0.819
  0.     0.    -0.     0.567 -0.    -0.    -0.    -0.    -0.     0.495
  0.     0.     0.     0.    -0.    -0.    -0.    -0.    -0.    -0.
  0.    -0.     0.    -0.    -0.008  0.     0.    -0.    -0.     0.02
  0.    -0.     0.    -0.     0.    -0.068  0.246  0.    -0.042 -0.
  0.105  0.032  0.     0.     0.    -0.    -0.     0.    -0.     0.125
  0.234 -0.     0.     0.169  0.     0.016  0.    -0.     0.     0.
 -0.     0.201 -0.    -0.     0.    -0.041 -0.107 -0.     0.024 -0.108
 -0.    -0.     0.123  0.     0.    -0.059 -0.     0.094 -0.    -0.178
  0.066]
sklearn LASSO number of iterations : 24
```

由代码清单 4-6 的输出结果可以看到，LASSO 回归模型使得大量特征的参数被压缩为 0。

4.4　Ridge 回归的原理推导

类似于 LASSO 回归模型，Ridge 回归（岭回归）是一种使用 2-范数作为惩罚项改造线性回归损失函数的模型。此时损失函数如式(4-6)所示：

$$L(\boldsymbol{w}) = (\boldsymbol{y} - \boldsymbol{wX})^2 + \lambda \|\boldsymbol{w}\|_2 \tag{4-6}$$

其中 $\lambda \|\boldsymbol{w}\|_2 = \lambda \sum_{i=1}^{n} w_i^2$，也叫 L2 正则化项。采用 2-范数进行正则化的原理是最小化参数矩阵的每个元素，使其无限接近 0 但又不像 L1 那样等于 0。为什么参数矩阵中的每个元素变得很小，就能防止过拟合？下面以深度神经网络为例来说明。在 L2 正则化中，如果正则化系数 λ 取值较大，参数

矩阵 w 中的每个元素都会变小，线性计算的结果也会变小，激活函数在此时相对呈线性状态，这样就会降低深度神经网络的复杂性，因而可以防止过拟合。所以与式(4-2)一样，式(4-6)等价于：

$$\arg\min(y - wX)^2$$
$$\text{s.t.} \quad \sum w_{ij}^2 < s \tag{4-7}$$

式(4-7)的第一个公式即为线性回归目标函数，第二个公式为其约束条件，即权重系数矩阵所有元素平方之和小于指定常数 s。相应地，式(4-1)可改写为：

$$\hat{w}^* = (X^T X + \lambda I)^{-1} X^T y \tag{4-8}$$

从式(4-8)可以看到，通过给 $X^T X$ 加上一个单位矩阵使其变成非奇异矩阵并可以进行求逆运算，从而求解 Ridge 回归。图 4-4 是 Ridge 回归的参数估计图。

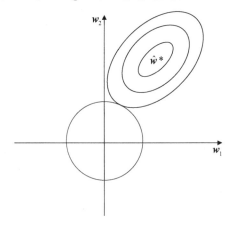

图 4-4　Ridge 回归的参数估计图（另见彩插）

如图 4-4 所示，横纵坐标分别为两个回归参数 w_1 和 w_2，红色圆形区域为 Ridge 回归的 L2 正则化约束 $w_1^2 + w_2^2 \leqslant s$，椭圆形区域为回归参数的求解空间。由此可见，LASSO 回归的参数解空间与纵坐标轴相交，而 Ridge 回归参数只是接近 0 但不等于 0。

Ridge 回归参数求解要比 LASSO 回归相对容易一些，一方面，我们可以直接基于式(4-8)的矩阵运算进行求解，另一方面，也可以按照第 2 章线性回归的梯度下降优化方式进行迭代计算。

4.5　Ridge 回归的代码实现

因本节与 4.3 节的 LASSO 回归较为相似，基本代码框架和大部分实现细节不变，所以本节仅重点描述 Ridge 回归相较于 LASSO 回归的区别。参数初始化和导入示例数据部分跟 LASSO 回归部分一致，最核心的区别在于损失函数。这里我们先定义 Ridge 回归损失函数，如代码清单 4-7 所示。

代码清单 4-7　定义 L2 损失函数

```
### 定义 Ridge 回归损失函数
def l2_loss(X, y, w, b, alpha):
    '''
    输入:
    X: 输入变量矩阵
    y: 输出标签向量
    w: 变量参数权重矩阵
    b: 偏置
    alpha: 正则化系数
    输出:
    y_hat: 线性模型预测输出
    loss: 均方损失值
    dw: 权重系数一阶偏导
    db: 偏置一阶偏导
    '''
    # 训练样本量
    num_train = X.shape[0]
    # 训练特征数
    num_feature = X.shape[1]
    # 回归模型预测输出
    y_hat = np.dot(X, w) + b
    # L2 损失函数
    loss = np.sum((y_hat-y)**2)/num_train + alpha*(np.sum(np.square(w)))
    # 参数梯度计算
    dw = np.dot(X.T, (y_hat-y)) /num_train + 2*alpha*w
    db = np.sum((y_hat-y)) /num_train
    return y_hat, loss, dw, db
```

从代码清单 4-7 可知，L2 损失与 L1 损失的核心区别在于正则化项，L1 损失的正则化项因为带有绝对值，所以实际优化时要复杂一些，而 L2 损失的正则化项为平方项，故计算梯度时要相对方便一点儿。

基于 l2_loss 函数，修改 LASSO 回归模型的训练过程为 Ridge 回归模型的训练过程，如代码清单 4-8 所示。

代码清单 4-8　定义 Ridge 回归模型的训练过程

```
### 定义 Ridge 回归模型的训练过程
def ridge_train(X, y, learning_rate=0.01, epochs=1000):
    '''
    输入:
    X: 输入变量矩阵
    y: 输出标签向量
    learning_rate: 学习率
    epochs: 训练迭代次数
    输出:
    loss_his: 每次迭代的 L2 损失列表
    params: 优化后的参数字典
    grads: 优化后的参数梯度字典
    '''
    # 记录训练损失的空列表
```

```
loss_his = []
# 初始化模型参数
w, b = initialize_params(X.shape[1])
# 迭代训练
for i in range(1, epochs):
    # 这里修改为 L2 Loss
    y_hat, loss, dw, db = l2_loss(X, y, w, b, 0.1)
    # 基于梯度下降的参数更新
    w += -learning_rate * dw
    b += -learning_rate * db
    # 记录当前迭代的损失
    loss_his.append(loss)
    # 每 50 次迭代打印当前损失信息
    if i % 50 == 0:
        print('epoch %d loss %f' % (i, loss))
    # 将当前迭代步优化后的参数保存到字典中
    params = {
        'w': w,
        'b': b
    }
    # 将当前迭代步的梯度保存到字典中
    grads = {
        'dw': dw,
        'db': db
    }
return loss_his, params, grads
```

基于同样的示例训练数据，执行 Ridge 回归模型训练，如代码清单 4-9 所示。

代码清单 4-9   执行 Ridge 回归模型训练

```
# 执行训练示例
loss, loss_list, params, grads = ridge_train(X_train, y_train, 0.01, 3000)
# 打印训练参数
print(params)
```

输出如下：

```
{'w':
array([[-0.01, -0.10,  0.39,  0.27,  0.14,
         0.64, -0.11,  0.63, -0.24, -0.01,
        -0.01,  0.59,  0.04,  0.57,  0.07,
        -0.25,  0.06,  0.35, -0.05,  0.61,
         0.07, -0.01, -0.08,  0.38, -0.02,
        -0.04, -0.04, -0.04, -0.05,  0.35,
         0.09,  0.12,  0.12,  0.13, -0.12,
        -0.03,  0.07, -0.04, -0.01, -0.13,
        -0.03,  0.04,  0.07,  0.02, -0.06,
         0.06,  0.03, -0.11,  0.01,  0.16,
         0.02, -0.15,  0.15,  0.01, -0.03,
        -0.03,  0.25, -0.03, -0.29, -0.29,
         0.24,  0.09,  0.07,  0.09,  0.15,
        -0.14,  0.02, -0.09, -0.14,  0.34,
         0.26, -0.05,  0.17,  0.33,  0.15,
```

```
        0.21, -0.01, -0.16,  0.14,  0.09,
        0.07,  0.26, -0.13, -0.03,  0.01,
       -0.14, -0.19, -0.02,  0.22, -0.26,
       -0.11, -0.09,  0.31,  0.16,  0.12,
        0.04, -0.12,  0.16,  0.08, -0.24,
        0.15]],
 'b': -0.19)
```

可以看到，Ridge 回归参数大多比较接近 0，但都不等于 0，这也正是 Ridge 回归的一个特征。最后，我们也用 sklearn 的 Ridge 回归模块来试验一下示例数据，如代码清单 4-10 所示。

代码清单 4-10   sklearn Ridge 回归示例

```python
# 导入线性模型模块
from sklearn.linear_model import Ridge
# 创建 Ridge 回归模型实例
clf = Ridge(alpha=1.0)
# 对训练集进行拟合
clf.fit(X_train, y_train)
# 打印模型相关系数
print("sklearn Ridge intercept :", clf.intercept_)
print("\nsklearn Ridge coefficients :\n", clf.coef_)
```

输出结果如图 4-5 所示，可以看到也是有大量特征的回归系数被压缩到非常接近 0，但不会直接等于 0。

```
sklearn Ridge intercept : [-0.40576153]

sklearn Ridge coefficients :
 [[ 0.00000000e+00 -2.01786172e-01  5.45135248e-01  3.28370796e-01
    7.88208577e-02  8.63329630e-01 -1.28629181e-01  8.98548367e-01
   -4.15384520e-01  1.58905870e-01 -2.93807956e-02  6.32380717e-01
    4.21771945e-01  9.24308741e-01  1.20277300e-01 -3.85333806e-01
    1.63068579e-01  3.98963430e-01 -2.55902692e-02  8.88008417e-01
    3.69510302e-02  5.63702626e-04 -1.74758205e-01  4.51826721e-01
   -7.30107159e-02 -1.35017481e-01  5.39686001e-02 -4.02425081e-03
   -6.07507156e-02  3.75631827e-01  8.57162815e-02  1.45771573e-01
    1.44022204e-01  1.98972072e-01 -1.74729670e-01 -4.55411141e-02
    2.10931708e-01 -4.20589474e-02 -1.16955409e-01 -3.48704701e-01
    9.24987738e-02 -3.59919666e-02  3.12791851e-02  9.89341477e-02
   -3.20373964e-02  5.01884867e-04  2.52601261e-02 -1.43870413e-01
   -2.01630343e-01 -2.04659068e-02  1.39960583e-01 -2.40332862e-01
    1.64551174e-01  1.05411007e-02 -1.27446721e-01 -8.05713152e-02
    3.16799224e-01  2.97473607e-02 -3.62918779e-01 -4.33764143e-01
    1.85767035e-01  2.22954621e-01 -9.97451115e-02  3.27282961e-02
    2.41888947e-01 -2.56520012e-01 -9.21607311e-02 -1.32705556e-01
   -3.01710290e-01  3.25678251e-01  3.98328108e-01 -3.75685067e-02
    4.76284105e-01  4.66239153e-01  2.50059297e-01  3.35426970e-01
   -3.25276476e-04 -5.62721088e-02  3.05320327e-03  2.27021494e-01
    7.11869767e-02  1.96095806e-01 -4.35819139e-02 -1.69205809e-01
   -2.33710367e-02 -1.70079831e-01 -1.29346798e-01 -3.03112649e-02
    2.51270814e-01 -2.49230435e-01  6.83981071e-03 -2.30530011e-01
    4.31418878e-01  2.76385366e-01  3.30323011e-01 -7.26567151e-03
   -2.07740223e-02  2.47716612e-01  5.77447938e-02 -3.48931162e-01
    1.59732296e-01]]
```

图 4-5   sklearn Ridge 回归参数

4.6   小结

从数学角度来看，LASSO 回归和 Ridge 回归都是在 X^TX 为不可逆矩阵的情况下，求解回归参数的一种"妥协"性的方法。通过给常规的平方损失函数添加 L1 正则化项和 L2 正则化项，使得回归问题有可行解，不过这种解是一种有偏估计。

从业务可解释性的角度来看，影响一个变量的因素有很多，但关键因素永远只会是少数。当影响一个变量的因素有很多时（特征数可能会大于样本量），用传统的线性回归方法来处理可能效果会不太理想。LASSO 回归和 Ridge 回归通过对损失函数施加正则化项的方式，使得回归建模过程中大量不重要的特征系数被压缩为 0 或者接近 0，从而找出对目标变量有较强影响的关键特征。

第5章

线性判别分析

线性判别分析（linear discriminant analysis，LDA）是一种经典的线性分类方法，其基本思想是将数据投影到低维空间，使得同类数据尽可能接近，异类数据尽可能疏远。本章在线性判别分析数学推导的基础上，给出其 NumPy 和 sklearn 实现方式。另外，线性判别分析能够通过投影来降低样本维度，并且投影过程中使用了标签信息，所以线性判别分析也是一种监督降维算法。

5.1 LDA 基本思想

线性判别分析是一种经典的线性分类算法，其基本思想是通过将给定数据集投影到一条直线上，使得同类样本的投影点尽可能接近，异类样本的投影点尽可能疏远。按此规则训练完模型后，将新的样本投影到该直线上，根据投影点的位置来确定新样本点的类别。

图 5-1 是 LDA 模型的二维示意图，"+" 和 "−" 分别代表正例和反例，虚线表示样本点到直线的投影，圆点表示两类投影的中心点。LDA 的优化目标就是使投影后的类内距离小，类间距离大。

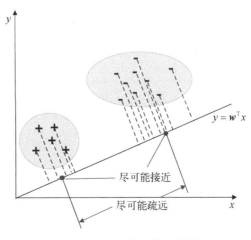

图 5-1 LDA 的二维示意图

5.2 LDA 数学推导

本节阐述 LDA 的基本原理与数学推导。给定数据集 $D = \{(x_1, y_1), (x_2, y_2), \cdots, (x_m, y_m)\}$，$y_i \in \{0, 1\}$，令 X_i、$\boldsymbol{\mu}_i$ 和 $\boldsymbol{\Sigma}_i$ 分别为第 $i \in \{0, 1\}$ 类数据的集合、均值向量和协方差矩阵。假设将上述数据投影到直线 w 上，则两类样本的中心在直线上的投影分别为 $\boldsymbol{w}^{\mathrm{T}}\boldsymbol{\mu}_0$ 和 $\boldsymbol{w}^{\mathrm{T}}\boldsymbol{\mu}_1$，考虑所有样本投影的情况下，假设两类样本的协方差分别为 $\boldsymbol{w}^{\mathrm{T}}\boldsymbol{\Sigma}_0 \boldsymbol{w}$ 和 $\boldsymbol{w}^{\mathrm{T}}\boldsymbol{\Sigma}_1 \boldsymbol{w}$，直线 w 为一维空间，所以上述值均为实数。

LDA 模型的优化目标是使同类样本的投影点尽可能接近，异类样本的投影点尽可能疏远。要让同类样本的投影点尽可能相近，我们可以使同类样本投影点的协方差尽可能小，即 $\boldsymbol{w}^{\mathrm{T}}\boldsymbol{\Sigma}_0 \boldsymbol{w} + \boldsymbol{w}^{\mathrm{T}}\boldsymbol{\Sigma}_1 \boldsymbol{w}$ 尽可能小。要让异类样本的投影点尽可能疏远，可以使类中心点之间的距离尽可能远，即 $\left\| \boldsymbol{w}^{\mathrm{T}}\boldsymbol{\mu}_0 - \boldsymbol{w}^{\mathrm{T}}\boldsymbol{\mu}_1 \right\|_2^2$ 尽可能大。同时考虑这两个优化目标的情况下，我们可以定义最大化目标函数为：

$$F = \frac{\left\| \boldsymbol{w}^{\mathrm{T}}\boldsymbol{\mu}_0 - \boldsymbol{w}^{\mathrm{T}}\boldsymbol{\mu}_1 \right\|_2^2}{\boldsymbol{w}^{\mathrm{T}}\boldsymbol{\Sigma}_0 \boldsymbol{w} + \boldsymbol{w}^{\mathrm{T}}\boldsymbol{\Sigma}_1 \boldsymbol{w}} = \frac{\boldsymbol{w}^{\mathrm{T}}(\boldsymbol{\mu}_0 - \boldsymbol{\mu}_1)(\boldsymbol{\mu}_0 - \boldsymbol{\mu}_1)^{\mathrm{T}}\boldsymbol{w}}{\boldsymbol{w}^{\mathrm{T}}(\boldsymbol{\Sigma}_0 + \boldsymbol{\Sigma}_1)\boldsymbol{w}} \tag{5-1}$$

定义类内散度矩阵 $\boldsymbol{S}_w = \boldsymbol{\Sigma}_0 + \boldsymbol{\Sigma}_1$，定义类间散度矩阵 $\boldsymbol{S}_b = (\boldsymbol{\mu}_0 - \boldsymbol{\mu}_1)(\boldsymbol{\mu}_0 - \boldsymbol{\mu}_1)^{\mathrm{T}}$，则式(5-1)可以改写为：

$$F = \frac{\boldsymbol{w}^{\mathrm{T}}\boldsymbol{S}_b \boldsymbol{w}}{\boldsymbol{w}^{\mathrm{T}}\boldsymbol{S}_w \boldsymbol{w}} \tag{5-2}$$

式(5-2)即为 LDA 模型的优化目标，继续对其进行简化，令 $\boldsymbol{w}^{\mathrm{T}}\boldsymbol{S}_w \boldsymbol{w} = 1$，则式(5-2)可写为约束优化问题：

$$\begin{aligned} \min \quad & -\boldsymbol{w}^{\mathrm{T}}\boldsymbol{S}_b \boldsymbol{w} \\ \text{s.t.} \quad & \boldsymbol{w}^{\mathrm{T}}\boldsymbol{S}_w \boldsymbol{w} = 1 \end{aligned} \tag{5-3}$$

利用拉格朗日乘子法，将式(5-3)转换为：

$$\boldsymbol{S}_b \boldsymbol{w} = \lambda \boldsymbol{S}_w \boldsymbol{w} \tag{5-4}$$

令 $\boldsymbol{S}_b \boldsymbol{w} = \lambda(\boldsymbol{\mu}_0 - \boldsymbol{\mu}_1)$，将其代入式(5-4)，有：

$$\boldsymbol{w} = \boldsymbol{S}_w^{-1}(\boldsymbol{\mu}_0 - \boldsymbol{\mu}_1) \tag{5-5}$$

考虑到 $\boldsymbol{S}_w$ 矩阵数值解的稳定性，一般我们可以对其进行奇异值分解，即：

$$\boldsymbol{S}_w = \boldsymbol{U}\boldsymbol{\Sigma}\boldsymbol{V}^{\mathrm{T}} \tag{5-6}$$

对奇异值分解后的矩阵求逆即可得到 $\boldsymbol{S}_w^{-1}$。

完整的 LDA 算法流程如下：

(1) 对训练集按类别进行分组；

(2) 分别计算每组样本的均值和协方差；

(3) 计算类间散度矩阵 S_w；

(4) 计算两类样本的均值差 $\mu_0 - \mu_1$；

(5) 对类间散度矩阵 S_w 进行奇异值分解，并求其逆；

(6) 根据 $S_w^{-1}(\mu_0 - \mu_1)$ 得到 w；

(7) 最后计算投影后的数据点 $Y = wX$。

以上就是 LDA 在二分类任务中的简单推导过程，LDA 也可以推广到多分类任务中，这里不做详细展开。值得一提的是，多分类 LDA 将样本投影到低维空间，降低了数据集的原有维度，并且在投影过程中使用了类别信息，所以 LDA 也是一种经典的监督降维技术。

5.3 LDA 算法实现

5.3.1 基于 NumPy 的 LDA 算法实现

本节我们尝试基于 NumPy 实现 LDA 算法。根据 5.2 节对于 LDA 算法流程的梳理，可以整理出 LDA 算法实现的思维导图，如图 5-2 所示。基于 NumPy 的 LDA 算法实现包括三个部分：数据标准化的定义、LDA 流程的实现和数据测试，最核心的部分是 LDA 流程的实现。

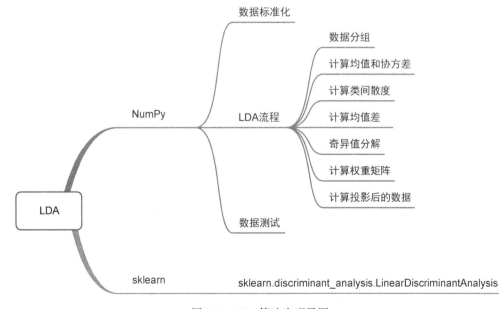

图 5-2　LDA 算法实现导图

根据图 5-2 中的思维导图，我们直接定义一个 LDA 类，完整过程如代码清单 5-1 所示。

代码清单 5-1   NumPy LDA 算法实现

```python
# 导入 numpy 库
import numpy as np
### 定义 LDA 类
class LDA:
    def __init__(self):
        # 初始化权重矩阵
        self.w = None
    # 协方差矩阵计算方法
    def calc_cov(self, X, Y=None):
        m = X.shape[0]
        # 数据标准化
        X = (X - np.mean(X, axis=0))/np.std(X, axis=0)
        Y = X if Y == None else
            (Y - np.mean(Y, axis=0))/np.std(Y, axis=0)
        return 1 / m * np.matmul(X.T, Y)


    # 数据投影方法
    def project(self, X, y):
        # LDA 拟合获取模型权重
        self.fit(X, y)
        # 数据投影
        X_projection = X.dot(self.w)
        return X_projection


    # LDA 拟合方法
    def fit(self, X, y):
        # (1) 按类分组
        X0 = X[y == 0]
        X1 = X[y == 1]
        # (2) 分别计算两类数据自变量的协方差矩阵
        sigma0 = self.calc_cov(X0)
        sigma1 = self.calc_cov(X1)
        # (3) 计算类间散度矩阵
        Sw = sigma0 + sigma1
        # (4) 分别计算两类数据自变量的均值和差
        u0, u1 = np.mean(X0, axis=0), np.mean(X1, axis=0)
        mean_diff = np.atleast_1d(u0 - u1)
        # (5) 对类间散度矩阵进行奇异值分解
        U, S, V = np.linalg.svd(Sw)
        # (6) 计算类间散度矩阵的逆
        Sw_ = np.dot(np.dot(V.T, np.linalg.pinv(np.diag(S))), U.T)
        # (7) 计算 w
        self.w = Sw_.dot(mean_diff)


    # LDA 分类预测
    def predict(self, X):
        # 初始化预测结果为空列表
```

```
        y_pred = []
        # 遍历待预测样本
        for x_i in X:
            # 模型预测
            h = x_i.dot(self.w)
            y = 1 * (h < 0)
            y_pred.append(y)
        return y_pred
```

在代码清单 5-1 中，我们完整地定义了一个 LDA 算法类，包括协方差矩阵计算方法的定义、数据投影方法的定义、LDA 拟合和分类预测方法的定义。其中最核心的方法就是 LDA 拟合方法 LDA.fit，它完全按照 LDA 流程的 7 个步骤进行实现。模型写好之后，接下来就是数据测试。数据测试过程如代码清单 5-2 所示。

代码清单 5-2　LDA 算法的数据测试

```
# 导入相关库
from sklearn import datasets
from sklearn.model_selection import train_test_split
from sklearn.metrics import accuracy_score
# 导入 iris 数据集
data = datasets.load_iris()
# 数据与标签
X, y = data.data, data.target
# 取标签不为 2 的数据
X = X[y != 2], y = y[y != 2]
# 划分训练集和测试集
X_train, X_test, y_train, y_test = train_test_split(X, y, test_size=0.2, random_state=41)
# 创建 LDA 模型实例
lda = LDA()
# LDA 模型拟合
lda.fit(X_train, y_train)
# LDA 模型预测
y_pred = lda.predict(X_test)
# 测试集上的分类准确率
acc = accuracy_score(y_test, y_pred)
print("Accuracy of NumPy LDA:", acc)
```

输出如下：

```
Accuracy of NumPy LDA: 0.85
```

在代码清单 5-2 中，我们用 sklearn 的 iris 数据集对模型进行测试，加载数据集后，筛选标签，仅取标签为 0 或 1 的数据，然后将数据集划分为训练集和测试集。准备完数据之后，创建 LDA 模型实例，然后拟合训练集并对测试集进行预测，最后得到测试集上的分类准确率。可以看到，基于 NumPy 手写的 LDA 模型分类准确率达 0.85，测试集分类如图 5-3 所示。

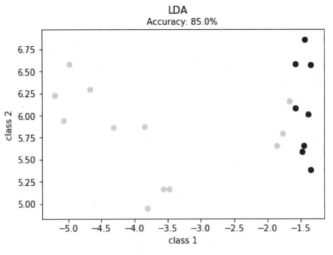

图 5-3　LDA 分类（另见彩插）

5.3.2　基于 sklearn 的 LDA 算法实现

sklearn 也提供了 LDA 的算法实现方式。sklearn 中 LDA 的算法调用模块为 sklearn.discri-
minant_analysis.LinearDiscriminantAnalysis，同样基于模拟测试集进行拟合，示例如代码清单 5-3
所示。

代码清单 5-3　sklearn LDA 示例

```
# 导入 LinearDiscriminantAnalysis 模块
from sklearn.discriminant_analysis import LinearDiscriminantAnalysis
# 创建 LDA 分类器
clf = LinearDiscriminantAnalysis()
# 模型拟合
clf.fit(X_train, y_train)
# 模型预测
y_pred = clf.predict(X_test)
# 测试集上的分类准确率
acc = accuracy_score(y_test, y_pred)
print("Accuracy of Sklearn LDA:", acc)
```

输出如下：

```
Accuracy of Sklearn LDA: 1
```

可以看到，基于 sklearn 的 LDA 算法在该数据集上分类准确率较高。

5.4 小结

作为一种线性分类算法，LDA 的基本思想是通过将给定数据集投影到一条直线上，使得同类样本的投影点尽可能接近，异类样本的投影点尽可能疏远。用数学语言来说，我们要使训练样本的类内散度尽可能小，而类间散度尽可能大，从而设计出 LDA 的优化目标。

另外，多分类 LDA 将样本投影到低维空间，降低了数据集的原有维度，并且在投影过程中使用了类别信息，所以 LDA 也是一种经典的监督降维技术。

第 6 章

k 近邻算法

k 近邻（k-nearest neighbor，k-NN）算法是一种经典的分类方法。k 近邻算法根据新的输入实例的 k 个最近邻实例的类别来决定其分类。所以 k 近邻算法不像主流的机器学习算法那样有显式的学习训练过程。也正因为如此，k 近邻算法的实现跟前几章所讲的回归模型略有不同。k 值的选择、距离度量方式以及分类决策规则是 k 近邻算法的三要素。

6.1   "猜你喜欢"的推荐逻辑

推荐系统目前算是机器学习模型与算法应用和落地最好的一个方向了。在移动互联网时代，一切都被数据化，推荐系统因而无处不在。甲同学昨天在京东上浏览了一款沙发，今天刷微博就弹出一条沙发广告；乙同学前几天在百度上搜索了备考公务员攻略，今天就收到了一家公务员考试培训机构的卖课短信；丙同学日常爱逛淘宝，平时搜索了某商品，下次打开 App 时"猜你喜欢"一栏便都是系统推荐的类似商品。图 6-1 是淘宝网"有好货"推荐栏，可以看到这里给笔者推荐的都是书柜，因为前段时间笔者想挑选一款书柜，曾在淘宝上搜索过书柜，再次打开淘宝时推荐的就都是书柜了。

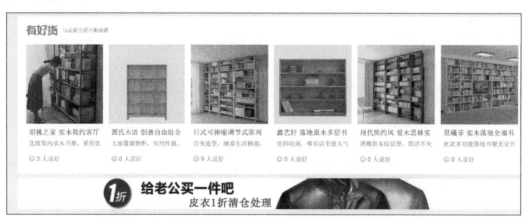

图 6-1   淘宝网"有好货"推荐栏

k 近邻算法可以通过两种方式来实现一个推荐系统。一种是**基于商品**（item-based）的推荐方法，即为目标用户推荐一些他有购买偏好的商品的类似商品；另一种是**基于用户**（user-based）的推荐方法，其思路是先利用 k 近邻算法找到与目标用户喜好类似的用户，然后根据这些用户的喜好来向目标用户做推荐。所以，k 近邻算法可以算是"猜你喜欢"背后的一种实现算法。

6.2　距离度量方式

为了衡量特征空间中两个实例之间的相似度，我们可以用**距离**（distance）来描述。常用的距离度量方式包括**闵氏距离**和**马氏距离**等。

闵氏距离即**闵可夫斯基距离**（Minkowski distance），具体定义如下。给定 m 维向量样本集合 X，对于任意 x_i，$x_j \in X$，$x_i = (x_{1i}, x_{2i}, \cdots, x_{mi})^{\mathrm{T}}$，$x_j = (x_{1j}, x_{2j}, \cdots, x_{mj})^{\mathrm{T}}$，样本 x_i 与样本 x_j 之间的闵氏距离可定义为：

$$d_{ij} = \left(\sum_{k=1}^{m} \mid x_{ki} - x_{kj} \mid^p \right)^{\frac{1}{p}}, \quad p \geqslant 1 \tag{6-1}$$

当 $p = 1$ 时，闵氏距离称为**曼哈顿距离**（Manhatan distance）：

$$d_{ij} = \sum_{k=1}^{m} \mid x_{ki} - x_{kj} \mid \tag{6-2}$$

当 $p = 2$ 时，闵氏距离就是著名的**欧氏距离**（Euclidean distance）：

$$d_{ij} = \left(\sum_{k=1}^{m} \mid x_{ki} - x_{kj} \mid^2 \right)^{\frac{1}{2}} \tag{6-3}$$

当 $p = \infty$ 时，闵氏距离就变成了**切比雪夫距离**（Chebyshev distance）：

$$d_{ij} = \max \mid x_{ki} - x_{kj} \mid \tag{6-4}$$

再来看马氏距离。马氏距离的全称为**马哈拉诺比斯距离**（Mahalanobis distance），是一种衡量各个特征之间相关性的距离度量方式。给定一个样本集合 $X = (x_{ij})_{m \times n}$，其协方差矩阵为 $\boldsymbol{S}$，那么样本 x_i 与样本 x_j 之间的马氏距离可定义为：

$$d_{ij} = \left[\left(x_i - x_j \right)^{\mathrm{T}} \boldsymbol{S}^{-1} (x_i - x_j) \right]^{\frac{1}{2}} \tag{6-5}$$

当 $\boldsymbol{S}$ 为单位矩阵时，即样本各特征之间相互独立且方差为 1 时，马氏距离就是欧氏距离。

k 近邻算法的特征空间是 n 维实数向量空间，一般直接使用欧氏距离作为实例之间的距离度量，当然，我们也可以使用其他距离近似度量。

6.3 k 近邻算法的基本原理

先来看 k 近邻算法最直观的解释：给定一个训练集，对于新的输入实例，在训练集中找到与该实例最近邻的 k 个实例，这 k 个实例的多数属于哪个类，则该实例就属于哪个类。从上述对 k 近邻的直观解释中，可以归纳出该算法的几个关键点。第一是找到与该实例最近邻的实例，这里就涉及如何找到，即在特征向量空间中，要采取何种方式来度量距离。第二则是 k 个实例，这个 k 值的大小如何选择。第三是 k 个实例的多数属于哪个类，明显是多数表决的归类规则。当然，还可能使用其他规则，所以第三个关键就是分类决策规则。下面我们分别来看这几个关键点。

首先是特征空间中两个实例之间的距离度量方式，这一点已经在 6.2 节中重点阐述了，k 近邻算法一般使用欧氏距离作为距离度量方式。

其次是 k 值的选择。一般而言，k 值的大小对分类结果有重大影响。在选择的 k 值较小的情况下，就相当于用较小的邻域中的训练实例进行预测，只有与输入实例较近的训练实例才会对预测结果起作用。但与此同时预测结果会对实例非常敏感，分类器抗噪能力较差，因而容易产生过拟合，所以一般而言，k 值的选择不宜过小。但如果选择较大的 k 值，就相当于用较大邻域中的训练实例进行预测，相应的分类误差会增大，模型整体变得简单，会产生一定程度的欠拟合。我们一般采用交叉验证的方式来选择合适的 k 值。

最后是分类决策规则。通常为多数表决方法，这个相对容易理解。所以总的来看，k 近邻算法的本质是基于距离和 k 值对特征空间进行划分。当训练数据、距离度量方式、k 值和分类决策规则确定后，对于任一新输入的实例，其所属的类别唯一地确定。k 近邻算法不同于其他监督学习算法，它没有显式的学习过程。

6.4 k 近邻算法的代码实现

由于 k 近邻算法跟前述回归模型的学习方式有较大差异，所以回归模型的代码实现框架这里不再适用。本节先梳理 k 近邻算法的 NumPy 编写思路，然后基于 sklearn 给出 k 近邻算法的实现示例。

6.4.1   编写思路

k 近邻算法的三个核心要素分别是距离度量方式、k 值选择和分类决策规则。k 近邻算法的代码实现思路如图 6-2 所示。k 近邻算法实现的核心在于其三要素，以及基于这三要素定义 k 近邻预测函数。另外，算法编写好后，还有一个问题——选择合适的 k 值。我们可以尝试基于交叉验证来选择最优 k 值。

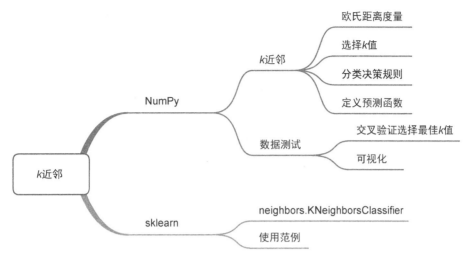

图 6-2　*k* 近邻算法代码搭建框架

6.4.2　基于 NumPy 的 *k* 近邻算法实现[①]

按照图 6-2 所示的代码实现思路，我们可以首先定义欧氏距离计算函数，然后将 *k* 值作为默认参数，并和分类决策规则一起整合定义到预测函数中。为了能够在编写过程中测试代码效果，在实际编写之前要先导入示例数据。我们依然以 sklearn 的 iris 数据集为例，导入数据集，如代码清单 6-1 所示。

代码清单 6-1　导入 iris 数据集

```
# 导入相关模块
import numpy as np
from collections import Counter
import matplotlib.pyplot as plt
from sklearn import datasets
from sklearn.utils import shuffle
# 导入 sklearn iris 数据集
iris = datasets.load_iris()
# 打乱数据后的数据与标签
X, y = shuffle(iris.data, iris.target, random_state=13)
# 数据转换为 float32 格式
X = X.astype(np.float32)
# 简单划分训练集与测试集，训练样本-测试样本比例为 7:3
offset = int(X.shape[0] * 0.7)
X_train, y_train = X[:offset], y[:offset]
X_test, y_test = X[offset:], y[offset:]
# 将标签转换为竖向量
y_train = y_train.reshape((-1,1))
y_test = y_test.reshape((-1,1))
```

① 本代码例子参考了斯坦福大学 CS231n 计算机视觉课程。

```
# 打印训练集和测试集大小
print('X_train=', X_train.shape)
print('X_test=', X_test.shape)
print('y_train=', y_train.shape)
print('y_test=', y_test.shape)
```

输出如下：

```
X_train= (105, 4)
X_test= (45, 4)
y_train= (105, 1)
y_test= (45, 1)
```

然后即可定义新的样本实例与训练样本之间的欧氏距离函数，如代码清单 6-2 所示。

代码清单 6-2　定义欧氏距离函数

```
### 定义欧氏距离函数
def compute_distances(X, X_train):
    '''
    输入：
    X：测试样本实例矩阵
    X_train：训练样本实例矩阵
    输出：
    dists：欧氏距离
    '''
    # 测试实例样本量
    num_test = X.shape[0]
    # 训练实例样本量
    num_train = X_train.shape[0]
    # 基于训练和测试维度的欧氏距离初始化
    dists = np.zeros((num_test, num_train))
    # 测试样本与训练样本的矩阵点乘
    M = np.dot(X, X_train.T)
    # 测试样本矩阵平方
    te = np.square(X).sum(axis=1)
    # 训练样本矩阵平方
    tr = np.square(X_train).sum(axis=1)
    # 计算欧氏距离
    dists = np.sqrt(-2 * M + tr + np.matrix(te).T)
    return dists
```

欧氏距离函数定义好后，我们可以基于 iris 数据集实际计算一下测试集与训练集之间的欧氏距离，并进行可视化展示，如代码清单 6-3 所示。

代码清单 6-3　绘制欧氏距离图

```
dists = compute_distances(X_test, X_train)
plt.imshow(dists, interpolation='none')
plt.show();
```

绘制结果如图 6-3 所示。

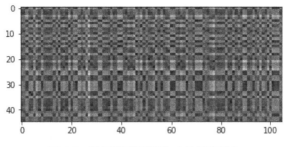

图 6-3　欧氏距离可视化（另见彩插）

接下来，尝试定义一个预测函数，将默认 *k* 值和分类决策规则包含在内，如代码清单 6-4 所示。

代码清单 6-4　标签预测函数

```
### 定义预测函数
def predict_labels(y_train, dists, k=1):
    '''
    输入：
    y_train: 训练集标签
    dists: 测试集与训练集之间的欧氏距离矩阵
    k: k 值
    输出：
    y_pred: 测试集预测结果
    '''
    # 测试样本量
    num_test = dists.shape[0]
    # 初始化测试集预测结果
    y_pred = np.zeros(num_test)
    # 遍历
    for i in range(num_test):
        # 初始化最近邻列表
        closest_y = []
        # 按欧氏距离矩阵排序后取索引，并用训练集标签按排序后的索引取值
        # 最后展平列表
        # 注意 np.argsort 函数的用法
        labels = y_train[np.argsort(dists[i, :])].flatten()
        # 取最近的 k 个值
        closest_y = labels[0:k]
        # 对最近的 k 个值进行计数统计
        # 这里注意 collections 模块中的计数器 Counter 的用法
        c = Counter(closest_y)
        # 取计数最多的那个类别
        y_pred[i] = c.most_common(1)[0][0]
    return y_pred
```

在代码清单 6-4 中，我们通过遍历测试集，利用默认 *k* 值和分类决策规则来对每一个测试样本进行分类。这里重点讲一下 NumPy 的索引排序 argsort 函数和 collections.Counter 函数的用法。argsort 是一种索引排序方法，该方法对数组按照从小到大排序后取每个数在原始排列中的索引值；Counter 是一种计数器，是 Python 内置模块 collections 下的一个常用方法，可以统计对象中每个元素的频次。二者的用法示例如代码清单 6-5 所示。

代码清单 6-5   argsort 和 Counter 使用示例

```
>>> x = np.array([3, 1, 2])
>>> np.argsort(x)
array([1, 2, 0])
# 创建计数对象
>>> c = Counter('abcdeabcdabcaba')
# 取计数前三的元素
>>> c.most_common(3)
[('a', 5), ('b', 4), ('c', 3)]
```

基于代码清单 6-4 定义的预测函数，我们尝试对测试集进行预测，在默认 *k* 值取 1 的情况下，来看一下分类准确率。测试如代码清单 6-6 所示。

代码清单 6-6   测试集预测

```
# 测试集预测结果
y_test_pred = predict_labels(y_train, dists, k=1)
y_test_pred = y_test_pred.reshape((-1, 1))
# 找出预测正确的实例
num_correct = np.sum(y_test_pred == y_test)
# 计算分类准确率
accuracy = float(num_correct) / X_test.shape[0]
print('KNN Accuracy based on NumPy: ', accuracy)
```

输出如下：

```
# 计算分类准确率
KNN Accuracy based on NumPy: 0.977778
```

在 *k* 值取 1 的情况下，测试集上的分类准确率达到约 0.98，可以说相当高了。

另外，为了找出最优 *k* 值，我们尝试使用五折交叉验证的方式进行搜寻，如代码清单 6-7 所示。

代码清单 6-7   用五折交叉验证寻找最优 *k* 值

```
# 五折
num_folds = 5
# 候选 k 值
k_choices = [1, 3, 5, 8, 10, 12, 15, 20, 50, 100]
X_train_folds = []
y_train_folds = []
# 训练数据划分
X_train_folds = np.array_split(X_train, num_folds)
# 训练标签划分
y_train_folds = np.array_split(y_train, num_folds)
k_to_accuracies = {}
# 遍历所有候选 k 值
for k in k_choices:
    # 五折遍历
    for fold in range(num_folds):
        # 为传入的训练集单独划分出一个验证集作为测试集
        validation_X_test = X_train_folds[fold]
        validation_y_test = y_train_folds[fold]
```

```
temp_X_train = np.concatenate(X_train_folds[:fold] + X_train_folds[fold + 1:])
temp_y_train = np.concatenate(y_train_folds[:fold] + y_train_folds[fold + 1:])
# 计算距离
temp_dists = compute_distances(validation_X_test, temp_X_train)
temp_y_test_pred = predict_labels(temp_y_train,temp_dists, k=k)
temp_y_test_pred = temp_y_test_pred.reshape((-1, 1))
# 查看分类准确率
num_correct = np.sum(temp_y_test_pred == validation_y_test)
num_test = validation_X_test.shape[0]
accuracy = float(num_correct) / num_test
k_to_accuracies[k] = k_to_accuracies.get(k,[]) + [accuracy]

# 打印不同 k 值、不同折数下的分类准确率
for k in sorted(k_to_accuracies):
    for accuracy in k_to_accuracies[k]:
        print('k = %d, accuracy = %f' % (k, accuracy))
```

输出部分如图 6-4 所示。可以看到，当 k 值取 10 的时候，平均分类准确率最高，所以在该例中最优 k 值应为 10。

```
k = 1, accuracy = 0.904762
k = 1, accuracy = 1.000000
k = 1, accuracy = 0.952381
k = 1, accuracy = 0.857143
k = 1, accuracy = 0.952381
k = 3, accuracy = 0.857143
k = 3, accuracy = 1.000000
k = 3, accuracy = 0.952381
k = 3, accuracy = 0.857143
k = 3, accuracy = 0.952381
k = 5, accuracy = 0.857143
k = 5, accuracy = 1.000000
k = 5, accuracy = 0.952381
k = 5, accuracy = 0.904762
k = 5, accuracy = 0.952381
k = 8, accuracy = 0.904762
k = 8, accuracy = 1.000000
k = 8, accuracy = 0.952381
k = 8, accuracy = 0.904762
k = 8, accuracy = 0.952381
k = 10, accuracy = 0.952381
k = 10, accuracy = 1.000000
k = 10, accuracy = 0.952381
k = 10, accuracy = 0.904762
k = 10, accuracy = 0.952381
k = 12, accuracy = 0.952381
k = 12, accuracy = 1.000000
k = 12, accuracy = 0.952381
k = 12, accuracy = 0.857143
k = 12, accuracy = 0.952381
k = 15, accuracy = 0.952381
k = 15, accuracy = 1.000000
k = 15, accuracy = 0.952381
k = 15, accuracy = 0.857143
k = 15, accuracy = 0.952381
```

图 6-4　五折交叉验证输出结果

最后，我们用可视化的方式对不同 k 值下的分类准确率进行可视化展示，如代码清单 6-8 所示。

代码清单 6-8   不同 k 值下的分类准确率

```
# 打印不同 k 值、不同折数下的分类准确率
for k in k_choices:
    # 取出第 k 个 k 值的分类准确率
    accuracies = k_to_accuracies[k]
    # 绘制不同 k 值下分类准确率的散点图
    plt.scatter([k] * len(accuracies), accuracies)
# 计算分类准确率均值并排序
accuracies_mean = np.array([np.mean(v) for k,v in sorted(k_to_accuracies.items())])
# 计算分类准确率标准差并排序
accuracies_std = np.array([np.std(v) for k,v in sorted(k_to_accuracies.items())])
# 绘制有置信区间的误差棒图
plt.errorbar(k_choices, accuracies_mean, yerr=accuracies_std)
# 绘图标题
plt.title('Cross-validation on k')
# x 轴标签
plt.xlabel('k')
# y 轴标签
plt.ylabel('Cross-validation accuracy')
plt.show();
```

绘制效果如图 6-5 所示。可以看到，当 k 取值在 0~20 时，k 近邻分类准确率的波动并不是很大，平均分类准确率在 0.95 左右；当 k 取值在 20~50 时，分类准确率开始下滑；当 k 取值大于 50 时，分类准确率则呈现断崖式下跌。所以，一般而言，k 值不宜取得过大，应从一个较小的取值开始，然后用交叉验证方法选取最优值。

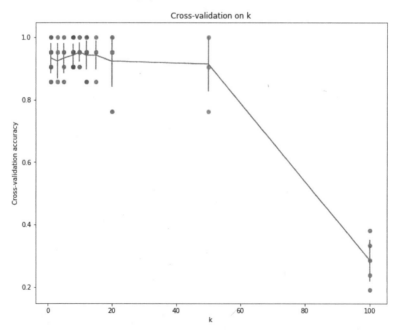

图 6-5   不同 k 值下交叉验证的分类准确率变化图（另见彩插）

6.4.3 基于 sklearn 的 k 近邻算法实现

同样, sklearn 的 neighbors.KNeighborsClassifier 模块也提供了 k 近邻算法的实现方式。首先基于 KNeighborsClassifier 创建一个 k 近邻实例, 然后调用该实例的 fit 方法拟合训练数据, 最后对测试数据调用 predict 方法即可进行分类预测。基于 sklearn 的 k 近邻示例如代码清单 6-9 所示。

代码清单 6-9   sklearn 的 k 近邻示例

```
# 导入 KNeighborsClassifier 模块
from sklearn.neighbors import KNeighborsClassifier
# 创建 k 近邻实例
neigh = KNeighborsClassifier(n_neighbors=10)
# k 近邻模型拟合
neigh.fit(X_train, y_train)
# k 近邻模型预测
y_pred = neigh.predict(X_test)
# 预测结果数组重塑
y_pred = y_pred.reshape((-1, 1))
# 统计预测正确的个数
num_correct = np.sum(y_pred == y_test)
# 计算分类准确率
accuracy = float(num_correct) / X_test.shape[0]
print('KNN Accuracy based on sklearn: ', accuracy))
```

输出如下:

```
KNN Accuracy based on sklearn: 0.977778
```

可以看到, 在 k 值取 10 的时候, sklearn k 近邻的分类预测效果也大约是 0.98, 跟 6.4.2 节我们基于 NumPy 的预测效果一样, 这也印证了我们基于 NumPy 的 k 近邻算法实现是成功的。

6.5   小结

k 近邻是一种基于距离度量的数据分类模型, 其基本做法是首先确定输入实例的 k 个最近邻实例, 然后利用这 k 个训练实例的多数所属的类别来预测新的输入实例所属类别。距离度量方式、 k 值的选择和分类决策规则是 k 近邻的三大要素。在给定训练数据的情况下, 当这三大要素确定时, k 近邻的分类结果就可以确定。常用的距离度量方式为欧氏距离, k 作为一个超参数, 可以通过交叉验证来获得, 而分类决策规则一般采用多数表决的方式。

第 7 章

决策树

决策树（decision tree）是一类最常见、最基础的机器学习方法。决策树基于特征对数据实例按照条件不断进行划分，最终达到分类或者回归的目的。本章主要介绍如何将决策树用于分类模型。决策树模型预测的过程既可以看作一组 if-then 条件的集合，也可以视作定义在特征空间与类空间中的条件概率分布。决策树模型的核心概念包括特征选择方法、决策树构造过程和决策树剪枝。常见的特征选择方法包括信息增益、信息增益比和基尼指数（Gini index），对应的三种常见的决策树算法为 ID3、C4.5 和 CART。基于以上要点，本章会对决策树进行完整的阐述。

7.1 "今天是否要打高尔夫"

从机器学习的角度来看，"今天是否要打高尔夫"是一个典型的二分类问题，答案要么肯定要么否定。在给定一组关于过去记录打高尔夫情况数据的条件下，决策树可以通过一个树形结构进行决策。假设影响是否打高尔夫的决策因素包括天气、温度、湿度和是否有风这四个特征，基于决策树的决策过程就如图 7-1 所示。

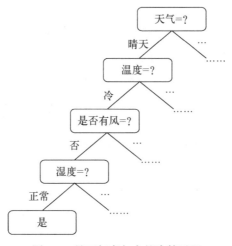

图 7-1　是否打高尔夫的决策过程

在对"今天是否要打高尔夫"这样的问题进行决策时，我们需要进行一系列子决策，如图 7-1 所示，我们先判断"天气"如何，如果是"晴"，再看"温度"，如果"温度"是"冷"，再看"是否有风"，如果没有风，再看"湿度"如何，在"湿度"为"正常"的情况下，我们做出今天要打高尔夫的决策。一组影响因素与是否打高尔夫的数据如表 7-1 所示。

表 7-1 高尔夫数据集

天　气	温　度	湿　度	是否有风	是否打高尔夫
晴	热	高	否	否
晴	热	高	是	否
阴	热	高	否	是
雨	适宜	高	否	是
雨	冷	正常	否	是
雨	冷	正常	是	否
阴	冷	正常	是	是
晴	适宜	高	否	否
晴	冷	正常	否	是
雨	适宜	正常	否	是
晴	适宜	正常	是	是
阴	适宜	高	是	是
阴	热	正常	否	是
雨	适宜	高	是	否

表 7-1 是由 14 个样本组成的高尔夫数据集，数据包括影响是否打高尔夫的 4 个特征。第一个特征是天气，包括 3 个取值：晴、阴和雨。第二个特征是温度，也有 3 个取值：热、适宜和冷。第三个特征是湿度，有 2 个取值：高和正常。第四个特征为是否有风，同样有 2 个取值：是和否。我们希望基于所给数据集来训练一棵判断是否打高尔夫的决策树，用来对未来是否打高尔夫进行决策。为了完成上述任务，我们需要系统、深入地学习决策树模型。

7.2 决策树

决策树通过树形结构来对数据进行分类。一棵完整的决策树由结点和有向边构成，其中内部结点表示特征，叶子结点表示类别，决策树从根结点开始，选取数据中某一特征，根据特征取值对实例进行分配，通过不断地选取特征进行实例分配，决策树可以达到对所有实例进行分类的目的。一棵典型的决策树如图 7-2 所示，图中方框表示内部结点，圆表示叶子结点。

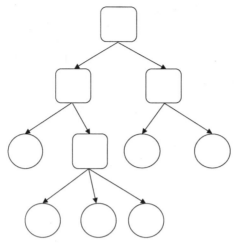

图 7-2　决策树

我们可以基于两种视角来理解决策树模型。第一种是将决策树看作一组 if-then 规则的集合，为决策树的根结点到叶子结点的每一条路径都构建一条规则，路径中的内部结点特征代表规则条件，而叶子结点表示这条规则的结论。一棵决策树所有的 if-then 规则都互斥且完备。if-then 规则本质上是一组分类规则，决策树学习的目标就是基于数据归纳出这样的一组规则。

第二种是从条件概率分布的角度来理解决策树。假设将特征空间划分为互不相交的区域，且每个区域定义的类的概率分布就构成了一个条件概率分布。决策树所表示的条件概率分布是由各个区域给定类的条件概率分布组成的。假设 X 为特征的随机变量，Y 为类的随机变量，相应的条件概率分布可表示为 $P(Y \mid X)$，当叶子结点上的条件概率分布偏向某一类时，那么属于该类的概率就比较大。从这个角度来看，决策树本质上也是一种概率模型。

下面我们基于常规机器学习的方法论来看决策树的学习方式，通过模型、策略和算法三要素来阐述决策树。给定训练集 $D = \{(x_1, y_1), (x_2, y_2), \cdots, (x_N, y_N)\}$，其中 $x_i = \left(x_i^{(1)}, x_i^{(2)}, \cdots, x_i^{(n)}\right)^{\mathrm{T}}$ 表示输入实例，即特征向量，n 为特征个数，y_i 为类别标记，N 为样本容量。决策树的学习目标是构造一个决策树模型，能够对输入实例进行最大可能正确的分类。

前面提到决策树本质上是一种分类规则归纳，能够对训练数据进行正确分类的决策树可能有很多个，也有可能一个也没有。我们的学习目标是找到一棵能够最大可能正确分类的决策树，但是为了保证泛化性，我们也需要这棵决策树不能过于"正确"，也就是说，决策树也需要防止过拟合。所以，决策树模型没有偏离机器学习模型训练的一般范式，即正则化参数的同时最小化经验误差。假设树 T 的叶子结点个数为 $|T|$，t 为树 T 的叶子结点，每个叶子结点有 N_t 个样本，假设 k 类的样本有 N_{tk} 个，其中 $k = 1, 2, \cdots, K$，$H_t(T)$ 为叶子结点上的**经验熵**（empirical entropy），$\alpha \geqslant 0$ 为正则化参数，那么决策树学习的损失函数可表示为：

$$L_\alpha(T) = \sum_{t=1}^{|T|} N_t H_t(T) + \alpha \, |T| \qquad (7\text{-}1)$$

决策树学习的目标就是最小化式(7-1)的损失函数。式(7-1)并不是一个容易优化的函数，按照常规的梯度下降无法直接进行处理。因为从所有可能的决策树中选择最优决策树是一个 NP 难问题，实际上我们一般使用启发式方法来寻找最优决策树。具体而言，就是递归地选择最优特征，并根据该特征分割训练集，这一步也对应决策树的构建。从决策树根结点开始，选择一个最优特征，按照该特征取值将训练集划分为不同子集，使得各子集有一个在当前条件下的最优分类。如果这些子集都能被正确分类，即可将这些子集都归类到叶子结点；否则可从这些子集中继续选取最优特征，如此递归地执行下去，直到所有子集都能被正确分类。以上过程对应式(7-1)的第一项。

以上构造决策树的方法能够最大限度地拟合训练集，但极有可能发生过拟合现象。这时候我们需要通过式(7-1)的第二项来控制决策树的复杂度以缓解过拟合的情况。为此我们需要对决策树进行剪枝，决策树的损失函数需要再加上式(7-1)的第二项。决策树剪枝通常有预剪枝和后剪枝两种方法。

所以，完整的决策树模型包括特征选择、决策树构建和决策树剪枝三个大的方面。

7.3　特征选择：从信息增益到基尼指数

7.3.1　什么是特征选择

为了能够构建一棵分类性能良好的决策树，我们需要从训练集中不断选取具有分类能力的特征。如果用一个特征对数据集进行分类的效果与随机选取的分类效果并无差异，我们可以认为该特征对数据集的分类能力是低下的；反之，如果一个特征能够使得分类后的分支结点尽可能属于同一类别，即该结点有着较高的**纯度**（purity），那么该特征对数据集而言就具备较强的分类能力。

而决策树的特征选择就是从数据集中选择具备较强分类能力的特征来对数据集进行划分。那么什么样的特征才是具备较强分类能力的特征呢？换言之，我们应该按照什么标准来选取最优特征？

在决策树模型中，我们有三种方式来选取最优特征，包括信息增益、信息增益比和基尼指数。

7.3.2　信息增益

为了能够更好地解释信息增益的概念，我们需要引入**信息熵**（information entropy）的相关概念。在信息论和概率统计中，熵是一种描述随机变量不确定性的度量方式，也可以用来描述样本集合的纯度，信息熵越低，样本不确定性越小，相应的纯度就越高。

假设当前样本数据集 D 中第 k 个类所占比例为 $p_k (k=1,\ 2,\ \cdots,\ Y)$，那么该样本数据集的熵可定义为：

$$E(D) = -\sum_{k=1}^{Y} p_k \log P_k \tag{7-2}①$$

假设离散随机变量 (X, Y) 的联合概率分布为：

$$P(X = x_i, Y = y_j) = p_{ij} (i = 1, 2, \cdots, m, \ j = 1, 2, \cdots, n) \tag{7-3}$$

条件熵 $E(Y|X)$ 表示在已知随机变量 X 的条件下 Y 的不确定性的度量，$E(Y|X)$ 可定义为在给定 X 的条件下 Y 的条件概率分布的熵对 X 的数学期望。条件熵可以表示为：

$$E(Y|X) = \sum_{i=1}^{m} p_i E(Y|X = x_i) \tag{7-4}$$

其中 $p_i = P(X = x_i)$ ，$i = 1, 2, \cdots, n$ 。在利用实际数据进行计算时，熵和条件熵中的概率计算都是基于极大似然估计得到的，对应的熵和条件熵也叫经验熵和经验条件熵。

而**信息增益**（information gain）则定义为由于得到特征 X 的信息而使得类 Y 的信息不确定性减少的程度，即信息增益是一种描述目标类别确定性增加的量，特征的信息增益越大，目标类的确定性越大。

假设训练集 D 的经验熵为 $E(D)$ ，给定特征 A 的条件下 D 的经验条件熵为 $E(D|A)$ ，那么信息增益可定义为经验熵 $E(D)$ 与经验条件熵 $E(D|A)$ 之差：

$$g(D, A) = E(D) - E(D|A) \tag{7-5}$$

构建决策树时可以使用信息增益进行特征选择。给定训练集 D 和特征 A ，经验熵 $E(D)$ 可以表示为对数据集 D 进行分类的不确定性，经验条件熵 $E(D|A)$ 则表示在给定特征 A 之后对数据集 D 进行分类的不确定性，二者的差即为两个不确定性之间的差，也就是信息增益。具体到数据集 D 中，每个特征一般会有不同的信息增益，信息增益越大，代表对应的特征分类能力越强。在经典的决策树算法中，ID3 算法是基于信息增益进行特征选择的。

我们以表 7-1 的高尔夫数据集为例，给出信息增益的具体计算方式。假设我们需要计算天气这个特征对于数据集的信息增益，第一步需要计算该数据集的经验熵 $E(D)$ ，经验熵 $E(D)$ 依赖于目标变量，即是否打高尔夫的概率分布。目标变量的统计如表 7-2 所示。

表 7-2   是否打高尔夫的分类统计

是否打高尔夫	
是	否
9	5

---

① 本书中的对数默认以 2 为底。

根据式(7-2)经验熵的计算公式和表 7-2 的目标变量分类统计，可以计算该数据集的经验熵为：

$$E(是否打高尔夫) = E(5,\ 9) = E(0.36,\ 0.64)$$
$$= -0.36 \times \log_2(0.36) - 0.64 \times \log_2(0.64) = 0.94$$

现在我们给出天气这个特征，第二步就是计算加入天气特征之后的条件熵 $E(D \mid 天气)$。我们对天气不同取值下是否打高尔夫的情况进行列表统计，如表 7-3 所示。

表 7-3　不同天气下是否打高尔夫的情况统计

		是否打高尔夫		汇　　总
		是	否	
天气	晴	2	3	5
	阴	4	0	4
	雨	3	2	5
				14

根据式(7-4)和表 7-3 的不同天气下的分类统计，可计算经验条件熵为：

$$E(是否打高尔夫 \mid 天气) = p(晴) \times E(2,\ 3) + p(阴) \times E(4,\ 0) + p(雨) \times E(3,\ 2)$$
$$= \left(\frac{5}{14}\right) \times 0.97 + \left(\frac{4}{14}\right) \times 0 + \left(\frac{5}{14}\right) \times 0.97 \approx 0.69$$

最后根据经验熵和经验条件熵作差，即可得到天气特征的信息增益：

$$g(是否打高尔夫,\ 天气) = E(是否打高尔夫) - E(是否打高尔夫 \mid 天气)$$
$$= 0.94 - 0.69 = 0.25$$

所以，最后我们计算得到天气的信息增益为 0.25。基于以上计算例子，我们通过编程来实现信息增益的计算。先定义一个信息熵的计算函数，如代码清单 7-1 所示。

代码清单 7-1　信息熵计算定义

```
# 导入 numpy 库
import numpy as np
# 导入对数计算模块 log
from math import log
# 定义信息熵计算函数
def entropy(ele):
    '''
    输入:
    ele: 包含类别取值的列表
    输出: 信息熵值
    '''
    # 计算列表中取值的概率分布
    probs = [ele.count(i)/len(ele) for i in set(ele)]
```

```
# 计算信息熵
entropy = -sum([prob*log(prob, 2) for prob in probs])
return entropy
```

基于代码清单 7-1 定义的 entropy 函数,我们尝试计算前述天气特征对于高尔夫数据集的信息增益,如代码清单 7-2 所示。

代码清单 7-2　信息增益计算

```
# 导入 pandas 库
import pandas as pd
# 以数据框结构读取高尔夫数据集
df = pd.read_csv('./golf_data.csv')
# 计算数据集的经验熵
# 'play'为目标变量,即是否打高尔夫
entropy_D = entropy(df['play'].tolist())
# 计算天气特征的经验条件熵
# 其中 subset1~subset3 为根据天气特征三个取值划分之后的子集
# 数据划分过程如代码清单 7-5 所示
entropy_DA = len(subset1)/len(df)*entropy(subset1['play'].tolist()) +
             len(subset2)/len(df)*entropy(subset2['play'].tolist()) +
             len(subset3)/len(df)*entropy(subset3['play'].tolist())
# 计算天气特征的信息增益
info_gain = entropy_D - entropy_DA
print('天气特征对于数据集分类的信息增益为: ', info_gain)
```

输出如下:

```
天气特征对于数据集分类的信息增益为: 0.2467498197744391
```

7.3.3　信息增益比

信息增益是一种非常好的特征选择方法,但也存在一些问题:当某个特征分类取值较多时,该特征的信息增益计算结果就会较大,比如给高尔夫数据集加一个“编号”特征,从第一条记录到最后一条记录,总共有 14 个不同的取值,该特征将会产生 14 个决策树分支,每个分支仅包含一个样本,每个结点的信息纯度都比较高,最后计算得到的信息增益也将远大于其他特征。但是,根据实际情况,我们知道“编号”这样的特征很难起到分类作用,这样构建出来的决策树是无效的。所以,基于信息增益选择特征时,会偏向于取值较大的特征。

使用信息增益比可以对上述问题进行校正。特征 A 对数据集 D 的信息增益比可以定义为其信息增益 $g(D, A)$ 与数据集 D 关于特征 A 取值的熵 $E_A(D)$ 的比值:

$$g_R(D, A) = \frac{g(D, A)}{E_A(D)} \tag{7-6}$$

其中 $E_A(D) = -\sum_{i=1}^{n} \frac{|D_i|}{|D|} \log_2 \frac{|D_i|}{|D|}$,$n$ 表示特征 A 的取值个数。

针对 7.3.2 节的计算例子，我们尝试计算天气特征对于高尔夫数据集的信息增益比。已知天气特征的信息增益 g (是否打高尔夫, 天气) ≈ 0.25，计算数据集 D 关于特征 A 取值的熵 $\mathrm{E}_A(D)$:

$$\mathrm{E}_A(D) = -\left(\left(\frac{5}{14}\right) \times \log_2\left(\frac{5}{14}\right) + \left(\frac{4}{14}\right) \times \log_2\left(\frac{4}{14}\right) + \left(\frac{5}{14}\right) \times \log_2\left(\frac{5}{14}\right)\right) \approx 1.58$$

最后计算天气特征的信息增益比为：

$$g_R (\text{是否打高尔夫, 天气}) = \frac{0.25}{1.58} \approx 0.16$$

跟信息增益一样，在基于信息增益比进行特征选择时，我们选择信息增益比最大的特征作为决策树分裂结点。在经典的决策树算法中，C4.5 算法是基于信息增益比进行特征选择的。

7.3.4 基尼指数

除信息增益和信息增益比外，**基尼指数**（Gini index）也是一种较好的特征选择方法。基尼指数是针对概率分布而言的。假设样本有 K 个类，样本属于第 k 类的概率为 p_k，则该样本类别概率分布的基尼指数可定义为：

$$\mathrm{Gini}(p) = \sum_{k=1}^{K} p_k(1-p_k) = 1 - \sum_{k=1}^{K} p_k^2 \tag{7-7}$$

对于给定训练集 D，C_k 是属于第 k 类样本的集合，则该训练集的基尼指数可定义为：

$$\mathrm{Gini}(D) = 1 - \sum_{k=1}^{K}\left(\frac{|C_k|}{|D|}\right)^2 \tag{7-8}$$

如果训练集 D 根据特征 A 某一取值 a 划分为 D_1 和 D_2 两个部分，那么在特征 A 这个条件下，训练集 D 的基尼指数可定义为：

$$\mathrm{Gini}(D, A) = \frac{D_1}{D}\mathrm{Gini}(D_1) + \frac{D_2}{D}\mathrm{Gini}(D_2) \tag{7-9}$$

与信息熵的定义类似，训练集 D 的基尼指数 $\mathrm{Gini}(D)$ 表示该集合的不确定性，$\mathrm{Gini}(D, A)$ 表示训练集 D 经过 $A = a$ 划分后的不确定性。对于分类任务而言，我们希望训练集的不确定性越小越好，即 $\mathrm{Gini}(D, A)$ 越小，对应的特征对训练样本的分类能力越强。在经典的决策树算法中，CART 算法是基于基尼指数进行特征选择的。

同样以高尔夫数据集为例，我们来计算各特征的基尼指数。该数据集共有 4 个特征，计算过程如下。

求天气特征的基尼指数：

$$\text{Gini}(D, \text{天气} = \text{晴}) = \frac{5}{14}\left(2 \times \frac{2}{5} \times \left(1 - \frac{2}{5}\right)\right) + \frac{9}{14}\left(2 \times \frac{2}{9} \times \left(1 - \frac{2}{9}\right)\right) \approx 0.39$$

$$\text{Gini}(D, \text{天气} = \text{阴}) \approx 0.36$$

$$\text{Gini}(D, \text{天气} = \text{雨}) \approx 0.46$$

可以看到，Gini(D, 天气 = 阴) 最小，所以天气取值为阴可以选作天气特征的最优划分点。同样，剩余三个特征的基尼指数计算结果如下。

湿度特征：

$$\text{Gini}\left(D, \text{湿度} = \text{高}\right) \approx 0.37$$

温度特征：

$$\text{Gini}\left(D, \text{温度} = \text{热}\right) \approx 0.29$$

$$\text{Gini}(D, \text{温度} = \text{适宜}) \approx 0.23$$

$$\text{Gini}(D, \text{温度} = \text{冷}) \approx 0.45$$

是否有风特征：

$$\text{Gini}(D, \text{是否有风} = \text{是}) \approx 0.43$$

湿度和是否有风特征只有一个分裂结点，所以它们是最优划分点。在全部的 4 个特征中，Gini(D, 温度 = 适宜) ≈ 0.23 最小，所以选择温度特征作为最优特征，温度 = 适宜为其最优划分点。

下面我们同样通过编程来实现基尼指数的计算。先定义一个基尼指数的计算函数，如代码清单 7-3 所示。

代码清单 7-3 基尼指数计算函数

```python
# 导入 numpy 库
import numpy as np
# 定义基尼指数计算函数
def gini(nums):
    '''
    输入：
    nums: 包含类别取值的列表
    输出：基尼指数值
    '''
    # 获取列表类别的概率分布
    probs = [nums.count(i)/len(nums) for i in set(nums)]
    # 计算基尼指数
    gini = sum([p*(1-p) for p in probs])
    return gini
```

基于代码清单 7-3，我们可以计算在天气特征条件下数据集的基尼指数，如代码清单 7-4 所示。

代码清单 7-4　天气特征条件下的基尼指数

```
# 计算天气特征的基尼指数
# 导入 pandas 库
import pandas as pd
# 以数据框结构读取高尔夫数据集
df = pd.read_csv('./golf_data.csv')
# 其中 subset1 和 subset2 为根据天气特征取值为晴或者非晴划分的两个子集
gini_DA = len(subset1)/len(df) * gini(subset1['play'].tolist()) +
len(subset2/len(df) * gini(subset2['play']).tolist())
print('天气特征取值为晴的基尼指数为: ', gini_DA)
```

输出如下：

天气特征取值为晴的基尼指数为: 0.39365079365

7.4　决策树模型：从 ID3 到 CART

基于信息增益、信息增益比和基尼指数三种特征选择方法，分别有 ID3、C4.5 和 CART 三种经典的决策树算法。这三种算法在构造分类决策树时方法基本一致，都是通过特征选择方法递归地选择最优特征进行构造。ID3 算法和 C4.5 算法只有决策树的生成，不包括决策树剪枝部分，所以这两种算法有时候容易过拟合。CART 算法除用于分类外，还可用于回归，并且该算法是包括决策树剪枝的。

7.4.1　ID3

ID3 算法的全称为 Iterative Dichotomiser 3，即 3 代迭代二叉树，其核心是基于信息增益递归地选择最优特征构造决策树。

具体方法如下：首先预设一个决策树根结点，然后对所有特征计算信息增益，选择一个信息增益最大的特征作为最优特征，根据该特征的不同取值建立子结点，接着对每个子结点递归地调用上述方法，直到信息增益很小或者没有特征可选时，即可构建最终的 ID3 决策树。

给定训练集 D、特征集合 A 以及信息增益阈值 ε，ID3 算法的流程可以作如下描述。

(1) 如果 D 中所有实例属于同一类别 C_k，那么所构建的决策树 T 为单结点树，并且类 C_k 即为该结点的类的标记。

(2) 如果 T 不是单结点树，则计算特征集合 A 中各特征对 D 的信息增益，选择信息增益最大的特征 A_g。

(3) 如果 A_g 的信息增益小于阈值 ε ，则将 T 视为单结点树，并将 D 中所属数量最多的类 C_k 作为该结点的类的标记并返回 T 。

(4) 否则，可对 A_g 的每一特征取值 a_i ，按照 $A_g = a_i$ 将 D 划分为若干非空子集 D_i ，以 D_i 中所属数量最多的类作为标记并构建子结点，由结点和子结点构成树 T 并返回。

(5) 对第 i 个子结点，以 D_i 为训练集，以 $A - A_g$ 为特征集，递归地调用(1)~(4)步，即可得到决策树子树 T_i 并返回。

下面基于以上 ID3 算法流程和 7.3.2 节定义的信息增益函数，并在新定义一些辅助函数的基础上，尝试实现 ID3 算法。

因为要根据特征取值来划分数据集，所以我们首先定义一个 pandas 数据框的划分函数，如代码清单 7-5 所示。

代码清单 7-5   数据集划分函数

```
# 根据数据集和指定特征定义数据集划分函数
def df_split(df, col):
    '''
    输入:
    df: 待划分的训练数据
    col: 划分数据的依据特征
    输出:
    res_dict: 根据特征取值划分后的不同数据集字典
    '''
    # 获取依据特征的不同取值
    unique_col_val = df[col].unique()
    # 创建划分结果的数据框字典
    res_dict = {elem : pd.DataFrame for elem in unique_col_val}
    # 根据特征取值进行划分
    for key in res_dict.keys():
        res_dict[key] = df[:][df[col] == key]
    return res_dict
```

然后基于 df_split 和代码清单 7-1 中的 entropy 函数，定义 ID3 算法的核心步骤——选择最优特征，如代码清单 7-6 所示。

代码清单 7-6   选择最优特征

```
# 根据训练集和标签选择信息增益最大的特征作为最优特征
def choose_best_feature(df, label):
    '''
    输入:
    df: 待划分的训练数据
    label: 训练标签
    输出:
    max_value: 最大信息增益值
```

```
    best_feature: 最优特征
    max_splited: 根据最优特征划分后的数据字典
    '''
    # 计算训练标签的信息熵
    entropy_D = entropy(df[label].tolist())
    # 特征集
    cols = [col for col in df.columns if col not in [label]]
    # 初始化最大信息增益值、最优特征和划分后的数据集
    max_value, best_feature = -999, None
    max_splited = None
    # 遍历特征并根据特征取值进行划分
    for col in cols:
        # 根据当前特征划分后的数据集
        splited_set = df_split(df, col)
        # 初始化经验条件熵
        entropy_DA = 0
        # 对划分后的数据集遍历计算
        for subset_col, subset in splited_set.items():
            # 计算划分后的数据子集的标签信息熵
            entropy_Di = entropy(subset[label].tolist())
            # 计算当前特征的经验条件熵
            entropy_DA += len(subset)/len(df) * entropy_Di
        # 计算当前特征的信息增益
        info_gain = entropy_D - entropy_DA
        # 获取最大信息增益，并保存对应的特征和划分结果
        if info_gain > max_value:
            max_value, best_feature = info_gain, col
            max_splited = splited_set
    return max_value, best_feature, max_splited
```

代码清单 7-6 是实现 ID3 算法的核心步骤，对应 ID3 算法流程中的第(4)步。在代码清单 7-6 中，我们定义了一个基于信息增益选择最优特征的函数，通过遍历训练数据的特征集，按照信息增益选取最优特征并返回划分后的数据。

基于以上准备工作，我们可以封装一个包括构建 ID3 决策树的基本方法的算法类，完整过程如代码清单 7-7 所示。

代码清单 7-7　构建 ID3 决策树

```
# ID3 算法类
class ID3Tree:
    # 定义决策树结点类
    class TreeNode:
        # 定义树结点
        def __init__(self, name):
            self.name = name
            self.connections = {}
        # 定义树连接
```

```
        def connect(self, label, node):
            self.connections[label] = node

    # 定义全局变量，包括数据集、特征集、标签和根结点
    def __init__(self, df, label):
        self.columns = df.columns
        self.df = df
        self.label = label
        self.root = self.TreeNode("Root")

    # 构建树的调用
    def construct_tree(self):
        self.construct(self.root, "", self.df, self.columns)

    # 决策树构建方法
    def construct(self, parent_node, parent_label, sub_df, columns):
        # 选择最优特征
        max_value, best_feature, max_splited = choose_best_feature(sub_df[columns], self.label)
        # 如果选不到最优特征，则构造单结点树
        if not best_feature:
            node = self.TreeNode(sub_df[self.label].iloc[0])
            parent_node.connect(parent_label, node)
            return

        # 根据最优特征以及子结点构建树
        node = self.TreeNode(best_feature)
        parent_node.connect(parent_label, node)
        # 以 A-Ag 为新的特征集
        new_columns = [col for col in columns if col != best_feature]
        # 递归地构造决策树
        for splited_value, splited_data in max_splited.items():
            self.construct(node, splited_value, splited_data, new_columns)
```

在代码清单 7-7 中，我们定义了树结点类、ID3 决策树的调用方法和构建方法。通过递归地选择最优特征，从根结点开始，自顶而下地构造出 ID3 决策树。

基于代码清单 7-7 的 ID3 算法类，我们尝试构建基于高尔夫数据集的 ID3 决策树，如代码清单 7-8 所示。

代码清单 7-8　基于高尔夫数据集的 ID3 决策树

```
# 读取高尔夫数据集
df = pd.read_csv('./example_data.csv')
# 创建 ID3 决策树实例
id3_tree = ID3Tree(df, 'play')
# 构造 ID3 决策树
id3_tree.construct_tree()
```

构造出来的 ID3 决策树局部打印出来如图 7-3 所示，其中天气、湿度、温度和是否有风等为内部结点，最后一列为决策树预测的叶子结点，带括号的取值为决策树的有向边。

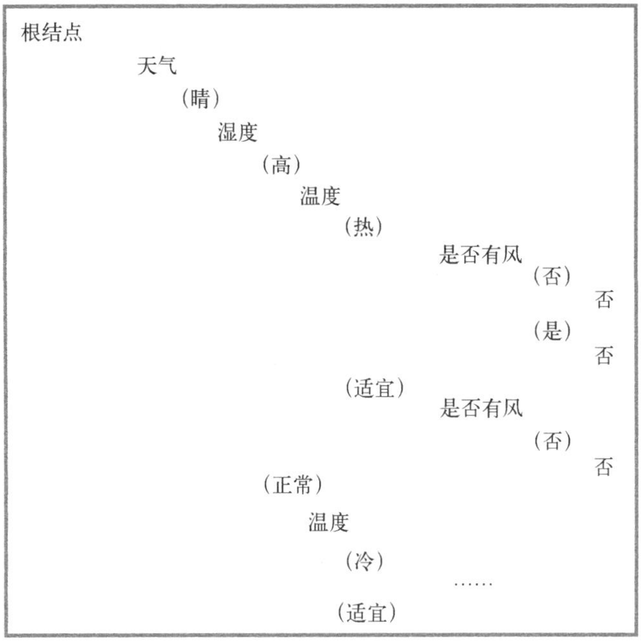

图 7-3　ID3 决策树（局部）

7.4.2　C4.5

C4.5 算法整体上与 ID3 算法较为类似，不同之处在于 C4.5 在构造决策树时使用信息增益比作为特征选择方法。由 C4.5 算法构造出来的决策树也称 C4.5 决策树。给定训练集 D、特征集合 A 以及信息增益阈值 ε，C4.5 算法流程可以作如下描述。

(1) 如果 D 中所有实例属于同一类别 C_k，那么所构建的决策树 T 为单结点树，并且类 C_k 即为该结点的类的标记。

(2) 如果 T 不是单结点树，则计算特征集合 A 中各特征对 D 的信息增益比，选择信息增益比最大的特征 A_g。

(3) 如果 A_g 的信息增益比小于阈值 ε，则将 T 视为单结点树，并将 D 中所属数量最多的类 C_k 作为该结点的类的标记并返回 T。

(4) 否则，可对 A_g 的每一特征取值 a_i，按照 $A_g = a_i$ 将 D 划分为若干非空子集 D_i，以 D_i 中所属数量最多的类作为标记并构建子结点，由结点和子结点构成树 T 并返回。

(5) 对第 i 个子结点，以 D_i 为训练集，以 $A - A_g$ 为特征集，递归地调用(1)~(2)步，即可得到决策树子树 T_i 并返回。

从上述描述可以看到，C4.5 与 ID3 算法相比，只有信息增益与信息增益比之间的差异。所以C4.5 算法实例和代码实现就不再给出，参考 7.4.1 节的 ID3 算法即可。

7.4.3　CART 分类树

CART 算法的全称为**分类与回归树**（classification and regression tree），顾名思义，CART 算法既可以用于分类，也可以用于回归，这是它与 ID3 和 C4.5 的主要区别之一。除此之外，CART 算法的特征选择方法不再基于信息增益或者信息增益比，而是基于基尼指数。最后，CART 算法不仅包括决策树的生成算法，还包括决策树剪枝算法。

CART 可以理解为在给定随机变量 X 的条件下输出随机变量 Y 的条件概率分布的学习算法。CART 生成的决策树都是二叉决策树，内部结点取值为"是"和"否"，这种结点划分方法等价于递归地二分每个特征，将特征空间划分为有限个单元，并在这些单元上确定预测的概率分布，即前述预测条件概率分布。

我们先来看 CART 分类树。

CART 分类树生成算法基于最小基尼指数递归地选择最优特征，并确定最优特征的最优二值划分点。CART 分类树生成算法描述如下。

(1) 给定训练集 D 和特征集 A，对于每个特征 a 及其所有取值 a_i，根据 $a = a_i$ 将数据集划分为 D_1 和 D_2 两个部分，基于式(7-9)计算 $a = a_i$ 时的基尼指数。

(2) 取基尼指数最小的特征及其对应的划分点作为最优特征和最优划分点，据此将当前结点划分为两个子结点，将训练集根据特征分配到两个子结点中。

(3) 对两个子结点递归地调用(1)和(2)，直至满足停止条件。

(4) 最后即可生成 CART 分类决策树。

7.4.4　CART 回归树

CART 算法也可以用于构建回归树。假设训练输入 X 和输出 Y，给定训练集 $D = \{(x_1, y_1), (x_2, y_2), \cdots, (x_N, y_N)\}$，CART 回归树的构建思路如下。

回归树对应特征空间的一个划分以及在该划分单元上的输出值。假设特征空间有 M 个划分单元 $R_1, R_2, \cdots, R_M$，且每个划分单元都有一个输出权重 c_m，那么回归树模型可以表示为：

$$f(x) = \sum_{m=1}^{M} c_m I(x \in R_m) \tag{7-10}$$

跟线性回归模型一样，回归树模型训练的目的同样是最小化平方损失 $\sum_{x_i \in R_m} (y_i - f(x_i))^2$，以期求得最优输出权重 $\hat{c}_m$。具体而言，我们用平方误差最小方法求解每个单元上的最优权重，最优输出权重 $\hat{c}_m$ 可以通过每个单元上所有输入实例 x_i 对应的输出值 y_i 的均值来确定，即：

$$\hat{c}_m = \text{average}(y_i \mid x_i \in R_m) \tag{7-11}$$

　　CART 分类树通过计算基尼指数确定最优特征和最优划分点，那么回归树如何确定特征最优划分点呢？假设随机选取第 j 个特征 $x^{(j)}$ 及其对应的某个取值 s，将其作为划分特征和划分点，同时定义两个区域：

$$R_1(j, s) = \left\{ x \mid x^{(j)} \leq s \right\}; R_2(j, s) = \left\{ x \mid x^{(j)} > s \right\} \tag{7-12}$$

然后求解：

$$\min_{js} \left[\min_{c_1} \sum_{x_i \in R_1(j, s)} (y_i - c_1)^2 + \min_{c_2} \sum_{x_i \in R_2(j, s)} (y_i - c_2)^2 \right] \tag{7-13}$$

　　求解式(7-13)即可得到输入特征 j 和最优划分点 s。按照上述平方误差最小准则可以求得全局最优特征和取值，并据此将特征空间划分为两个子区域，对每个子区域重复前述划分过程，直至满足停止条件，即可生成一棵回归树。一棵不同深度下的回归树拟合示例如图 7-4 所示。[①]

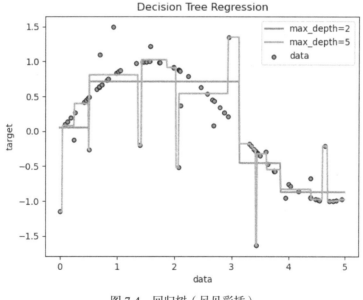

图 7-4　回归树（另见彩插）

CART 回归树生成算法描述如下。

　　(1) 根据式(7-13)求解最优特征 j 和最优划分点 s，遍历训练集所有特征，对固定划分特征扫描划分点 s，可求得式(7-13)最小值。

　　(2) 通过式(7-11)和式(7-12)确定的最优 (j, s) 来划分特征空间区域并决定相应的输出权重。

　　(3) 对划分的两个子区域递归调用(1)和(2)，直至满足停止条件。

---

① 该图来自 sklearn 官方教程。

(4) 将特征空间划分为 M 个单元 R_1, R_2, $\cdots$, R_M，生成回归树：

$$f(x) = \sum_{m=1}^{M} \hat{c}_m I(x \in R_m) \tag{7-14}$$

7.4.5　CART 算法实现

　　本节中我们尝试基于 NumPy 给出 CART 分类树和回归树算法的基本实现方式。结合 CART 分类树和回归树的算法流程，完整的实现思路如图 7-5 所示。

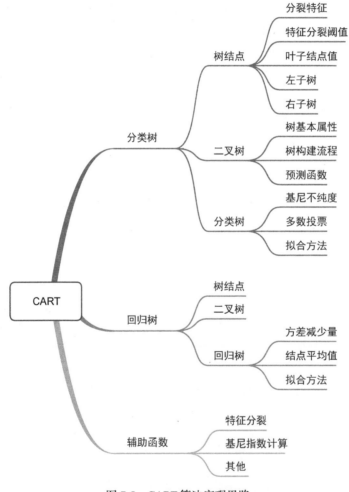

图 7-5　CART 算法实现思路

　　图 7-5 展示了 CART 的基本实现思路。无论是分类树还是回归树，二者对于树结点和基础二叉树的实现方式是一致的，主要差异在于特征选择方法和叶子结点取值预测方法。所以，实现一

个 CART 算法，基本策略是从底层逐渐往上层进行搭建，首先定义树结点，然后定义基础的二叉决策树，最后分别结合分类树和回归树的特征给出算法实现。另外，还需要定义一些辅助函数，像二叉树的结点特征分裂函数、基尼指数计算函数等。

下面分别按照二叉决策树、分类树和回归树来实现 CART 算法。[①]

(1) 二叉决策树

二叉决策树是定义分类树和回归树的基础，分类树和回归树本身所具备的决策树的大多数属性可以通过二叉决策树来体现。按照从底层往上层的代码搭建逻辑，我们先来定义决策树结点，如代码清单 7-9 所示。

代码清单 7-9   定义树结点

```
### 定义树结点
class TreeNode:
    def __init__(self, feature_ix=None, threshold=None,
                    leaf_value=None, left_branch=None, right_branch=None):
        # 特征索引
        self.feature_ix = feature_ix
        # 特征的划分阈值
        self.threshold = threshold
        # 叶子结点的取值
        self.leaf_value = leaf_value
        # 左子树
        self.left_branch = left_branch
        # 右子树
        self.right_branch = right_branch
```

代码清单 7-9 给出了一个典型的决策树结点的类定义方式。我们给树结点定义了五个基本属性，包括该结点所代表的特征索引、结点特征的划分阈值、叶子结点的取值、左子树和右子树。

基于树结点，我们继续尝试定义一棵基础的二叉决策树，如代码清单 7-10 所示。

代码清单 7-10   定义基础的二叉决策树

```
# 导入 numpy 库
import numpy as np
# 导入辅助函数，可参考本书代码地址
from utils import feature_split, calculate_gini

### 定义二叉决策树
class BinaryDecisionTree:
    ### 决策树初始参数
    def __init__(self, min_samples_split=3, min_gini_impurity=999,
                    max_depth=float("inf"), loss=None):
        # 根结点
        self.root = None
```

---

① 本节代码实现框架和思路部分参考了 GitHub 上的 ML-From-Scratch（eriklindernoren），已获作者授权使用。

```python
        # 结点的最小分裂样本数
        self.min_samples_split = min_samples_split
        # 结点的基尼不纯度
        self.min_gini_impurity = min_gini_impurity
        # 树的最大深度
        self.max_depth = max_depth
        # 基尼不纯度计算函数
        self.gini_impurity_calc = None
        # 叶子结点的值预测函数
        self.leaf_value_calc = None
        # 损失函数
        self.loss = loss

    ### 决策树拟合函数
    def fit(self, X, y, loss=None):
        # 递归构建决策树
        self.root = self._construct_tree(X, y)
        self.loss = None

    ### 决策树构建函数
    def _construct_tree(self, X, y, current_depth=0):
        # 初始化最小基尼不纯度
        init_gini_impurity = 999
        # 初始化最优特征索引和阈值
        best_criteria = None
        # 初始化数据子集
        best_sets = None

        # 合并输入和标签
        Xy = np.concatenate((X, y), axis=1)
        # 获取样本数和特征数
        m, n = X.shape
        # 设定决策树构建条件
        # 训练样本量大于结点最小分裂样本数且当前树深度小于最大深度
        if m >= self.min_samples_split and current_depth <= self.max_depth:
            # 遍历计算每个特征的基尼不纯度
            for f_i in range(n):
                # 获取第 i 个特征的所有取值
                f_values = np.expand_dims(X[:, f_i], axis=1)
                # 获取第 i 个特征的唯一取值
                unique_values = np.unique(f_values)

                # 遍历取值并寻找最优特征分裂阈值
                for threshold in unique_values:
                    # 特征结点二叉分裂
                    Xy1, Xy2 = feature_split(Xy, f_i, threshold)
                    # 如果分裂后的子集大小都不为 0
                    if len(Xy1) != 0 and len(Xy2) != 0:
                        # 获取两个子集的标签值
                        y1 = Xy1[:, n:]
                        y2 = Xy2[:, n:]

                        # 计算基尼不纯度
                        impurity = self.gini_impurity_calc(y, y1, y2)
```

```
                    # 获取最小基尼不纯度
                    # 最优特征索引和分裂阈值
                    if impurity < init_gini_impurity:
                        init_gini_impurity = impurity
                        best_criteria = {"feature_ix": f_i, "threshold": threshold}
                        best_subsets = {
                            "leftX": Xy1[:, :n],
                            "lefty": Xy1[:, n:],
                            "rightX": Xy2[:, :n],
                            "righty": Xy2[:, n:]
                            }

        # 如果计算的最小基尼不纯度小于设定的最小基尼不纯度
        if init_gini_impurity < self.min_gini_impurity:
            # 分别构建左右子树
            left_branch = self._construct_tree(best_subsets["leftX"],
                best_subsets["lefty"], current_depth + 1)
            right_branch=self._construct_tree(best_subsets["rightX"],
                best_sets["righty"], current_depth + 1)
            return TreeNode(feature_ix=best_criteria["f_i"],
                threshold=best_criteria["threshold"],
                left_branch=left_branch, right_branch=right_branch)

        # 计算叶子结点取值
        leaf_value = self.leaf_value_calc(y)
        return TreeNode(leaf_value=leaf_value)

### 定义二叉树值的预测函数
def predict_value(self, x, tree=None):
    if tree is None:
        tree = self.root
    # 如果叶子结点已有值，则直接返回已有值
    if tree.leaf_value is not None:
        return tree.leaf_value
    # 选择特征并获取特征值
    feature_value = x[tree.feature_ix]

    # 判断落入左子树还是右子树
    branch = tree.right_branch
    if feature_value >= tree.threshold:
        branch = tree.left_branch
    elif feature_value == tree.threshold:
        branch = tree.left_branch
    # 测试子集
    return self.predict_value(x, branch)

### 数据集预测函数
def predict(self, X):
    y_pred = [self.predict_value(sample) for sample in X]
    return y_pred
```

代码清单 7-10 首先定义了一棵完整的二叉决策树。它的主要属性有根结点、结点的最小分裂样本数、结点基尼不纯度、树的最大深度、基尼不纯度计算函数、叶子结点值的预测函数和损

失函数等；然后定义了决策树的构建过程，递归遍历所有特征，并按照阈值将数据划分为两个子集，计算划分后的基尼不纯度，选择最小基尼不纯度的特征构造决策树；最后定义了二叉树值的预测函数。

(2) 分类树

下面基于上一步定义的二叉决策树类 BinaryDecisionTree，根据分类树的特征，定义一个继承 BinaryDecisionTree 类的分类树类 ClassificationTree，如代码清单 7-11 所示。

代码清单 7-11   分类树实现

```
### CART 分类树
class ClassificationTree(BinaryDecisionTree):
    ### 定义基尼不纯度的计算过程
    def _calculate_gini_impurity(self, y, y1, y2):
        p = len(y1) / len(y)
        gini = calculate_gini(y)
        gini_impurity = p * calculate_gini(y1) + (1-p) * calculate_gini(y2)
        return gini_impurity

    ### 多数投票
    def _majority_vote(self, y):
        most_common = None
        max_count = 0
        for label in np.unique(y):
            # 统计多数
            count = len(y[y == label])
            if count > max_count:
                most_common = label
                max_count = count
        return most_common

    # 分类树拟合
    def fit(self, X, y):
        self.gini_impurity_calc = self._calculate_gini_impurity
        self.leaf_value_calc = self._majority_vote
        super(ClassificationTree, self).fit(X, y)
```

在代码清单 7-11 中，我们定义了分类树类 ClassificationTree，它主要包括三个方法：基尼不纯度计算方法、判断叶子结点所属类别的多数投票法以及分类树拟合方法。

然后我们尝试用 iris 数据集对分类树进行测试，如代码清单 7-12 所示。

代码清单 7-12   分类树测试

```
# 导入数据集
from sklearn import datasets
# 导入数据划分模块
from sklearn.model_selection import train_test_split
# 导入准确率评估函数
from sklearn.metrics import accuracy_score
```

```
# 导入 iris 数据集
data = datasets.load_iris()
# 获取输入和标签
X, y = data.data, data.target
y = y.reshape((-1, 1))
# 划分训练集和测试集
X_train, X_test, y_train, y_test = train_test_split(X, y, test_size=0.3)
# 创建分类树模型实例
clf = ClassificationTree()
# 分类树训练
clf.fit(X_train, y_train)
# 分类树预测
y_pred = clf.predict(X_test)
# 打印模型分类准确率
print("Accuracy of CART classicication tree based on NumPy: ", accuracy_score(y_test, y_pred))
```

输出如下：

```
Accuracy of CART classicication tree based on NumPy: 1
```

作为对比，我们同样使用 sklearn 的 sklearn.tree.DecisionTreeClassifier 模块来对该数据集进行测试，如代码清单 7-13 所示。

代码清单 7-13　sklearn 分类树测试

```
# 导入分类树模块
from sklearn.tree import DecisionTreeClassifier
# 创建分类树实例
clf = DecisionTreeClassifier()
# 分类树训练
clf.fit(X_train, y_train)
# 分类树预测
y_pred = clf.predict(X_test)
print("Accuracy of CART classicication tree based on sklearn:", accuracy_score(y_test, y_pred))
```

输出如下：

```
Accuracy of CART classicication tree based on sklearn：1
```

可以看到，基于 NumPy 的分类树实现模型的分类准确率跟基于 sklearn 的分类树模型的分类准确率非常一致。

(3) 回归树

同样基于步骤(2)定义的二叉决策树类 BinaryDecisionTree，根据回归树的特征，定义一个继承 BinaryDecisionTree 类的回归树类 RegressionTree，如代码清单 7-14 所示。

代码清单 7-14　回归树实现

```
### CART 回归树
class RegressionTree(BinaryDecisionTree):
    # 计算方差减少量
```

```
def _calculate_variance_reduction(self, y, y1, y2):
    var_tot = np.var(y, axis=0)
    var_y1 = np.var(y1, axis=0)
    var_y2 = np.var(y2, axis=0)
    frac_1 = len(y1) / len(y)
    frac_2 = len(y2) / len(y)
    # 计算方差减少量
    variance_reduction = var_tot - (frac_1 * var_y1 + frac_2 * var_y2)
    return sum(variance_reduction)

# 结点值取平均
def _mean_of_y(self, y):
    value = np.mean(y, axis=0)
    return value if len(value) > 1 else value[0]

# 回归树拟合
def fit(self, X, y):
    self.gini_impurity_calc = self._calculate_variance_reduction
    self.leaf_value_calc = self._mean_of_y
    super(RegressionTree, self).fit(X, y)
```

代码清单 7-14 定义了一个回归树类 RegressionTree，它同样也包括三个方法：基于方差减少量的不纯度计算方法、结点均值化取值方法以及回归树拟合方法。

然后我们用 sklearn 的波士顿房价数据集对回归树进行测试，如代码清单 7-15 所示。

代码清单 7-15　回归树测试

```
# 导入波士顿房价数据集模块
from sklearn.datasets import load_boston
# 导入均方误差评估函数
from sklearn.metrics import mean_squared_error
# 获取输入和标签
X, y = load_boston(return_X_y=True)
y = y.reshape((-1, 1))
# 划分训练集和测试集
X_train, X_test, y_train, y_test = train_test_split(X, y, test_size=0.3)
# 创建回归树模型实例
reg = RegressionTree()
# 模型训练
reg.fit(X_train, y_train)
# 模型预测
y_pred = reg.predict(X_test)
# 评估均方误差
mse = mean_squared_error(y_test, y_pred)
print("MSE of CART regression tree based on NumPy: ", mse)
```

输出如下：

```
MSE of CART regression tree based on NumPy: 56.6033
```

作为对比，同样使用 sklearn 的 sklearn.tree.DecisionTreeRegressor 模块来对该数据集进行测试，如代码清单 7-16 所示。

代码清单 7-16　sklearn 回归树测试

```
# 导入回归树模块
from sklearn.tree import DecisionTreeRegressor
# 创建回归树模型实例
reg = DecisionTreeRegressor()
reg.fit(X_train, y_train)
y_pred = reg.predict(X_test)
mse = mean_squared_error(y_test, y_pred)
print("MSE of CART regression tree based on sklearn: ", mse)
```

输出如下：

```
MSE of CART regression tree based on sklearn: 26.4928
```

可以看到，基于 NumPy 实现的回归树模型测试效果要差于基于 sklearn 的回归树模型。作为回归树算法的一个逻辑实现，性能要弱于原生算法库。

7.5　决策树剪枝

一个完整的决策树算法，除决策树生成算法外，还包括决策树剪枝算法。决策树生成算法递归地产生决策树，生成的决策树大而全，但很容易导致过拟合现象。决策树**剪枝**（pruning）则是对已生成的决策树进行简化的过程，通过对已生成的决策树剪掉一些子树或者叶子结点，并将其根结点或父结点作为新的叶子结点，从而达到简化决策树的目的。

决策树剪枝一般包括两种方法：**预剪枝**（pre-pruning）和**后剪枝**（post-pruning）。所谓预剪枝，就是在决策树生成过程中提前停止树的增长的一种剪枝算法。其主要思路是在决策树结点分裂之前，计算当前结点划分能否提升模型泛化能力，如果不能，则决策树在该结点停止生长。预剪枝方法直接，算法简单高效，适用于大规模求解问题。目前在主流的集成学习模型中，很多算法用到了预剪枝的思想。但预剪枝提前停止树生长的方法，也一定程度上存在欠拟合的风险，导致决策树生长不够完全。

在实际应用中，我们还是以后剪枝方法为主。后剪枝主要通过极小化决策树整体损失函数来实现。决策树学习的目标就是最小化式(7-1)的损失函数。式(7-1)第一项中的经验熵可以表示为：

$$H_t(T) = -\sum_k \frac{N_{tk}}{N_t} \log \frac{N_{tk}}{N_t} \tag{7-15}$$

令式(7-1)中的第一项为：

$$L(T) = \sum_{t=1}^{|T|} N_t H_t(T) = -\sum_{t=1}^{|T|} \sum_{k=1}^{K} N_{tk} \log \frac{N_{tk}}{N_t} \tag{7-16}$$

此时式(7-1)可改写为：

$$L_\alpha(T) = L(T) + \alpha \,|\, T \,| \tag{7-17}$$

其中 $L(T)$ 为模型的经验误差项，$|T|$ 表示决策树复杂度，$\alpha \geqslant 0$ 即为正则化参数，用于控制经验误差项和正则化项之间的影响。

决策树后剪枝，就是在复杂度 α 确定的情况下，选择损失函数 $L_\alpha(T)$ 最小的决策树模型。给定生成算法得到的决策树 T 和正则化参数 α，决策树后剪枝算法描述如下。

(1) 计算每个树结点的经验熵 $H_t(T)$。

(2) 递归地自底向上回缩，假设一组叶子结点回缩到父结点前后的树分别为 T_{before} 与 T_{after}，其对应的损失函数分别为 $L_\alpha(T_{\text{before}})$ 和 $L_\alpha(T_{\text{after}})$，如果 $L_\alpha(T_{\text{after}}) \leqslant L_\alpha(T_{\text{before}})$，则进行剪枝，将父结点变为新的叶子结点。

(3) 重复第(2)步，直到得到损失函数最小的子树 T_α。

CART 算法的剪枝正是后剪枝方法。CART 后剪枝首先通过计算子树的损失函数来实现剪枝并得到一个子树序列，然后通过交叉验证的方法从子树序列中选取最优子树。

7.6　小结

本章知识点密集，但涉及的数学推导并不是很多，树模型不同于线性回归等模型，但其核心思想仍然属于典型的机器学习范畴。决策树一般包括特征选择条件、决策树生成算法和决策树剪枝算法。

常用的基础决策树算法包括 ID3 算法、C4.5 算法和 CART 算法。三者分别使用信息增益最大、信息增益比最大以及基尼指数最小来递归地选择特征构造决策树。另外，由于生成的决策树存在过度生长造成过拟合的问题，一般情况下需要在决策树生成之后对其进行剪枝。决策树剪枝算法包括预剪枝和后剪枝两种。

值得注意的是，基础的决策树模型是后续集成学习模型的重要理论基础。

第 8 章

神经网络

如今神经网络与深度学习在各个领域都有广泛的研究与应用，大有超过机器学习本身的趋势。**神经网络**（neural network）可以溯源到原先的单层**感知机**（perceptron），单层感知机逐渐发展到多层感知机，加入的隐藏层使得感知机发展为能够拟合一切的神经网络模型，而反向传播算法是整个神经网络训练的核心。本章主要深入介绍感知机与单隐藏层神经网络的主要原理与手写实现方式，并简单介绍神经网络与深度学习。

8.1 无处不在的图像识别

神经网络的一个最典型应用是图像识别。高铁站进站口的人脸识别、医学上利用计算机视觉技术对医学影像进行自动化辅助判读、自动驾驶汽车可以识别行车环境下所遇到的各种目标等，可以说图像识别已经在日常生活中随处可见。

图像识别的基本原理是通过神经网络自动化提取图像特征，经过大量数据训练，进而达到分类的目的。一个最经典的案例是 MNIST 手写数字识别项目。MNIST 数据库包括 60 000 张手写的 0~9 数字图像（如图 8-1 所示），每张数字图像的像素为 28×28，通过神经网络对数字图像进行特征提取，然后转化为数值向量进行分类器训练的方式，我们可以准确识别 0~9 这 10 个数字。

图 8-1　MNIST 数据集示例

8.2 从感知机说起

8.2.1 感知机推导

感知机作为神经网络和支持向量机的理论基础，我们有必要从头开始说起。简单来说，感知机就是一个线性模型，旨在建立一个线性分隔超平面对线性可分的数据集进行分类。其基本结构如图 8-2 所示。

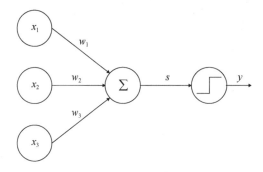

图 8-2 感知机模型

图 8-2 从左到右为感知机模型的计算执行方向，模型接收了 x_1、x_2、x_3 三个输入，将输入与权重系数 w 进行加权求和并经过 Sigmoid 函数进行激活，将激活结果 y 作为输出。这便是感知机执行前向计算的基本过程。但这样还不够，刚刚我们只解释了模型，并未解释策略和算法。当我们执行完前向计算得到输出之后，模型需要根据你的输出和实际输出按照损失函数计算当前损失，计算损失函数关于权重和偏置的梯度，然后根据梯度下降法更新权重和偏置，经过不断的迭代调整权重和偏置使得损失最小，这便是完整的单层感知机的训练过程。

下面我们来看感知机的数学描述。给定输入实例 $x \in \chi$，输出 $y \in \mathcal{Y} = \{+1, -1\}$，由输入到输出的感知机模型可以表示为：

$$y = \text{sign}(w \cdot x + b) \tag{8-1}$$

其中 w 为权重系数，b 为偏置参数，sign 为符号函数，即：

$$\text{sign}(x) = \begin{cases} +1, & x \geqslant 0 \\ -1, & x < 0 \end{cases} \tag{8-2}$$

我们知道感知机的学习目标是建立一个线性分隔超平面，以将训练数据正例和负例完全分开，我们可以通过最小化损失函数来确定模型参数 w 和 b。那么，该如何定义感知机的损失函数呢？一个方法是定义误分类点到线性分隔超平面的总距离。假设输入空间中任意一点 x_0 到线性分隔超平面的距离为：

$$\frac{1}{\|w\|}|w \cdot x_0 + b| \tag{8-3}$$

其中 $\|w\|$ 为 w 的2-范数。

对于任意一误分类点 (x_i, y_i)，当 $w \cdot x_i + b > 0$ 时，$y_i = -1$；当 $w \cdot x_i + b < 0$ 时，$y_i = +1$，因而都有 $-y_i(w \cdot x_i + b) > 0$ 成立。所以误分类点到线性分隔超平面的距离 S 为：

$$-\frac{1}{\|w\|}y_i(w \cdot x_i + b) \tag{8-4}$$

假设总共有 M 个误分类点，所有误分类点到线性分隔超平面的总距离为：

$$-\frac{1}{\|w\|}\sum_{x_i \in M} y_i(w \cdot x_i + b) \tag{8-5}$$

在忽略2-范数 $\frac{1}{\|w\|}$ 的情况下，感知机的损失函数可以表示为：

$$L(w, b) = -\sum_{x_i \in M} y_i(w \cdot x_i + b) \tag{8-6}$$

其中 M 是该分类点的集合。针对式(8-6)，我们可以使用随机梯度下降进行优化求解。分别计算损失函数 $L(w, b)$ 关于参数 w 和 b 的梯度：

$$\frac{\partial L(w, b)}{\partial w} = -\sum_{x_i \in M} y_i x_i \tag{8-7}$$

$$\frac{\partial L(w, b)}{\partial b} = -\sum_{x_i \in M} y_i \tag{8-8}$$

然后根据式(8-8)更新权重系数：

$$w = w + \lambda y_i x_i \tag{8-9}$$

$$b = b + \lambda y_i \tag{8-10}$$

其中 λ 为学习步长，也就是神经网络训练调参中的学习率。

关于感知机模型，一个直观的解释是：当一个实例被误分类时，即实例位于线性分隔超平面的错误一侧时，我们需要调整参数 w 和 b 的值，使得线性分隔超平面向该误分类点的一侧移动，以缩短该误分类点与线性分隔超平面的距离，直到线性分隔超平面越过该误分类点使其能够被正确分类。

8.2.2 基于 NumPy 的感知机实现

感知机模型较为简单，我们尝试基于 NumPy 实现一个感知机模型。为了方便完整地定义感知机模型的训练过程，先定义感知机符号函数 sign 和参数初始化函数 initialize_parameters，如代码清单 8-1 所示。

代码清单 8-1 定义辅助函数

```
### 导入 numpy 模块
import numpy as np
# 定义 sign 符号函数
def sign(x, w, b):
    '''
    输入:
    x: 输入实例
    w: 权重系数
    b: 偏置参数
    输出: 符号函数值
    '''
    return np.dot(x,w)+b


### 定义参数初始化函数
def initialize_parameters(dim):
    '''
    输入:
    dim: 输入数据维度
    输出:
    w: 初始化后的权重系数
    b: 初始化后的偏置参数
    '''
    w = np.zeros(dim)
    b = 0.0
    return w, b
```

基于代码清单 8-1 的辅助函数，我们可直接根据 8.2.1 节的推导逻辑编写感知机的训练过程，如代码清单 8-2 所示。

代码清单 8-2 定义感知机训练过程

```
### 定义感知机训练函数
def perceptron_train(X_train, y_train, learning_rate):
    '''
    输入:
    X_train: 训练输入
    y_train: 训练标签
    learning_rate: 学习率
    输出:
    params: 训练得到的参数
    '''
    # 参数初始化
    w, b = initialize_parameters(X_train.shape[1])
```

```
# 初始化误分类状态
is_wrong = False
# 当存在误分类点时
while not is_wrong:
    # 初始化误分类点计数
    wrong_count = 0
    # 遍历训练数据
    for i in range(len(X_train)):
        X = X_train[i]
        y = y_train[i]
        # 如果存在误分类点
        if y * sign(X, w, b) <= 0:
            # 更新参数
            w = w + learning_rate*np.dot(y, X)
            b = b + learning_rate*y
            # 误分类点+1
            wrong_count += 1
    # 直到没有误分类点
    if wrong_count == 0:
        is_wrong = True
        print('There is no missclassification!')
    # 保存更新后的参数
    params = {
        'w': w,
        'b': b
    }
return params
```

然后我们以 sklearn 的 iris 数据集为例，测试编写的感知机代码。数据集准备如代码清单 8-3 所示。最后我们以 100×2 的数据作为训练输入，以 100 个正负实例作为训练输出。[①]

代码清单 8-3 测试数据准备

```
# 导入 pandas 模块
import pandas as pd
# 导入 iris 数据集
from sklearn.datasets import load_iris
iris = load_iris()
# 转化为 pandas 数据框
df = pd.DataFrame(iris.data, columns=iris.feature_names)
# 数据标签
df['label'] = iris.target
# 变量重命名
df.columns = ['sepal length', 'sepal width', 'petal length', 'petal width', 'label']
# 取前 100 行数据
data = np.array(df.iloc[:100, [0, 1, -1]])
# 定义训练输入和输出
X, y = data[:,:-1], data[:,-1]
y = np.array([1 if i == 1 else -1 for i in y])
# 输出训练集大小
print(X.shape, y.shape)
```

输出如下：

---

① 该数据示例来自 GitHub 上的 lihang-code(fengdu78)，已获作者授权使用。

```
(100, 2) (100,)
```

感知机训练如代码清单 8-4 所示。

代码清单 8-4   感知机训练

```
params = perceptron_train(X, y, 0.01)
print(parmas)
```

输出如下：

```
{'b': -1.2400000000000009, 'w': array([ 0.79 , -1.007])}
```

最后，我们尝试基于训练好的参数绘制感知机的线性分隔超平面，如代码清单 8-5 所示。

代码清单 8-5   绘制感知机的线性分隔超平面

```
# 导入 matplotlib 绘图库
import matplotlib.pyplot as plt
# 输入实例取值
x_points = np.linspace(4, 7, 10)
# 线性分隔超平面
y_hat = -(params['w'][0]*x_points + params['b'])/params['w'][1]
# 绘制线性分隔超平面
plt.plot(x_points, y_hat)
# 绘制二分类散点图
plt.scatter(data[:50, 0], data[:50, 1], color='red', label='0')
plt.scatter(data[50:100, 0], data[50:100, 1], color='green', label='1')
plt.xlabel('sepal length')
plt.ylabel('sepal width')
plt.legend()
plt.show();
```

最终效果如图 8-3 所示。

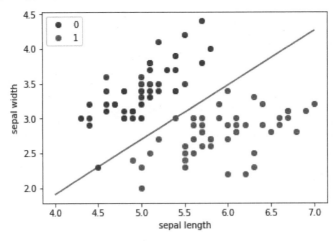

图 8-3   iris 数据的线性分隔超平面（另见彩插）

8.3　从单层到多层

8.3.1　神经网络与反向传播

8.2 节中阐述的感知机均是指单层感知机。单层感知机仅包含两层神经元，即输入神经元与输出神经元，可以非常容易地实现逻辑与、逻辑或和逻辑非等线性可分情形。对于像异或问题这样线性不可分的情形，单层感知机难以处理（所谓线性不可分，即对于输入训练数据，不存在一个线性分隔超平面能够将其进行线性分类），其学习过程会出现一定程度的振荡，权重系数 w 难以稳定下来，难以求得合适的解。异或问题如图 8-4 右图所示。

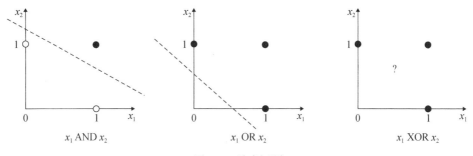

图 8-4　异或问题

对于线性不可分的情况，在感知机的基础上一般有两个处理方向，一个是下一章要阐述的 SVM，旨在通过核函数映射来处理非线性的情况，另一个是神经网络模型。这里的神经网络模型也称**多层感知机**（muti-layer perceptron，MLP），它与单层感知机在结构上的区别主要在于 MLP 多了若干隐藏层，这使得神经网络能够处理非线性问题。一个两层网络（多层感知机）如图 8-5 所示。

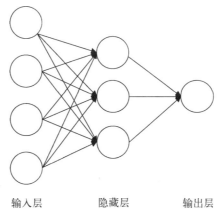

输入层　　　　隐藏层　　　　输出层

图 8-5　两层神经网络

反向传播（back propagation，BP）算法也称误差逆传播，是神经网络训练的核心算法。我们通常说的 BP 神经网络是指应用反向传播算法进行训练的神经网络模型。反向传播算法的工作机制究竟是怎样的呢？我们以一个两层（即单隐藏层）网络为例，也就是图 8-5 中的网络结构，给出反向传播的基本推导过程。

假设输入层为 x，有 m 个训练样本，输入层与隐藏层之间的权重和偏置分别为 w_1 和 b_1，线性加权计算结果为 $Z_1 = w_1 x + b_1$，采用 Sigmoid 激活函数，激活输出为 $a_1 = \sigma(Z_1)$。而隐藏层到输出层的权重和偏置分别为 w_2 和 b_2，线性加权的计算结果为 $Z_2 = w_2 x + b_2$，激活输出为 $a_2 = \sigma(Z_2)$。所以，这个两层网络的前向计算过程为 $x \to Z_1 \to a_1 \to Z_2 \to a_2$。

直观而言，反向传播就是将前向计算过程反过来，但必须是梯度计算的方向反过来，假设这里采用如下交叉熵损失函数：

$$L(y,\ a) = -(y \log a + (1-y) \log(1-a)) \tag{8-11}$$

反向传播是基于梯度下降策略的，主要是从目标参数的负梯度方向更新参数，所以基于损失函数对前向计算过程中各个变量进行梯度计算是关键。将前向计算过程反过来，基于损失函数的梯度计算顺序就是 $da_2 \to dZ_2 \to dw_2 \to db_2 \to da_1 \to dZ_1 \to dw_1 \to db_1$。我们从输出 a_2 开始进行反向推导，输出层激活输出为 a_2。首先，计算损失函数 $L(y,\ a)$ 关于 a_2 的微分 da_2，影响输出 a_2 的是谁呢？由前向传播可知，a_2 是由 Z_2 经激活函数激活计算而来的，所以计算损失函数关于 Z_2 的导数 dZ_2 必须经由 a_2 进行复合函数求导，即微积分中常说的链式求导法则。然后继续往前推，影响 Z_2 的又是哪些变量呢？由前向计算 $Z_2 = w_2 x + b_2$ 可知，影响 Z_2 的有 w_2、a_1 和 b_2，继续按照链式求导法则进行求导即可。最终以交叉熵损失函数为代表的两层神经网络的反向传播向量化求导计算公式如下：

$$\frac{\partial L}{\partial a_2} = \frac{d}{da_2} L(a_2,\ y) = (-y \log a_2 - (1-y) \log(1-a_2))' = -\frac{y}{a_2} + \frac{1-y}{1-a_2} \tag{8-12}$$

$$\frac{\partial L}{\partial Z_2} = \frac{\partial L}{\partial a_2} \frac{\partial a_2}{\partial Z_2} = a_2 - y \tag{8-13}$$

$$\frac{\partial L}{\partial w_2} = \frac{\partial L}{\partial a_2} \frac{\partial a_2}{\partial Z_2} \frac{\partial Z_2}{\partial w_2} = \frac{\partial L}{\partial Z_2} a_1 = (a_2 - y)a_1 \tag{8-14}$$

$$\frac{\partial L}{\partial b_2} = \frac{\partial L}{\partial a_2} \frac{\partial a_2}{\partial Z_2} \frac{\partial Z_2}{\partial b_2} = \frac{\partial L}{\partial Z_2} = a_2 - y \tag{8-15}$$

$$\frac{\partial L}{\partial a_1} = \frac{\partial L}{\partial a_2} \frac{\partial a_2}{\partial Z_2} \frac{\partial Z_2}{\partial a_1} = (a_2 - y)w_2 \tag{8-16}$$

$$\frac{\partial L}{\partial Z_1} = \frac{\partial L}{\partial a_2}\frac{\partial a_2}{\partial Z_2}\frac{\partial Z_2}{\partial a_1}\frac{\partial a_1}{\partial Z_1} = (a_2 - y)w_2\sigma'(Z_1) \tag{8-17}$$

$$\frac{\partial L}{\partial w_1} = \frac{\partial L}{\partial a_2}\frac{\partial a_2}{\partial Z_2}\frac{\partial Z_2}{\partial a_1}\frac{\partial a_1}{\partial Z_1}\frac{\partial Z_1}{\partial w_1} = (a_2 - y)w_2\sigma'(Z_1)x \tag{8-18}$$

$$\frac{\partial L}{\partial b_1} = \frac{\partial L}{\partial a_2}\frac{\partial a_2}{\partial Z_2}\frac{\partial Z_2}{\partial a_1}\frac{\partial a_1}{\partial Z_1}\frac{\partial Z_1}{\partial b_1} = (a_2 - y)w_2\sigma'(Z_1) \tag{8-19}$$

链式求导法则是对复合函数进行求导的一种计算方法，复合函数的导数将是构成复合这有限个函数在相应点导数的乘积，就像链子一样一环套一环，故称链式法则。有了梯度计算结果之后，我们便可根据权重更新公式更新权重和偏置参数了，具体计算公式如下，其中 η 为学习率，是个超参数，需要在训练时人为设定，当然也可以通过调参来取得最优超参数。

$$w = w - \eta \mathrm{d}w \tag{8-20}$$

以上便是 BP 神经网络模型和算法的基本工作流程，如图 8-6 所示。总结起来就是前向计算得到输出，反向传播调整参数，最后以得到损失最小时的参数为最优学习参数。

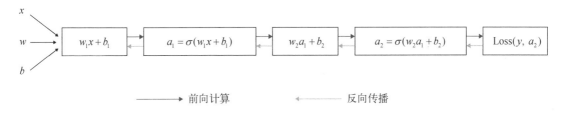

图 8-6　前向计算与反向传播

8.3.2　基于 NumPy 的神经网络搭建

基于 8.3.1 节的推导过程，我们尝试基于 NumPy 来搭建一个两层神经网络。为了不失完整性，在具体编写代码之前，我们同样梳理一下神经网络的 NumPy 编写思路，然后给出基于 sklearn 的对比范例。

如图 8-7 所示，基于 NumPy 实现神经网络模型的基本思路包括定义网络结构、初始化模型参数、定义前向传播过程、计算当前损失、执行反向传播、更新权重，以及将全部模块整合成一个完整的神经网络模型。

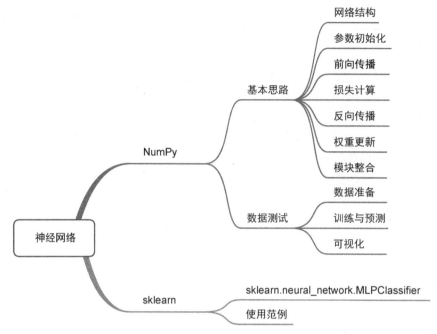

图 8-7   神经网络代码编写思路

假设我们要实现的两层网络结构如图 8-8 所示，基于上述思路，下面我们来看具体的实现代码。

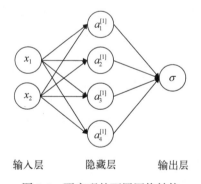

图 8-8   要实现的两层网络结构

(1) **定义网络结构**。第一步我们先定义网络结构，如图 8-8 所示。可以看到隐藏层有 4 个神经元，输入输出与具体的训练数据维度有关，网络结构的定义如代码清单 8-6 所示。

代码清单 8-6   定义网络结构

```
### 定义网络结构
def layer_sizes(X, Y):
    '''
```

```
        输入:
        X: 训练输入
        Y: 训练输出
        输出:
        n_x: 输入层大小
        n_h: 隐藏层大小
        n_y: 输出层大小
        '''
        # 输入层大小
        n_x = X.shape[0]
        # 隐藏层大小, 手动指定
        n_h = 4
        # 输出层大小
        n_y = Y.shape[0]
        return (n_x, n_h, n_y)
```

(2) **初始化模型参数**。有了网络结构和大小之后，我们就可以初始化网络权重系数了。假设 W_1 为输入层到隐藏层的权重数组、b_1 为输入层到隐藏层的偏置数组；W_2 为隐藏层到输出层的权重数组，b_2 为隐藏层到输出层的偏置数组，于是我们可定义模型参数初始化函数，如代码清单 8-7 所示。

代码清单 8-7 定义模型参数初始化函数

```
### 定义模型参数初始化函数
def initialize_parameters(n_x, n_h, n_y):
        '''
        输入:
        n_x: 输入层神经元个数
        n_h: 隐藏层神经元个数
        n_y: 输出层神经元个数
        输出:
        parameters: 初始化后的模型参数
        '''
        # 权重系数随机初始化
        W1 = np.random.randn(n_h, n_x)*0.01
        # 偏置参数以零为初始化值
        b1 = np.zeros((n_h, 1))
        W2 = np.random.randn(n_y, n_h)*0.01
        b2 = np.zeros((n_y, 1))
        # 封装为字典
        parameters = {"W1": W1,
                      "b1": b1,
                      "W2": W2,
                      "b2": b2}
        return parameters
```

(3) **定义前向传播过程**。网络结构和初始参数都有了，我们就可以定义神经网络的前向传播计算过程了。这里我们以 tanh 函数为隐藏层激活函数，以 Sigmoid 函数为输出层激活函数。前向传播计算过程由以下四个公式定义。

$$z^{[1](i)} = W^{[1]}x^{(i)} + b^{[1](i)} \tag{8-21}$$

$$a^{[1](i)} = \tanh(z^{[1](i)}) \tag{8-22}$$

$$z^{[2](i)} = W^{[2]}a^{[1](i)} + b^{[2](i)} \tag{8-23}$$

$$\hat{y}^{(i)} = a^{[2](i)} = \sigma(z^{[2](i)}) \tag{8-24}$$

前向传播实现过程如代码清单 8-8 所示。

代码清单 8-8 定义前向传播过程

```
### 定义前向传播过程
def forward_propagation(X, parameters):
    '''
    输入:
    X: 训练输入
    parameters: 初始化的模型参数
    输出:
    A2: 模型输出
    caches: 前向传播过程计算的中间值缓存
    '''
    # 获取各参数初始值
    W1 = parameters['W1']
    b1 = parameters['b1']
    W2 = parameters['W2']
    b2 = parameters['b2']
    # 执行前向计算
    Z1 = np.dot(W1, X) + b1
    A1 = np.tanh(Z1)
    Z2 = np.dot(W2, A1) + b2
    A2 = sigmoid(Z2)
    # 将中间结果封装为字典
    cache = {"Z1": Z1,
             "A1": A1,
             "Z2": Z2,
             "A2": A2}
    return A2, cache
```

(4) **计算当前损失**。前向计算输出结果后,我们需要将其与真实标签做比较,基于损失函数给出当前迭代的损失。基于交叉熵的损失函数定义如下:

$$L = -\frac{1}{m}\sum_{i=0}^{m}\Big(y^{(i)}\log(a^{[2](i)}) + (1-y^{(i)})\log(1-a^{[2](i)})\Big) \tag{8-25}$$

相应地,神经网络的损失函数定义如代码清单 8-9 所示。

代码清单 8-9 定义损失函数

```
### 定义损失函数
def compute_cost(A2, Y):
    '''
    输入:
    A2: 前向计算输出
```

```
Y: 训练标签
输出:
cost: 当前损失
'''
# 训练样本量
m = Y.shape[1]
# 计算交叉熵损失
logprobs=np.multiply(np.log(A2),Y)+np.multiply(np.log(1-A2),1-Y)
cost = -1/m * np.sum(logprobs)
# 维度压缩
cost = np.squeeze(cost)
return cost
```

(5) **执行反向传播**。前向传播和损失计算完之后，神经网络最关键、最核心的部分就是执行反向传播了。损失函数关于各参数的梯度计算公式如下：

$$dz^{[2]} = a^{[2]} - y \tag{8-26}$$

$$dW^{[2]} = dz^{[2]} a^{[1]\mathrm{T}} \tag{8-27}$$

$$db^{[2]} = dz^{[2]} \tag{8-28}$$

$$dz^{[1]} = W^{[2]\mathrm{T}} dz^{[2]} * g^{[1]'}(z^{[1]}) \tag{8-29}$$

$$dW^{[1]} = dz^{[1]} x^{\mathrm{T}} \tag{8-30}$$

$$db^{[1]} = dz^{[1]} \tag{8-31}$$

根据式(8-26)~式(8-31)，我们可以编写反向传播函数，如代码清单 8-10 所示。

代码清单 8-10　定义反向传播函数

```
### 定义反向传播过程
def backward_propagation(parameters, cache, X, Y):
    '''
    输入:
    parameters: 神经网络参数字典
    cache: 神经网络前向计算中间缓存字典
    X: 训练输入
    Y: 训练输出
    输出:
    grads: 权重梯度字典
    '''
    # 样本量
    m = X.shape[1]
    # 获取 W1 和 W2
    W1 = parameters['W1']
    W2 = parameters['W2']
    # 获取 A1 和 A2
    A1 = cache['A1']
    A2 = cache['A2']
    # 执行反向传播
```

```
dZ2 = A2-Y
dW2 = 1/m * np.dot(dZ2, A1.T)
db2 = 1/m * np.sum(dZ2, axis=1, keepdims=True)
dZ1 = np.dot(W2.T, dZ2)*(1-np.power(A1, 2))
dW1 = 1/m * np.dot(dZ1, X.T)
db1 = 1/m * np.sum(dZ1, axis=1, keepdims=True)
# 将权重梯度封装为字典
grads = {"dW1": dW1,
         "db1": db1,
         "dW2": dW2,
         "db2": db2}
return grads
```

(6) **更新权重**。反向传播完成后，便可以基于权重梯度更新权重。按照式(8-20)，对权重按照负梯度方向不断迭代，也就是梯度下降法，即可一步步达到最优值。权重更新定义过程如代码清单 8-11 所示。

代码清单 8-11　权重更新函数

```
### 定义权重更新过程
def update_parameters(parameters, grads, learning_rate=1.2):
    '''
    输入：
    parameters：神经网络参数字典
    grads：权重梯度字典
    learning_rate：学习率
    输出：
    parameters：更新后的权重字典
    '''
    # 获取参数
    W1 = parameters['W1']
    b1 = parameters['b1']
    W2 = parameters['W2']
    b2 = parameters['b2']
    # 获取梯度
    dW1 = grads['dW1']
    db1 = grads['db1']
    dW2 = grads['dW2']
    db2 = grads['db2']
    # 参数更新
    W1 -= dW1 * learning_rate
    b1 -= db1 * learning_rate
    W2 -= dW2 * learning_rate
    b2 -= db2 * learning_rate
    # 将更新后的权重封装为字典
    parameters = {"W1": W1,
                  "b1": b1,
                  "W2": W2,
                  "b2": b2}
    return parameters
```

(7) **模块整合**。到第(6)步为止，其实完整的神经网络模型已经实现了，但为了方便后续调用，我们需要将上述 6 个模块进行整合封装。封装函数叫作 nn_model，按照神经网络的计算流程，nn_model 的定义过程如代码清单 8-12 所示。

代码清单 8-12　神经网络模型封装

```
### 神经网络模型封装
def nn_model(X, Y, n_h, num_iterations=10000, print_cost=False):
    '''
    输入：
    X: 训练输入
    Y: 训练输出
    n_h: 隐藏层结点数
    num_iterations: 迭代次数
    print_cost: 训练过程中是否打印损失
    输出：
    parameters: 神经网络训练优化后的权重系数
    '''
    # 设置随机数种子
    np.random.seed(3)
    # 输入和输出结点数
    n_x = layer_sizes(X, Y)[0]
    n_y = layer_sizes(X, Y)[2]
    # 初始化模型参数
    parameters = initialize_parameters(n_x, n_h, n_y)
    W1 = parameters['W1']
    b1 = parameters['b1']
    W2 = parameters['W2']
    b2 = parameters['b2']
    # 梯度下降和参数更新循环
    for i in range(0, num_iterations):
    # 前向传播计算
        A2, cache = forward_propagation(X, parameters)
        # 计算当前损失
        cost = compute_cost(A2, Y)
        # 反向传播
        grads = backward_propagation(parameters, cache, X, Y)
        # 参数更新
        parameters = update_parameters(parameters, grads, learning_rate=1.2)
        # 打印损失
        if print_cost and i % 1000 == 0:
            print ("Cost after iteration %i: %f" %(i, cost))
    return parameters
```

至此，一个完整的两层全连接神经网络就被我们一步步地实现了。按照思路对模型逐步拆解下来，可以发现，从头开始实现一个神经网络并不是特别困难。为了验证我们实现的神经网络，下面用实际数据做一下测试。

我们基于正弦函数来生成一组非线性可分的模拟数据集，如代码清单 8-13 所示。[1]

---

[1] 本例来自 Coursera 深度学习专项课。

代码清单 8-13　生成模拟数据集

```
### 生成非线性可分数据集
def create_dataset():
    '''
    输入:
    无
    输出:
    X: 模拟数据集输入
    Y: 模拟数据集输出
    '''
    # 设置随机数种子
    np.random.seed(1)
    # 数据量
    m = 400
    # 每个标签的实例数
    N = int(m/2)
    # 数据维度
    D = 2
    # 数据矩阵
    X = np.zeros((m,D))
    # 标签维度
    Y = np.zeros((m,1), dtype='uint8')
    a = 4
    # 遍历生成数据
    for j in range(2):
        ix = range(N*j,N*(j+1))
        # theta
        t = np.linspace(j*3.12,(j+1)*3.12,N) + np.random.randn(N)*0.2
        # radius
        r = a*np.sin(4*t) + np.random.randn(N)*0.2
        X[ix] = np.c_[r*np.sin(t), r*np.cos(t)]
        Y[ix] = j
    X = X.T
    Y = Y.T
    return X, Y
```

基于代码清单 8-13 生成的模拟数据散点图 8-9 所示。

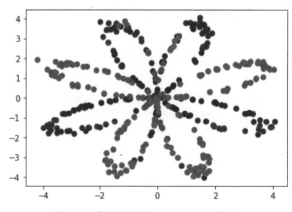

图 8-9　模拟数据散点图（另见彩插）

然后我们基于 `nn_model` 函数尝试训练该数据集。训练代码如代码清单 8-14 所示。

代码清单 8-14　模型训练

```
### 模型训练
parameters = nn_model(X, Y, n_h = 4, num_iterations=10000, print_cost=True)
```

输出如下：

```
Cost after iteration 0: 0.693162
Cost after iteration 1000: 0.258625
Cost after iteration 2000: 0.239334
Cost after iteration 3000: 0.230802
Cost after iteration 4000: 0.225528
Cost after iteration 5000: 0.221845
Cost after iteration 6000: 0.219094
Cost after iteration 7000: 0.220884
Cost after iteration 8000: 0.219483
Cost after iteration 9000: 0.218548
```

我们将训练好的模型应用于训练数据上，可绘制模型在该数据集上的分类决策边界，能够直观地看出模型表现，如图 8-10 所示。

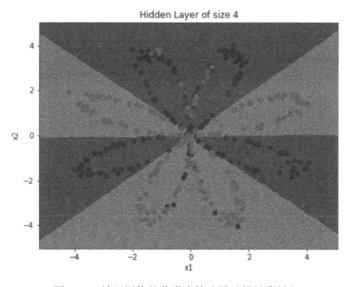

图 8-10　神经网络的分类决策边界（另见彩插）

sklearn 提供了 `MLPClassifier` 作为神经网络的实现方式，即多层感知机来实现常规的神经网络模型，但一般使用较少。具体调用方法如代码清单 8-15 所示。设置好求解方法、学习率和隐藏层大小等参数即可。

代码清单 8-15   sklearn 神经网络实现

```
# 导入 sklearn 神经网络模块
from sklearn.neural_network import MLPClassifier
# 创建神经网络分类器
clf = MLPClassifier(solver='sgd', alpha=1e-5, hidden_layer_sizes=(4), random_state=1)
```

8.4   神经网络的广阔天地

时至今日，以神经网络为代表的深度学习理论与实践已经取得巨大发展，本章仅仅对简单、基础的神经网络结构做了相对详细的介绍。

早在 20 世纪 60 年代，生物神经学领域的相关研究就表明，生物视觉信息从视网膜传递到大脑是由多个层次的感受野逐层激发完成的。到了 20 世纪 80 年代，出现了相应的早期感受野的理论模型。该阶段是早期朴素卷积网络理论时期。到了 1985 年，Rumelhart 和 Hinton 等人提出了 BP 神经网络，即著名的反向传播算法来训练神经网络模型，这奠定了神经网络的理论基础。

进入 21 世纪后，由于计算能力不足和可解释性较差等多方面的原因，神经网络的发展经历了短暂的低谷，直到 2012 年 ILSVRC ImageNet 图像识别大赛上 AlexNet 一举夺魁，此后大数据逐渐兴起，以**卷积神经网络**（convolutional neural networks，CNN）为代表的深度学习方法逐渐成为计算机视觉领域的主流方法。除了视觉应用外，在自然语言处理和语音识别领域，以**循环神经网络**（recurrent neural networks，RNN）为核心的 LSTM 和以 Transformer 为核心的 BERT 等方法也逐渐得到广泛应用。在未来相当长的一段时间内，深度学习仍将继续流行。

8.5   小结

以神经网络为代表，深度学习作为机器学习的一个最大的分支，很大程度上已经超越了传统的机器学习模型，在文本、图像、语音和视频等非结构化数据领域有着广泛而深入的应用。本章仅对感知机和典型的 DNN 模型进行了原理推导和代码实现。

神经网络的核心是基于反向传播的训练算法。一个典型的神经网络一般有前向计算到反向传播的算法流程，链式求导法则是反向传播的核心操作。

神经网络发展至今，早已不局限于本章所阐述的 DNN 全连接结构，CNN、RNN、GNN 和 Transformer 等新型流行结构设计正在取得该领域的主导地位。

第 9 章

支持向量机

在神经网络重新流行之前，**支持向量机**（support vector machine，SVM）一直是最受欢迎的二分类模型。支持向量机从感知机演化而来，提供了对非线性问题的另一种解决方案。通过不同的间隔最大化策略，支持向量机模型可分为线性可分支持向量机、近似线性可分支持向量机和线性不可分支持向量机。但无论是哪种情况，支持向量机都可以形式化为求解一个凸二次规划问题。

9.1 重新从感知机出发

如第 8 章所述，感知机是一种通过寻找一个线性分隔超平面将正负实例分开来的分类模型。但感知机模型很难处理非线性可分的数据分类。一种典型的解决方法就是神经网络，即通过对感知机添加隐藏层来实现非线性。

对于给定训练数据 $\{(x_1, y_1), (x_2, y_2), \cdots, (x_N, y_N)\}$，其中 $x_i \in \mathbf{R}^n$，$y_i \in \mathcal{Y} = \{+1, -1\}$，$i = 1$，$2, \cdots, N$，感知机的学习目标是寻找一个线性分隔超平面，将训练实例分到不同类别。假设线性分隔超平面用方程 $w \cdot x + b = 0$ 来表示，能够将数据分离的线性分隔超平面可以有无穷多个，如图 9-1 所示。

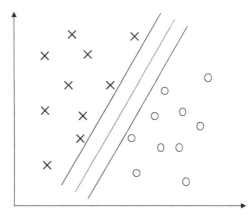

图 9-1　有无穷多个解的感知机模型（另见彩插）

支持向量机是要从感知机的无穷多个解中选取一个到两边实例最大间隔的线性分隔超平面。当训练数据线性可分时，支持向量机通过求硬间隔最大化来求最优线性分隔超平面；线性当训练数据近似线性可分时，支持向量机通过求软间隔最大化来求最优线性分隔超平面。

最关键的是当训练数据线性不可分的时候。如前所述，感知机无法对这种数据进行分类，因此直接通过求间隔最大化的方法是不可行的。线性不可分支持向量机的做法是，使用核函数和软间隔最大化，将非线性可分问题转化为线性可分问题，从而实现分类。相较于神经网络通过给感知机添加隐藏层来实现非线性，支持向量机通过核函数的方法达到同样的目的。

9.2　线性可分支持向量机

9.2.1　线性可分支持向量机的原理推导

我们从最简单也最基础的线性可分支持向量机的原理推导开始。近似线性可分支持向量机和线性不可分支持向量机的原理推导都会以线性可分支持向量机为基础。

先给线性可分支持向量机一个明确的定义。当训练数据线性可分时，能够通过**硬间隔**（hard margin）最大化求解对应的凸二次规划问题得到最优线性分隔超平面 $w^* \cdot x + b^* = 0$，以及相应的分类决策函数 $f(x) = \text{sign}(w^* \cdot x + b^*)$，这种情况就称为线性可分支持向量机。

要求间隔最大化，需要先对间隔进行表示。对于支持向量机而言，一个实例点到线性分隔超平面的距离可以表示为分类预测的可靠度，当分类的线性分隔超平面确定时，$|w \cdot x + b|$ 可以表示点 x 与该超平面的距离，同时我们也可以用 $w \cdot x + b$ 的符号与分类标记 y 符号的一致性来判定分类是否正确。所以，对于给定训练样本和线性分隔超平面 $w \cdot x + b = 0$，线性分隔超平面关于任意样本点 (x_i, y_i) 的函数间隔可以表示为：

$$\hat{d}_i = y_i(w \cdot x_i + b) \tag{9-1}$$

那么该训练集与线性分隔超平面的间隔可以由该超平面与所有样本点的最小函数间隔决定，即：

$$\hat{d} = \min_{i=1, \cdots, N} \hat{d}_i \tag{9-2}$$

为了使间隔不受线性分隔超平面参数 w 和 b 的变化影响，我们还需要对 w 加一个规范化约束 $\|w\|$ 以固定间隔，通过这种方式将函数间隔转化为几何间隔。这时候线性分隔超平面关于任意样本点 (x_i, y_i) 的几何间隔可以表示为：

$$d_i = y_i\left(\frac{w}{\|w\|} \cdot x_i + \frac{b}{\|w\|}\right) \tag{9-3}$$

训练集与线性分隔超平面的间隔同样可以用 $d = \min_{i=1, \cdots, N} d_i$ 来表示。

基于线性可分支持向量机求得的最大间隔也叫硬间隔最大化。硬间隔最大化可以直观地理解为以足够高的可靠度对训练数据进行分类，据此求得的线性分隔超平面不仅能将正负实例点分开，而且对于最难分的实例点也能够以足够高的可靠度将其分类。从这一点来看，线性可分支持向量机相较于感知机更稳健。

下面我们将硬间隔最大化形式化为一个条件约束最优化问题：

$$
\max_{w,\,b} \quad d
$$
$$
\text{s.t.} \quad y_i\left(\frac{w}{\|w\|}\cdot x_i + \frac{b}{\|w\|}\right) \geqslant d, \quad i=1,\,2,\,\cdots,\,N \tag{9-4}
$$

根据函数间隔与几何间隔之间的关系，式(9-4)可以改写为：

$$
\max_{w,\,b} \quad \frac{\hat{d}}{\|w\|}
$$
$$
\text{s.t.} \quad y_i(w\cdot x_i + b) \geqslant \hat{d}, \quad i=1,\,2,\,\cdots,\,N \tag{9-5}
$$

通过式(9-5)可以看到，函数间隔 $\hat{d}$ 的取值实际上并不影响最优化问题的求解。假设这里令 $\hat{d}=1$，则式(9-5)的等价最优化问题可以表示为：

$$
\min_{w,\,b} \quad \frac{1}{2}\|w\|^2
$$
$$
\text{s.t.} \quad y_i(w\cdot x_i + b) - 1 \geqslant 0, \quad i=1,\,2,\,\cdots,\,N \tag{9-6}
$$

至此，硬间隔最大化问题就转化为了一个典型的**凸二次规划问题**（convex quadratic programming problem）。构建式(9-6)的拉格朗日函数，如下：

$$
L(w,\,b,\,\alpha) = \frac{1}{2}\|w\|^2 - \sum_{i=1}^{N}\alpha_i y_i(w\cdot x_i + b) + \sum_{i=1}^{N}\alpha_i \tag{9-7}
$$

直接对式(9-7)进行优化求解是可以的，但求解效率偏低。根据凸优化理论中的拉格朗日对偶性，将式(9-6)作为**原始问题**（primal problem），求解该原始问题的**对偶问题**（dual problem）。

这里补充一下拉格朗日对偶性相关知识。假设 $f(x)$、$c_i(x)$ 和 $h_j(x)$ 是定义在 $\mathbf{R}^n$ 上的连续可微函数，有如下约束优化问题：

$$
\min_{x\in\mathbf{R}^n} \quad f(x)
$$
$$
\text{s.t.} \quad c_i(x) \leqslant 0, \quad i=1,\,2,\,\cdots,\,p
$$
$$
h_j(x) = 0, \quad j=1,\,2,\,\cdots,\,q \tag{9-8}
$$

式(9-8)即为约束优化问题的原始问题。然后引入拉格朗日函数，如下：

$$L(x,\ \alpha,\ \beta) = f(x) + \sum_{i=1}^{p}\alpha_i c_i(x) + \sum_{j=1}^{q}\beta_j h_j(x) \tag{9-9}$$

其中 $x = \left(x^{(1)},\ x^{(2)},\ \cdots,\ x^{(n)}\right)^{\mathrm{T}} \in \mathbf{R}^n$，$\alpha_i$ 和 β_j 为拉格朗日乘子，且 $\alpha_i \geqslant 0$。将式(9-9)的最大化函数 $\max\limits_{\alpha,\ \beta} L(x,\ \alpha,\ \beta)$ 设为关于 x 的函数：

$$\theta_P(x) = \max_{\alpha,\ \beta} L(x,\ \alpha,\ \beta) \tag{9-10}$$

考虑式(9-10)的极小化问题：

$$\min_{x} \theta_P(x) = \min_{x}\max_{\alpha,\ \beta} L(x,\ \alpha,\ \beta) \tag{9-11}$$

式(9-11)的解也是原始问题式(9-8)的解，问题 $\min\limits_{x}\max\limits_{\alpha,\ \beta} L\left(x,\ \alpha,\ \beta\right)$ 也称广义拉格朗日函数的极小极大化问题。定义该极小极大化问题同时也是原始问题的解为：

$$p^* = \min_{x} \theta_P(x) \tag{9-12}$$

下面再来看对偶问题。对式(9-10)重新定义关于 $\alpha,\ \beta$ 的函数，如下：

$$\theta_D(\alpha,\ \beta) = \min_{x} L(x,\ \alpha,\ \beta) \tag{9-13}$$

考虑式(9-13)的极大化问题：

$$\max_{\alpha,\ \beta} \theta_D(\alpha,\ \beta) = \max_{\alpha,\ \beta}\min_{x} L(x,\ \alpha,\ \beta) \tag{9-14}$$

式(9-14)也称广义拉格朗日函数的极大极小化问题。将该极大极小化问题转化为约束优化问题，如下：

$$\max_{\alpha,\ \beta} \theta_D(\alpha,\ \beta) = \max_{\alpha,\ \beta}\min_{x} L\left(x,\ \alpha,\ \beta\right)$$
$$\text{s.t.}\quad \alpha_i \geqslant 0,\ \ i = 1,\ 2,\ \cdots,\ p \tag{9-15}$$

式(9-15)定义的约束优化问题即为原始问题的对偶问题。定义对偶问题的最优解为：

$$d^* = \max_{\alpha,\ \beta} \theta_D\left(\alpha,\ \beta\right) \tag{9-16}$$

根据拉格朗日对偶性相关推论，假设 x^* 为原始问题式(9-8)的解，$\alpha^*,\ \beta^*$ 为对偶问题式(9-15)的解，且 $d^* = p^*$，则它们分别为原始问题和对偶问题的最优解。

下面回到式(9-7)的凸二次规划问题。所以，根据拉格朗日对偶性的有关描述和推论，原始问题为极小极大化问题，其对偶问题则为极大极小化问题：

$$\max_{\alpha}\min_{w,\ b} L(w,\ b,\ \alpha) \tag{9-17}$$

为求该极大极小化问题的解，可以先尝试求 $L(w, b, \alpha)$ 对 w, b 的极小，再对 α 求极大。以下是该极大极小化问题的具体推导过程。

第一步，先求极小化问题 $\min\limits_{w, b} L(w, b, \alpha)$。基于拉格朗日函数 $L(w, b, \alpha)$ 分别对 w 和 b 求偏导并令其等于零：

$$\frac{\partial L}{\partial w} = w - \sum_{i=1}^{N} \alpha_i y_i x_i = 0 \tag{9-18}$$

$$\frac{\partial L}{\partial b} = \sum_{i=1}^{N} \alpha_i y_i = 0 \tag{9-19}$$

解得：

$$w = \sum_{i=1}^{N} \alpha_i y_i x_i \tag{9-20}$$

$$\sum_{i=1}^{N} \alpha_i y_i = 0 \tag{9-21}$$

将式(9-20)代入拉格朗日函数式(9-7)，并结合式(9-21)，有：

$$\begin{aligned}
\min_{w, b} L(w, b, \alpha) &= \frac{1}{2} \sum_{i=1}^{N} \sum_{j=1}^{N} \alpha_i \alpha_j y_i y_j (x_i \cdot x_j) - \sum_{i=1}^{N} \alpha_i y_i \left(\left(\sum_{j=1}^{N} \alpha_j y_j x_j \right) \cdot x_i + b \right) + \sum_{i=1}^{N} \alpha_i \\
&= -\frac{1}{2} \sum_{i=1}^{N} \sum_{j=1}^{N} \alpha_i \alpha_j y_i y_j (x_i \cdot x_j) + \sum_{i=1}^{N} \alpha_i
\end{aligned} \tag{9-22}$$

第二步，对 $\min\limits_{w, b} L(w, b, \alpha)$ 求 α 的极大，可规范为对偶问题，如下：

$$\begin{aligned}
\max_{\alpha} \quad & -\frac{1}{2} \sum_{i=1}^{N} \sum_{j=1}^{N} \alpha_i \alpha_j y_i y_j (x_i \cdot x_j) + \sum_{i=1}^{N} \alpha_i \\
\text{s.t.} \quad & \sum_{i=1}^{N} \alpha_i y_i = 0 \\
& \alpha_i \geqslant 0, \ i = 1, 2, \cdots, N
\end{aligned} \tag{9-23}$$

将上述极大化问题转化为极小化问题：

$$\begin{aligned}
\min_{\alpha} \quad & \frac{1}{2} \sum_{i=1}^{N} \sum_{j=1}^{N} \alpha_i \alpha_j y_i y_j (x_i \cdot x_j) - \sum_{i=1}^{N} \alpha_i \\
\text{s.t.} \quad & \sum_{i=1}^{N} \alpha_i y_i = 0 \\
& \alpha_i \geqslant 0, \ i = 1, 2, \cdots, N
\end{aligned} \tag{9-24}$$

对照原始最优化问题（式(9-6)~式(9-7)）与转化后的对偶最优化问题（式(9-15)~式(9-17)），原始问题满足拉格朗日对偶理论相关推论，即式(9-8)中 $f(x)$ 和 $c_i(x)$ 为凸函数，$h_j(x)$ 为放射函数，且不等式约束 $c_i(x)$ 对所有 i 都有 $c_i(x) < 0$，则存在 x^*，α^*，β^*，使得 x^* 是原始问题的解，α^*，β^* 是对偶问题的解，且有 $d^* = p^* = L(x^*, \alpha^*, \beta^*)$。所以原始最优化问题（式(9-6)~式(9-7)）与转化后的对偶最优化问题（式(9-15)~式(9-17)），存在 w^*，α^*，β^*，使得 w^* 为原始问题的解，α^*，β^* 是对偶问题的解。

假设 $\alpha^* = (\alpha_1^*, \alpha_2^*, \cdots, \alpha_l^*)^{\mathrm{T}}$ 是对偶最优化问题式(9-15)~式(9-17)的解，根据拉格朗日对偶理论相关推论，式(9-7)满足 KKT（Karush-Kuhn-Tucker）条件，有：

$$\frac{\partial L}{\partial w} = w^* - \sum_{i=1}^{N} \alpha_i^* y_i x_i = 0 \tag{9-25}$$

$$\frac{\partial L}{\partial b} = -\sum_{i=1}^{N} \alpha_i^* y_i = 0 \tag{9-26}$$

$$\alpha_i^* \left(y_i \left(w^* \cdot x_i + b^* \right) - 1 \right) = 0, \quad i = 1, 2, \cdots, N \tag{9-27}$$

$$y_i \left(w^* \cdot x_i + b^* \right) - 1 \geqslant 0, \quad i = 1, 2, \cdots, N \tag{9-28}$$

$$\alpha_i^* \geqslant 0, \quad i = 1, 2, \cdots, N \tag{9-29}$$

可解得：

$$w^* = \sum_{i=1}^{N} \alpha_i^* y_i x_i \tag{9-30}$$

$$b^* = y_j - \sum_{j=1}^{N} \alpha_i^* y_i \left(x_i \cdot x_j \right) \tag{9-31}$$

相应的线性可分支持向量机的线性分隔超平面可以表达为：

$$\sum_{i=1}^{N} \alpha_i^* y_i (x \cdot x_i) + b^* = 0 \tag{9-32}$$

以上就是线性可分支持向量机的完整推导过程。对于给定的线性可分数据集，可以先尝试求对偶问题式(9-27)~式(9-29)的解 α^*，再基于式(9-30)~式(9-31)求对应原始问题的解 w^*，b^*，最后即可得到线性分隔超平面和相应的分类决策函数。

9.2.2　线性可分支持向量机的算法实现

由 9.2.1 节可知，线性可分支持向量机的核心在于求解凸二次规划问题，无论是式(9-8)的原始问题，还是式(9-15)的对偶问题，都是要优化求解二次规划问题。鉴于本章代码实现的核心问题都要求解二次规划问题，所以我们引入一个非常高效的凸优化求解库 cvxopt，借助它实现线性可分支持向量机。

下面先给出 cvxopt 一个简单的使用示例。经典的二次规划问题可以表示为如下形式：

$$\min_{x} \quad \frac{1}{2}x^{\mathrm{T}}Px + q^{\mathrm{T}}x$$
$$\text{s.t.} \quad Gx \leqslant h \tag{9-33}$$
$$Ax = b$$

假设需要求解如下二次规划问题：

$$\min_{x,y} \quad \frac{1}{2}x^2 + 3x + 4y$$
$$\text{s.t.} \quad x, y \geqslant 0$$
$$x + 3y \geqslant 15 \tag{9-34}$$
$$2x + 5y < 100$$
$$3x + 4y \leqslant 80$$

将式(9-33)~式(9-34)写成矩阵形式：

$$\min_{x,y} \frac{1}{2}\begin{bmatrix} x \\ y \end{bmatrix}^{\mathrm{T}}\begin{bmatrix} 1 & 0 \\ 0 & 0 \end{bmatrix}\begin{bmatrix} x \\ y \end{bmatrix} + \begin{bmatrix} 3 \\ 4 \end{bmatrix}^{\mathrm{T}}\begin{bmatrix} x \\ y \end{bmatrix} \tag{9-35}$$

$$\begin{bmatrix} -1 & 0 \\ 0 & -1 \\ -1 & -3 \\ 2 & 5 \\ 3 & 4 \end{bmatrix}\begin{bmatrix} x \\ y \end{bmatrix} \leqslant \begin{bmatrix} 0 \\ 0 \\ -15 \\ 100 \\ 80 \end{bmatrix} \tag{9-36}$$

基于 cvxopt 的求解过程如代码清单 9-1 所示。分别用 cvxopt 的矩阵数据格式 matrix 来创建二次规划的四个关键系数矩阵项 P、q、G 和 h，然后基于 solvers.qp 构建二次规划求解器，并进行迭代计算。

代码清单 9-1 cvxopt 求解示例

```
# 导入相关模块
from cvxopt import matrix, solvers
# 定义二次规划各个系数项
P = matrix([[1.0,0.0], [0.0,0.0]])
q = matrix([3.0,4.0])
G = matrix([[-1.0,0.0,-1.0,2.0,3.0], [0.0,-1.0,-3.0,5.0,4.0]])
h = matrix([0.0,0.0,-15.0,100.0,80.0])
# 构建求解器
sol = solvers.qp(P, q, G, h)
```

```
# 获取最优值
print(sol['x'], sol['primal objective'])
```

代码清单 9-1 的输出如下：

```
[ 7.13e-07]
[ 5.00e+00]
 20.00000617311241
```

求解迭代过程如图 9-2 所示。

```
       pcost        dcost        gap     pres     dres
 0:  1.0780e+02  -7.6366e+02   9e+02   0e+00   4e+01
 1:  9.3245e+01   9.7637e+00   8e+01   6e-17   3e+00
 2:  6.7311e+01   3.2553e+01   3e+01   2e-16   1e+00
 3:  2.6071e+01   1.5068e+01   1e+01   2e-16   7e-01
 4:  3.7092e+01   2.3152e+01   1e+01   1e-16   4e-01
 5:  2.5352e+01   1.8652e+01   7e+00   6e-17   3e-16
 6:  2.0062e+01   1.9974e+01   9e-02   9e-17   2e-16
 7:  2.0001e+01   2.0000e+01   9e-04   2e-16   1e-16
 8:  2.0000e+01   2.0000e+01   9e-06   1e-16   3e-16
Optimal solution found.
```

图 9-2   cvxopt 求解迭代过程

可以看到，当 x 取值为 7.13×10^{-7}，y 取值为 5 时，式(9-33)~式(9-34)所表示的二次规划问题取得最小值 20。

然后我们尝试基于 cvxopt 求解一个线性可分支持向量机问题。先生成模拟二分类数据集，其过程如代码清单 9-2 所示。

代码清单 9-2   生成模拟二分类数据集

```
# 导入相关库
import numpy as np
import pandas as pd
import matplotlib.pyplot as plt
from sklearn.model_selection import train_test_split
# 导入模拟二分类数据生成模块
from sklearn.datasets.samples_generator import make_blobs
# 生成模拟二分类数据集
X, y =  make_blobs(n_samples=150, n_features=2, centers=2, cluster_std=1.2, random_state=40)
# 将标签转换为 1/-1
y_ = y.copy()
y_[y==0] = -1
y_ = y_.astype(float)
# 划分训练集和测试集
X_train, X_test, y_train, y_test = train_test_split(X, y_, test_size=0.3, random_state=43)
# 设置颜色参数
colors = {0:'r', 1:'g'}
# 绘制二分类数据集的散点图
plt.scatter(X[:,0], X[:,1], marker='o', c=pd.Series(y).map(colors))
plt.show();
```

在代码清单 9-2 中，我们首先基于 sklearn 的 make_blobs 生成了一个有 150 个样本的模拟数据集，并将 0/1 标签转换为-1/1 的训练标签，然后将数据集划分为训练集和测试集，并绘制两类样本的散点图，如图 9-3 所示。

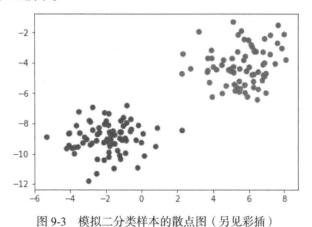

图 9-3　模拟二分类样本的散点图（另见彩插）

下面基于 cvxopt 直接定义一个线性可分支持向量机类，如代码清单 9-3 所示。

代码清单 9-3　定义线性可分支持向量机类

```
### 实现线性可分支持向量机
### 硬间隔最大化策略
class Hard_Margin_SVM:
    ### 线性可分支持向量机拟合方法
    def fit(self, X, y):
        # 训练样本数和特征数
        m, n = X.shape

        # 初始化二次规划相关变量：P/q/G/h
        self.P = matrix(np.identity(n + 1, dtype=np.float))
        self.q = matrix(np.zeros((n + 1,), dtype=np.float))
        self.G = matrix(np.zeros((m, n + 1), dtype=np.float))
        self.h = -matrix(np.ones((m,), dtype=np.float))

        # 将数据转为变量
        self.P[0, 0] = 0
        for i in range(m):
            self.G[i, 0] = -y[i]
            self.G[i, 1:] = -X[i, :] * y[i]

        # 构建二次规划求解
        sol = solvers.qp(self.P, self.q, self.G, self.h)

        # 对权重和偏置寻优
        self.w = np.zeros(n,)
        self.b = sol['x'][0]
        for i in range(1, n + 1):
```

```
        self.w[i - 1] = sol['x'][i]
    return self.w, self.b

### 定义模型预测函数
def predict(self, X):
    return np.sign(np.dot(self.w, X.T) + self.b)
```

在代码清单 9-3 中，我们基于 cvxopt 定义了一个 Hard_Margin_SVM 类，即线性可分支持向量机类。首先基于训练数据初始化二次规划各系数矩阵项，然后对 G 矩阵进行转换，并构建二次规划求解器，最后对权重和偏置进行寻优。在测试方法中可基于优化得到的参数进行预测。

之后可基于实现的线性可分支持向量机对前述模拟数据进行训练，并预测测试集上的分类准确率，过程如代码清单 9-4 所示。

代码清单 9-4　基于 cvxopt 的线性可分支持向量机训练数据

```
# 创建线性可分支持向量机模型实例
hard_margin_svm = Hard_Margin_SVM()
# 执行训练
hard_margin_svm.fit(X_train, y_train)
# 模型预测
y_pred = hard_margin_svm.predict(X_test)
from sklearn.metrics import accuracy_score
# 计算测试集上的分类准确率
print("Accuracy of linear svm based on cvxopt: ", accuracy_score(y_test, y_pred))
```

代码清单 9-4 的输出如下：

```
Accuracy of linear svm based on cvxopt: 1
```

最后，可绘制代码清单 9-4 所训练的线性可分支持向量机的线性分隔超平面，如图 9-4 所示。

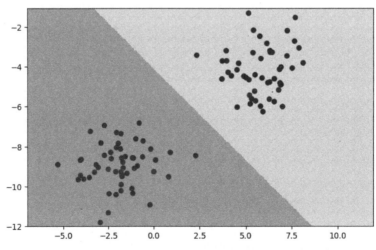

图 9-4　线性可分支持向量机的线性分隔超平面（另见彩插）

sklearn 也提供了线性可分支持向量机的实现方式 sklearn.svm.LinearSVC。下面基于同样的数据，我们用该模块也测试一遍，如代码清单 9-5 所示。

代码清单 9-5 基于 sklearn 的线性可分支持向量机实现测试

```
# 导入线性 SVM 分类模块
from sklearn.svm import LinearSVC
# 创建模型实例
clf = LinearSVC(random_state=0, tol=1e-5)
# 训练
clf.fit(X_train, y_train)
# 预测
y_pred = clf.predict(X_test)
# 计算测试集上的分类准确率
print("Accuracy of linear svm based on sklearn: ", accuracy_score(y_test, y_pred))
```

代码清单 9-5 的输出如下：

```
Accuracy of linear svm based on sklearn: 1
```

可以看到，基于 cvxopt 实现的线性可分支持向量机与基于 sklearn 实现的线性可分支持向量机在测试数据上分类准确率都达到了 100%。

9.3 近似线性可分支持向量机

9.3.1 近似线性可分支持向量机的原理推导

近似线性可分的意思是训练集中大部分实例点是线性可分的，只是一些特殊实例点的存在使得这种数据集不适用于直接使用线性可分支持向量机进行处理，但也没有到完全线性不可分的程度。所以近似线性可分支持向量机问题的关键就在于这些少数的特殊点。

相较于线性可分情况下直接的硬间隔最大化策略，近似线性可分问题需要采取一种称为"软间隔最大化"的策略来处理。少数特殊点不满足函数间隔大于 1 的约束条件，近似线性可分支持向量机的解决方案是对每个这样的特殊实例点引入一个松弛变量 $\xi_i \geq 0$，使得函数间隔加上松弛变量后大于等于 1，约束条件就变为：

$$y_i(w \cdot x_i + b) + \xi_i \geq 1 \tag{9-37}$$

对应的目标函数也变为：

$$\frac{1}{2} \| w \|^2 + C \sum_{i=1}^{N} \xi_i \tag{9-38}$$

其中 C 为惩罚系数，表示对误分类点的惩罚力度。

跟线性可分支持向量机一样，近似线性可分支持向量机可形式化为一个凸二次规划问题：

$$\min_{w,\,b,\,\xi}\quad \frac{1}{2}\parallel w\parallel^2 + C\sum_{i=1}^{N}\xi_i$$

$$\text{s.t.}\quad y_i(w\cdot x_i+b)\geqslant 1-\xi_i,\ i=1,\,2,\,\cdots,\,N \tag{9-39}$$

$$\xi_i\geqslant 0,\ i=1,\,2,\,\cdots,\,N$$

类似于 9.2.1 节的线性可分支持向量机的凸二次规划问题，我们同样将其转化为对偶问题进行求解。式(9-39)的对偶问题为：

$$\min_{\alpha}\quad \frac{1}{2}\sum_{i=1}^{N}\sum_{j=1}^{N}\alpha_i\alpha_j y_i y_j(x_i\cdot x_j)-\sum_{i=1}^{N}\alpha_i$$

$$\text{s.t.}\quad \sum_{i=1}^{N}\alpha_i y_i=0 \tag{9-40}$$

$$0\leqslant \alpha_i\leqslant C,\ i=1,\,2,\,\cdots,\,N$$

式(9-39)的拉格朗日函数为：

$$L(w,\,b,\,\xi,\,\alpha,\,\mu)=\frac{1}{2}\parallel w\parallel^2 + C\sum_{i=1}^{N}\xi_i-\sum_{i=1}^{N}\alpha_i(y_i(w\cdot x_i+b)-1+\xi_i)-\sum_{i=1}^{N}\mu_i\xi_i \tag{9-41}$$

原始问题为极小极大化问题，则对偶问题为极大极小化问题。同样先对 $L(w,\,b,\,\xi,\,\alpha,\,\mu)$ 求 $w,\,b,\,\xi$ 的极小，再对其求 α 的极大。首先求 $L(w,\,b,\,\xi,\,\alpha,\,\mu)$ 关于 $w,\,b,\,\xi$ 的偏导，如下：

$$\frac{\partial L}{\partial w}=w-\sum_{i=1}^{N}\alpha_i y_i x_i=0 \tag{9-42}$$

$$\frac{\partial L}{\partial b}=-\sum_{i=1}^{N}\alpha_i y_i=0 \tag{9-43}$$

$$\frac{\partial L}{\partial \xi}=C-\alpha_i-\mu_i=0 \tag{9-44}$$

可解得：

$$w=\sum_{i=1}^{N}\alpha_i y_i x_i \tag{9-45}$$

$$\sum_{i=1}^{N}\alpha_i y_i=0 \tag{9-46}$$

$$C-\alpha_i-\mu_i=0 \tag{9-47}$$

将式(9-45)~式(9-47)代入式(9-41)，有：

$$\min_{w,\,b,\,\xi}\quad L(w,\,b,\,\xi,\,\alpha,\,\mu)=-\frac{1}{2}\sum_{i=1}^{N}\sum_{j=1}^{N}\alpha_i\alpha_j y_i y_j(x_i\cdot x_j)+\sum_{i=1}^{N}\alpha_i \tag{9-48}$$

然后对 $\min\limits_{w,\,b,\,\xi} L(w,\,b,\,\xi,\,\alpha,\,\mu)$ 求 α 的极大，可得对偶问题为：

$$\max_{\alpha} \quad L\big(w,\,b,\,\xi,\,\alpha,\,\mu\big) = -\frac{1}{2}\sum_{i=1}^{N}\sum_{j=1}^{N}\alpha_i\alpha_j y_i y_j(x_i \cdot x_j) + \sum_{i=1}^{N}\alpha_i$$

$$\text{s.t.} \quad \sum_{i=1}^{N}\alpha_i y_i = 0$$
$$C - \alpha_i - \mu_i = 0$$
$$\alpha_i \geqslant 0$$
$$\mu_i \geqslant 0,\ i = 1,\,2,\,\cdots,\,N \tag{9-49}$$

将式(9-49)的第 2~4 个约束条件式进行变换，消除变量 μ_i 后可简化约束条件为：

$$0 \leqslant \alpha_i \leqslant C \tag{9-50}$$

联合式(9-48)和式(9-49)，并将极大化问题转化为极小化问题，即式(9-40)的对偶问题。跟线性可分支持向量机求解方法一样，近似线性可分问题也是通过求解对偶问题而得到原始问题的解，进而确定线性分隔超平面和分类决策函数。

假设 $\alpha^* = \big(\alpha_1^*,\,\alpha_2^*,\,\cdots,\,\alpha_N^*\big)^{\mathrm{T}}$ 是对偶最优化问题式(9-40)的解，根据拉格朗日对偶理论相关推论，式(9-40)满足 KKT（Karush-Kuhn-Tucker）条件，有：

$$\frac{\partial L}{\partial w} = w^* - \sum_{i=1}^{N}\alpha_i^* y_i x_i = 0 \tag{9-51}$$

$$\frac{\partial L}{\partial b} = -\sum_{i=1}^{N}\alpha_i^* y_i = 0 \tag{9-52}$$

$$\frac{\partial L}{\partial \xi} = C - \alpha^* - \mu^* = 0 \tag{9-53}$$

$$\alpha_i^*\big(y_i(w^* \cdot x_i + b^*) - 1 + \xi_i^*\big) = 0 \tag{9-54}$$

$$\mu_i^* \xi_i^* = 0 \tag{9-55}$$

$$y_i(w^* \cdot x_i + b^*) - 1 + \xi_i^* \geqslant 0 \tag{9-56}$$

$$\xi_i^* \geqslant 0 \tag{9-57}$$

$$\alpha_i^* \geqslant 0 \tag{9-58}$$

$$\mu_i^* \geqslant 0,\ i = 1,\,2,\,\cdots,\,N \tag{9-59}$$

可解得：

$$w^* = \sum_{i=1}^{N} \alpha_i^* y_i x_i \tag{9-60}$$

$$b^* = y_j - \sum_{j=1}^{N} \alpha_i^* y_i (x_i \cdot x_j) \tag{9-61}$$

以上就是近似线性可分支持向量机的基本推导过程。从过程来看，近似线性可分问题求解推导跟线性可分问题的求解推导非常类似。

9.3.2   近似线性可分支持向量机的算法实现

本节中我们尝试继续基于 cvxopt 求解一个近似线性可分支持向量机问题。同样先生成模拟的二分类数据集，跟完全线性可分的数据集不同的是，该数据集需要有部分数据重叠，使得分类任务近似线性可分。生成模拟数据集的过程如代码清单 9-6 所示。

代码清单 9-6   生成近似线性可分模拟数据集

```python
# 导入 numpy 库
import numpy as np
# 给定二维正态分布均值矩阵
mean1, mean2 = np.array([0, 2]), np.array([2, 0])
# 给定二维正态分布协方差矩阵
covar = np.array([[1.5, 1.0], [1.0, 1.5]])
# 生成二维正态分布样本 X1
X1 = np.random.multivariate_normal(mean1, covar, 100)
# 生成 X1 的标签 1
y1 = np.ones(X1.shape[0])
# 生成二维正态分布样本 X2
X2 = np.random.multivariate_normal(mean2, covar, 100)
# 生成 X1 的标签-1
y2 = -1 * np.ones(X2.shape[0])
# 设置训练集和测试集
X_train = np.vstack((X1[:80], X2[:80]))
y_train = np.hstack((y1[:80], y2[:80]))
X_test = np.vstack((X1[80:], X2[80:]))
y_test = np.hstack((y1[80:], y2[80:]))
```

在代码清单 9-6 中，我们根据给定的均值矩阵和协方差矩阵生成了两组二维正态分布样本数据，并分别配上对应的标签。两类样本的散点图如图 9-5 所示，可以看到，两类数据并不是完全线性可分的，少量数据有一定重叠。

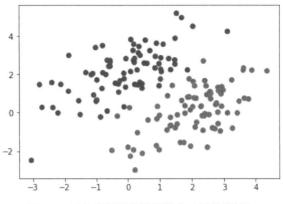

图 9-5　近似线性可分模拟样本（另见彩插）

我们在 9.2.2 节代码的基础上，同样基于 cvxopt 求解库，直接定义一个近似线性可分支持向量机类（软间隔最大化支持向量机），如代码清单 9-7 所示。

代码清单 9-7　定义近似线性可分支持向量机类

```python
# 导入 cvxopt 库的 matrix 模块和 solvers 模块
from cvxopt import matrix, solvers
### 定义一个线性核函数
def linear_kernel(x1, x2):
    '''
    输入：
    x1: 向量 1
    x2: 向量 2
    输出：
    np.dot(x1, x2): 两个向量的点乘
    '''
    return np.dot(x1, x2)


### 定义近似线性可分支持向量机类
### 软间隔最大化策略
class Soft_Margin_SVM:
    ### 定义基本参数
    def __init__(self, kernel=linear_kernel, C=None):
        # 软间隔 SVM 核函数，默认为线性核函数
        self.kernel = kernel
        # 惩罚参数
        self.C = C
        if self.C is not None:
            self.C = float(self.C)

    ### 定义线性可分支持向量机拟合方法
    def fit(self, X, y):
        # 训练样本数和特征数
        m, n = X.shape

        # 基于线性核计算 Gram 矩阵
        K = self._gram_matrix(X)
```

```python
# 初始化二次规划相关变量：P/q/G/h
P = matrix(np.outer(y,y) * K)
q = matrix(np.ones(m) * -1)
A = matrix(y, (1, m))
b = matrix(0.0)

# 未设置惩罚参数时的 G 矩阵和 h 矩阵
if self.C is None:
    G = matrix(np.diag(np.ones(m) * -1))
    h = matrix(np.zeros(m))
# 设置惩罚参数时的 G 矩阵和 h 矩阵
else:
    tmp1 = np.diag(np.ones(m) * -1)
    tmp2 = np.identity(m)
    G = matrix(np.vstack((tmp1, tmp2)))
    tmp1 = np.zeros(m)
    tmp2 = np.ones(m) * self.C
    h = matrix(np.hstack((tmp1, tmp2)))

# 构建二次规划求解器
sol = solvers.qp(P, q, G, h, A, b)
# 拉格朗日乘子
a = np.ravel(sol['x'])

# 寻找支持向量
spv = a > 1e-5
ix = np.arange(len(a))[spv]
self.a = a[spv]
self.spv = X[spv]
self.spv_y = y[spv]
print('{0} support vectors out of {1} points'.format(len(self.a), m))

# 截距向量
self.b = 0
for i in range(len(self.a)):
    self.b += self.spv_y[i]
    self.b -= np.sum(self.a * self.spv_y * K[ix[i], spv])
self.b /= len(self.a)

# 权重向量
self.w = np.zeros(n,)
for i in range(len(self.a)):
    self.w += self.a[i] * self.spv_y[i] * self.spv[i]

### 定义 Gram 矩阵的计算函数
def _gram_matrix(self, X):
    m, n = X.shape
    K = np.zeros((m, m))
    # 遍历计算 Gram 矩阵
    for i in range(m):
        for j in range(m):
            K[i,j] = self.kernel(X[i], X[j])
    return K
```

```
### 定义模型映射函数
def project(self, X):
    if self.w is not None:
        return np.dot(X, self.w) + self.b

### 定义模型预测函数
def predict(self, X):
    return np.sign(np.dot(self.w, X.T) + self.b)
```

在代码清单 9-7 中，我们首先基于 cvxopt 定义了一个 Soft_Margin_SVM 类，即近似线性可分支持向量机类。初始化参数包括核函数（软间隔最大化支持向量机一般为线性核函数）和惩罚参数 C。然后定义了线性支持向量机拟合方法，先设定求解二次规划的各个矩阵参数，包括给定惩罚参数和没有给定惩罚参数下的 G 矩阵和 h 矩阵，再构建二次规划求解器，并寻找支持向量和最优权重系数。最后定义了模型映射函数和模型预测函数。

然后基于实现的近似线性可分支持向量机对前述模拟数据进行训练，并预测测试集上的分类准确率，过程如代码清单 9-8 所示。

代码清单 9-8　基于 cvxopt 的近似线性可分支持向量机训练数据

```
# 导入准确率评估模块
from sklearn.metrics import accuracy_score
# 构建线性可分支持向量机实例，设定惩罚参数为 0.1
soft_margin_svm = Soft_Margin_SVM(C=0.1)
# 模型拟合
soft_margin_svm.fit(X_train, y_train)
# 模型预测
y_pred = soft_margin_svm.predict(X_test)
# 计算测试集上的分类准确率
print('Accuracy of soft margin svm based on cvxopt: ', accuracy_score(y_test, y_pred))
```

代码清单 9-8 的输出如图 9-6 所示。

```
     pcost       dcost       gap    pres   dres
 0: -1.6893e+01 -2.5699e+01  7e+02  2e+01  7e-15
 1: -3.2732e+00 -2.3311e+01  6e+01  1e+00  5e-15
 2: -1.7627e+00 -9.1626e+00  1e+01  1e-01  1e-15
 3: -1.6913e+00 -2.8410e+00  1e+00  1e-02  2e-15
 4: -1.8579e+00 -2.3123e+00  5e-01  4e-03  1e-15
 5: -1.9334e+00 -2.1193e+00  2e-01  1e-03  8e-16
 6: -1.9742e+00 -2.0305e+00  6e-02  4e-04  1e-15
 7: -1.9872e+00 -2.0040e+00  2e-02  8e-05  9e-16
 8: -1.9936e+00 -1.9941e+00  5e-04  1e-06  1e-15
 9: -1.9938e+00 -1.9938e+00  2e-05  5e-08  1e-15
10: -1.9938e+00 -1.9938e+00  2e-07  5e-10  1e-15
Optimal solution found.
29 support vectors out of 160 points
Accuracy of soft margin svm based on cvxopt:  0.925
```

图 9-6　代码清单 9-8 输出

最后可绘制代码清单 9-7 所训练的近似线性可分支持向量机的线性分隔超平面，如图 9-7 所示，其中蓝圈标出的样本点为支持向量。

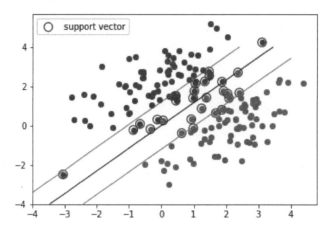

图 9-7　近似线性可分支持向量机的线性分隔超平面（另见彩插）

sklearn 提供了近似线性可分支持向量机的实现方式 sklearn.svm.SVC。下面基于同样的数据，我们用该模块也测试一遍，如代码清单 9-9 所示。

代码清单 9-9　基于 sklearn 的近似线性可分支持向量机实现

```
# 导入 svm 模块
from sklearn import svm
# 创建 svm 模型实例
clf = svm.SVC(kernel='linear')
# 模型拟合
clf.fit(X_train, y_train)
# 模型预测
y_pred = clf.predict(X_test)
# 计算测试集上的分类准确率
print('Accuracy of soft margin svm based on sklearn: ', accuracy_score(y_test, y_pred))
```

代码清单 9-9 的输出如下：

```
Accuracy of soft margin svm based on sklearn:  0.925
```

可以看到，基于 cvxopt 实现的近似线性可分支持向量机与基于 sklearn 实现的近似线性可分支持向量机在测试数据上分类准确率都达到了 0.925。

9.4　线性不可分支持向量机

9.4.1　线性不可分与核技巧

实际应用场景下，线性可分情形毕竟占少数，很多时候我们碰到的数据是非线性的或线性不可分的。如前所述，多层感知机通过添加隐藏层来实现非线性，而支持向量机利用**核技巧**（kernel trick）来对线性不可分数据进行分类。

图 9-8 是一组线性不可分的数据示例。可以看到，该数据集无法用线性分隔超平面进行分类，但可以用一个椭圆形的非线性曲线来分类。非线性问题往往难以直接求解，非线性支持向量机给出的方案是先将其转化为线性可分问题，再进行求解。这种转化方法也叫核技巧。

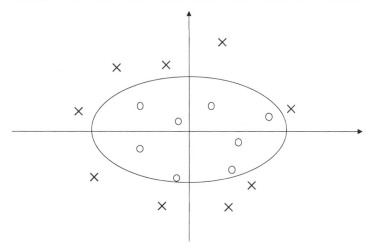

图 9-8 线性不可分数据示例

假设原始空间为 $\chi \subset \mathbf{R}^2$，$x = \left(x^{(1)}, \ x^{(2)}\right)^{\mathrm{T}} \in \chi$，变换后的新空间为 $\mathcal{L} \subset \mathbf{R}^2$，$z = \left(z^{(1)}, \ z^{(2)}\right)^{\mathrm{T}} \in \mathcal{L}$，由原始空间到新空间的变换可定义为：

$$z = \varphi(x) = \left(\left(x^{(1)}\right)^2, \ \left(x^{(2)}\right)^2\right)^{\mathrm{T}} \tag{9-62}$$

经过 $z = \varphi(x)$ 变换后，原始空间中的点变换到新空间中的点，原始空间中的椭圆：

$$w_1\left(x^{(1)}\right)^2 + w_2\left(x^{(2)}\right)^2 + b = 0 \tag{9-63}$$

可以变换为新空间中的直线：

$$w_1 z^{(1)} + w_2 z^{(2)} + b = 0 \tag{9-64}$$

经过变换后的线性分类如图 9-9 所示。

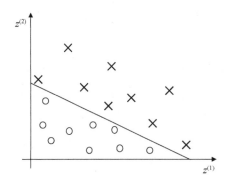

图 9-9 经过核技巧变换后的数据示例

通过上述例子可以看出，核技巧是一种将非线性变换为线性的映射方法。借助核技巧，求解非线性支持向量机的第一步是将原始空间的数据映射到新空间，映射过程中将非线性问题转化为线性可分问题，然后用线性可分支持向量机的方法进行求解。

实现核技巧的主要工具是核函数。假设输入空间为 χ，特征空间为 $\mathcal{H}$，若存在一个从 χ 到 $\mathcal{H}$ 的映射 $\phi(x)$，使得对所有的 $x, z \in \chi$，函数 $K(x, z) = \phi(x) \cdot \phi(z)$，则 $K(x, z)$ 是核函数，$\phi(x)$ 和 $\phi(z)$ 均为映射函数。常用的核函数包括多项式核函数、高斯核函数、字符串核函数等。

一个多项式核函数如式(9-65)所示：

$$K(x, z) = (x \cdot z + 1)^p \tag{9-65}$$

对应的支持向量机是一个多项式分类器，分类决策函数为：

$$f(x) = \text{sign}\left(\sum_{i=1}^{N} \alpha_i^* y_i (x_i \cdot x + 1)^p + b^*\right) \tag{9-66}$$

一个高斯核函数如式(9-67)所示：

$$K(x, z) = \exp\left(-\frac{\| x - z \|^2}{2\sigma^2}\right) \tag{9-67}$$

对应的支持向量机是高斯径向基分类器，分类决策函数为：

$$f(x) = \text{sign}\left(\sum_{i=1}^{N} \alpha_i^* y_i \exp\left(-\frac{\| x - z \|^2}{2\sigma^2}\right) + b^*\right) \tag{9-68}$$

给定训练数据 $\{(x_1, y_1), (x_2, y_2), \cdots, (x_N, y_N)\}$，其中 $x_i \in \mathbf{R}^n$，$y_i \in \mathcal{Y} = \{+1, -1\}$，$i = 1, 2, \cdots, N$，非线性支持向量机的构造算法如下。

(1) 选取合适的核函数 $K(x, z)$ 和参数 C，构造并求解最优化问题：

$$\min_{\alpha} \quad \frac{1}{2}\sum_{i=1}^{N}\sum_{j=1}^{N}\alpha_i\alpha_j y_i y_j K(x_i \cdot x_j) - \sum_{i=1}^{N}\alpha_i$$

$$\text{s.t.} \quad \sum_{i=1}^{N}\alpha_i y_i = 0 \tag{9-69}$$

$$0 \leqslant \alpha_i \leqslant C, \ i=1, \ 2, \ \cdots, \ N$$

可求得最优解 $\alpha^* = (\alpha_1^*, \ \alpha_2^*, \ \cdots, \ \alpha_N^*)^{\mathrm{T}}$。

(2) 选择 α^* 的一个正分量 $0 < \alpha_2^* < C$，计算：

$$b^* = y_j - \sum_{i=1}^{N}\alpha_i^* y_i K(x_i \cdot x_j) \tag{9-70}$$

(3) 最后构造决策函数如下：

$$f(x) = \mathrm{sign}\left(\sum_{i=1}^{N}\alpha_i^* y_i K(x \cdot x_j) + b^*\right) \tag{9-71}$$

当 $K(x, z)$ 是正定核时，式(9-69)是凸二次规划问题，但相对有些复杂，特别是训练样本量大的时候，我们可以尝试使用 SMO（sequential minimal optimization，序列最小最优化）算法来进行求解。

9.4.2　SMO 算法

SMO 算法主要用来求解式(9-69)的凸二次规划问题，在该问题中，变量是拉格朗日乘子 α_i，一个 α_i 对应一个样本点 (x_i, y_i)，所以变量总数就是样本量 N。SMO 算法是一种针对非线性支持向量机凸优化问题快速求解的优化算法，其基本想法是：不断地将原二次规划问题分解为只有两个变量的子二次规划问题，并对该子问题进行解析和求解，直到所有变量都满足 KKT 条件为止。

假设选择的两个变量为 α_1 和 α_2，α_3，α_4，$\cdots$，α_N 固定，那么式(9-69)的子问题可以表示为：

$$\min_{\alpha_1, \ \alpha_2} \quad S(\alpha_1, \ \alpha_2) = \frac{1}{2}K_{11}\alpha_1^2 + \frac{1}{2}K_{22}\alpha_2^2 + y_1 y_2 K_{12}\alpha_1\alpha_2 - (\alpha_1 + \alpha_2) +$$

$$y_1\alpha_1\sum_{i=3}^{N}y_i\alpha_i K_{i1} + y_2\alpha_2\sum_{i=3}^{N}y_i\alpha_i K_{i2}$$

$$\text{s.t.} \quad \alpha_1 y_1 + \alpha_2 y_2 = -\sum_{i=3}^{N}y_i\alpha_i = \gamma \tag{9-72}$$

$$0 \leqslant \alpha_i \leqslant C, \ i=1, \ 2$$

其中 $K_{ij} = K(x_i, x_j)$。

式(9-72)即为两个变量的二次规划问题，先分析约束条件来考虑 α_2 的上下界问题。α_1 和 α_2 都

在 $[0, C]$ 范围内，由式(9-72)的第一个约束条件可知，(α_1, α_2) 在平行于 $[0, C] \times [0, C]$ 的对角线的直线上，如图 9-10 所示。

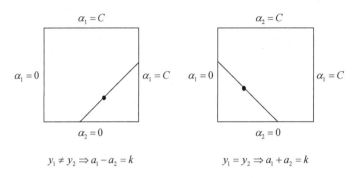

图 9-10   两个变量优化问题

由图 9-10 可得 α_2 的上下界描述如下：当 $y_1 \neq y_2$ 时，下界 $L = \max(0, \alpha_2 - \alpha_1)$，上界 $H = \min(C, C + \alpha_2 - \alpha_1)$；当 $y_1 = y_2$ 时，下界 $L = \max(0, \alpha_2 + \alpha_1 - C)$，上界 $H = \min(C, \alpha_2 + \alpha_1)$。

下面对 α_1 和 α_2 求解进行简单推导。假设子问题式(9-72)的初始可行解为 α_1^{old} 和 α_2^{old}，最优解为 α_1^{new} 和 α_2^{new}，沿着约束方向上未经截断的 α_2 的最优解为 $\alpha_2^{\text{new, unc}}$。一般情况下，我们尝试首先沿着约束方向求未经截断即不考虑式(9-72)的第二个约束条件的最优解 $\alpha_2^{\text{new, unc}}$，然后再求截断后的最优解 α_2^{new}。

令：

$$g(x) = \sum_{i=1}^{N} \alpha_i y_i K(x_i, x) + b \tag{9-73}$$

$$E_i = g(x_i) - y_i = \left(\sum_{i=1}^{N} \alpha_i y_i K(x_i, x) + b \right) - y_i \tag{9-74}$$

当 $i = 1, 2$ 时，E_i 为函数 $g(x)$ 对输入 x_i 的预测值和真实值 y_i 之间的误差。

关于目标函数对 α_2 求偏导并令其为 0，可求得未经截断的 α_2 的最优解为：

$$\alpha_2^{\text{new, unc}} = \alpha_2^{\text{old}} + \frac{y_2(E_1 - E_2)}{\kappa} \tag{9-75}$$

其中，

$$\kappa = K_{11} + K_{22} - 2K_{12} = \| \phi(x_1) - \phi(x_2) \|^2 \tag{9-76}$$

$\phi(x)$ 为输入空间在特征空间中的映射。

经截断后的 α_2 可表示为：

$$\alpha_2^{\text{new}} = \begin{cases} H, & \alpha_2^{\text{new, unc}} > H \\ \alpha_2^{\text{new, unc}}, & L \leqslant \alpha_2^{\text{new, unc}} \leqslant H \\ L, & \alpha_2^{\text{new, unc}} < L \end{cases} \tag{9-77}$$

接着基于 α_2^{new} 可求得 α_1^{new}：

$$\alpha_1^{\text{new}} = \alpha_1^{\text{old}} + y_1 y_2 \left(\alpha_2^{\text{old}} - \alpha_2^{\text{new}} \right) \tag{9-78}$$

最后，每次完成两个变量的优化后，还需要重新计算参数 b。b 的计算分为四种情况：当 $0 < \alpha_1^{\text{new}} < C$ 时，由：

$$\sum_{i=1}^{N} \alpha_i y_i K_{i1} + b = y_1 \tag{9-79}$$

可得：

$$b_1^{\text{new}} = y_1 - \sum_{i=3}^{N} \alpha_i y_i K_{i1} - \alpha_1^{\text{new}} y_1 K_{11} - \alpha_2^{\text{new}} y_2 K_{21} \tag{9-80}$$

同样，当 $0 < \alpha_2^{\text{new}} < C$ 时，有：

$$b_2^{\text{new}} = y_2 - \sum_{i=3}^{N} \alpha_i y_i K_{i1} - \alpha_2^{\text{new}} y_2 K_{22} - \alpha_1^{\text{new}} y_1 K_{12} \tag{9-81}$$

当 α_1^{new} 和 α_2^{new} 同时满足 $0 < \alpha_1^{\text{new}} < C$ 时，有：

$$b_1^{\text{new}} = b_2^{\text{new}} \tag{9-82}$$

最后一种情况是，α_1^{new} 和 α_2^{new} 都不在 $[0, C]$ 范围内，b_1^{new} 和 b_2^{new} 都满足 KKT 条件，直接对其取均值即可。

综上，参数 b 可计算归纳为：

$$b^{\text{new}} = \begin{cases} b_1^{\text{new}}, & 0 < \alpha_1^{\text{new}} < C \\ b_2^{\text{new}}, & 0 < \alpha_2^{\text{new}} < C \\ \dfrac{b_1^{\text{new}} + b_2^{\text{new}}}{2}, & \text{其他} \end{cases} \tag{9-83}$$

9.4.3 线性不可分支持向量机的算法实现

本节中我们尝试继续基于 cvxopt 求解一个线性不可分支持向量机问题。同样先生成模拟的二分类数据集，但需要数据完全线性不可分。生成模拟数据集的过程如代码清单 9-10 所示。

代码清单 9-10　生成完全线性不可分的模拟数据集

```
# 导入 numpy 库
import numpy as np
# 给定二维正态分布均值矩阵
mean1, mean2 = np.array([-1, 2]), np.array([1, -1])
mean3, mean4 = np.array([4, -4]), np.array([-4, 4])
# 给定二维正态分布协方差矩阵
covar = np.array([[1.0, 0.8], [0.8, 1.0]])
# 生成二维正态分布样本 X1
X1 = np.random.multivariate_normal(mean1, covar, 50)
# 合并两个二维正态分布并令其为新的 X1
X1 = np.vstack((X1, np.random.multivariate_normal(mean3, covar, 50)))
# 生成 X1 的标签 1
y1 = np.ones(X1.shape[0])
# 生成二维正态分布样本 X2
X2 = np.random.multivariate_normal(mean2, covar, 50)
# 合并两个二维正态分布并令其为新的 X2
X2 = np.vstack((X2, np.random.multivariate_normal(mean4, covar, 50)))
# 生成 X2 的标签-1
y2 = -1 * np.ones(X2.shape[0])
# 设置训练集和测试集
X_train = np.vstack((X1[:80], X2[:80]))
y_train = np.hstack((y1[:80], y2[:80]))
X_test = np.vstack((X1[80:], X2[80:]))
y_test = np.hstack((y1[80:], y2[80:]))
```

在代码清单 9-10 中，我们根据给定的均值矩阵和协方差矩阵生成了两组二维正态分布样本，用来构成线性不可分的二分类数据集。两类样本的散点图如图 9-11 所示，可以看到，两类样本是线性不可分的。

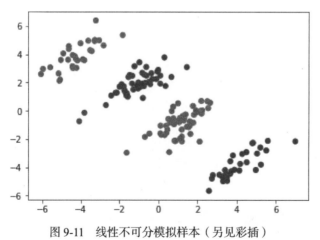

图 9-11　线性不可分模拟样本（另见彩插）

在 9.3.2 节中代码的基础上，同样基于 cvxopt 求解库，我们对代码清单 9-7 进行简单修改，如代码清单 9-11 所示。

代码清单 9-11 定义线性不可分支持向量机

```python
# 导入 cvxopt 库的 matrix 和 solvers 模块
from cvxopt import matrix, solvers
### 定义高斯核函数
def gaussian_kernel(x1, x2, sigma=5.0):
    '''
    输入：
    x1: 向量 1
    x2: 向量 2
    输出：
    两个向量的高斯核
    '''
    return np.exp(-1 * np.linalg.norm(x1-x2)**2 / (2 * (sigma ** 2)))


### 定义线性不可分支持向量机
### 借助高斯核函数转化为线性可分的情形
class Non_Linear_SVM:
    ### 定义基本参数
    def __init__(self, kernel=gaussian_kernel):
        # 非线性可分 svm 核函数，默认为高斯核函数
        self.kernel = kernel

    ### 定义线性不可分支持向量机拟合方法
    def fit(self, X, y):
        # 训练样本数和特征数
        m, n = X.shape

        # 基于线性核计算 Gram 矩阵
        K = self._gram_matrix(X)

        # 初始化二次规划相关变量：P、q、A、b、G 和 h
        P = matrix(np.outer(y,y) * K)
        q = matrix(np.ones(m) * -1)
        A = matrix(y, (1, m))
        b = matrix(0.0)
        G = matrix(np.diag(np.ones(m) * -1))
        h = matrix(np.zeros(m))

        # 构建二次规划求解
        sol = solvers.qp(P, q, G, h, A, b)
        # 拉格朗日乘子
        a = np.ravel(sol['x'])

        # 寻找支持向量
        spv = a > 1e-5
        ix = np.arange(len(a))[spv]
        self.a = a[spv]
        self.spv = X[spv]
        self.spv_y = y[spv]
        print('{0} support vectors out of {1} points'.format(len(self.a), m))

        # 截距向量
        self.b = 0
```

```python
        for i in range(len(self.a)):
            self.b += self.spv_y[i]
            self.b -= np.sum(self.a * self.spv_y * K[ix[i], spv])
        self.b /= len(self.a)

        # 权重向量
        self.w = None

    ### 定义 Gram 矩阵的计算函数
    def _gram_matrix(self, X):
        m, n = X.shape
        K = np.zeros((m, m))
        # 遍历计算 Gram 矩阵
        for i in range(m):
            for j in range(m):
                K[i,j] = self.kernel(X[i], X[j])
        return K

    ### 定义映射函数
    def project(self, X):
        y_pred = np.zeros(len(X))
        for i in range(X.shape[0]):
            s = 0
            for a, spv_y, spv in zip(self.a, self.spv_y, self.spv):
                s += a * spv_y * self.kernel(X[i], spv)
            y_pred[i] = s
        return y_pred + self.b

    ### 定义模型预测函数
    def predict(self, X):
        return np.sign(self.project(X))
```

代码清单 9-11 跟代码清单 9-7 非常相似，不同之处在于核函数为非线性的高斯核函数，其他函数模块定义较为一致，这里不做重复描述。

然后基于实现的线性不可分支持向量机用前述模拟数据进行训练，并预测测试集上的分类准确率，过程如代码清单 9-12 所示。

代码清单 9-12　基于 cvxopt 的线性不可分支持向量机训练数据

```python
# 导入准确率评估函数
from sklearn.metrics import accuracy_score
# 创建线性不可分支持向量机模型实例
non_linear_svm = Non_Linear_SVM()
# 模型拟合
non_linear_svm.fit(X_train, y_train)
# 模型预测
y_pred = non_linear_svm.predict(X_test)
# 计算测试集上的分类准确率
print('Accuracy of soft margin svm based on cvxopt: ', accuracy_score(y_test, y_pred))
```

代码清单 9-12 的输出如图 9-12 所示。

```
       pcost        dcost        gap     pres     dres
 0: -5.3110e+01  -1.6223e+02    4e+02    2e+01    2e+00
 1: -8.0716e+01  -1.8786e+02    2e+02    5e+00    7e-01
 2: -1.0556e+02  -1.9757e+02    1e+02    3e+00    4e-01
 3: -1.7380e+02  -2.7165e+02    1e+02    3e+00    4e-01
 4: -2.4244e+02  -2.8787e+02    6e+01    9e-01    1e-01
 5: -2.5720e+02  -2.6511e+02    9e+00    1e-01    1e-02
 6: -2.6014e+02  -2.6216e+02    2e+00    1e-02    2e-03
 7: -2.6162e+02  -2.6165e+02    3e-02    2e-04    2e-05
 8: -2.6164e+02  -2.6164e+02    3e-04    2e-06    2e-07
 9: -2.6164e+02  -2.6164e+02    3e-06    2e-08    2e-09
Optimal solution found.
9 support vectors out of 160 points
Accuracy of soft margin svm based on cvxopt:  1.0
```

图 9-12　代码清单 9-12 输出

最后，可绘制代码清单 9-11 所训练的线性不可分支持向量机的分隔超平面，如图 9-13 所示，其中蓝圈标出的样本点为支持向量。

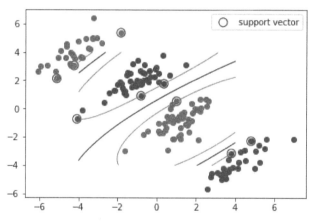

图 9-13　线性不可分支持向量机的分隔超平面（另见彩插）

sklearn 提供了线性不可分支持向量机的实现方式 sklearn.svm.SVC。下面基于同样的数据，我们用该模块也测试一遍，如代码清单 9-13 所示，只需将核函数换为高斯径向基核函数即可。

代码清单 9-13　基于 sklearn 的线性不可分支持向量机实现

```
# 导入 svm 模块
from sklearn import svm
# 创建 svm 模型实例
clf = svm.SVC(kernel='rbf')
# 模型拟合
clf.fit(X_train, y_train)
# 模型预测
y_pred = clf.predict(X_test)
```

```
# 计算测试集上的分类准确率
print('Accuracy of non-linear svm based on sklearn: ', accuracy_score(y_test, y_pred))
```

代码清单 9-13 的输出如下：

```
Accuracy of non-linear svm based on sklearn:  1
```

可以看到，基于 cvxopt 实现的线性不可分支持向量机与基于 sklearn 实现的线性不可分支持向量机在测试数据上分类准确率都达到了 100%。

9.5 小结

本章中我们花了相当长的篇幅对支持向量机进行了相对完整的介绍。支持向量机可以看作感知机为了实现非线性另辟的一条蹊径，相较于神经网络通过多个隐藏层来实现非线性的方式，支持向量机通过定义非线性核函数的方式来实现非线性。

本章介绍了线性可分支持向量机、近似线性可分支持向量机以及线性不可分支持向量机这三种模型，相应的模型优化目标可以归纳为硬间隔最大化、软间隔最大化和应用核函数之后的间隔最大化问题。

针对这三个问题，本章分别给出了基本的数学推导，介绍模型优化的原始问题和对偶问题，以及对应的求解方式，并在此基础上，基于 cvxopt 二次规划求解库，对三种支持向量机模型进行了代码实现。

第三部分

监督学习集成模型

第10章

AdaBoost

在之前的章节中，我们主要关注机器学习中的单模型。实际上，将多个单模型组合成一个综合模型的方式早已成为现代机器学习模型采用的主流方法。从本章开始，我们将目光转向一种新的机器学习范式——**集成学习**（ensemble learning）。AdaBoost 正是集成学习中 Boosting 框架的一种经典代表。在本章中，我们将首先了解 Boosting 框架，然后介绍 AdaBoost 的基本原理和推导，最后给出 AdaBoost 的 NumPy 和 sklearn 实现。

10.1　什么是 Boosting

Boosting 是机器学习中的一种集成学习框架。之前的章节中介绍的模型都称作单模型，也称弱分类器。而集成学习的意思是将多个弱分类器组合成一个强分类器，这个强分类器能取所有弱分类器之所长，达到相对的最优性能。我们可以将 Boosting 理解为一类将弱分类器提升为强分类器的算法，所以有时候 Boosting 算法也叫提升算法。注意，这里说的是一类算法，除本章所讲的 AdaBoost 外，Boosting 算法还包括以 GBDT 为代表的众多梯度提升算法。

Boosting 算法的一般过程如下。以分类问题为例，给定一个训练集，训练弱分类器要比训练强分类器容易很多，从第一个弱分类器开始，Boosting 通过训练多个弱分类器，并在训练过程中不断改变训练样本的概率分布，使得每次训练时算法都会更加关注上一个弱分类器的错误。通过组合多个这样的弱分类器，便可以获得一个近乎完美的强分类器。

简单来说，Boosting 就是串行地训练一系列弱分类器，使得被先前弱分类器分类错误的样本在后续得到更多关注，最后将这些分类器组合成最优强分类器的过程。

10.2　AdaBoost 算法的原理推导

10.2.1　AdaBoost 基本原理

AdaBoost 的全称为 Adaptive Boosting，可以翻译为自适应提升算法。AdaBoost 是一种通过改变训练样本权重来学习多个弱分类器并线性组合成强分类器的 Boosting 算法。一般来说，

Boosting方法要解答两个关键问题：一是在训练过程中如何改变训练样本的权重或者概率分布，二是如何将多个弱分类器组合成一个强分类器。针对这两个问题，AdaBoost 的做法非常朴素，一是提高前一轮被弱分类器分类错误的样本的权重，而降低分类正确的样本的权重；二是对多个弱分类器进行线性组合，提高分类效果好的弱分类器的权重，降低分类误差率高的弱分类器的权重。

给定训练集 $D = \{(x_1, y_1), (x_2, y_2), \cdots, (x_N, y_N)\}$，其中 $x_i \in \chi \subseteq \mathbf{R}^n$，$y_i \in \mathcal{Y} = \{-1, +1\}$，AdaBoost 训练算法如下。

(1) 初始化训练数据样本的权重分布，即为每个训练样本分配一个初始权重：

$$D_1 = (w_{11}, \cdots, w_{1i}, \cdots, w_{1N}), \ w_{1i} = \frac{1}{N}, \ i = 1, 2, \cdots, N \tag{10-1}$$

(2) 对于 $t = 1, 2, \cdots, T$，分别执行以下步骤。

(a) 对包含权重分布 D_t 的训练集进行训练并得到弱分类器 $G_t(x)$。

(b) 计算 $G_t(x)$ 在当前加权训练集上的分类误差率 ϵ_t：

$$\epsilon_t = P(G_t(x_i) \neq y_i) = \sum_{i=1}^{N} w_{ti} I(G_t(x_i) \neq y_i) \tag{10-2}$$

(c) 根据分类误差率 ϵ_t 计算当前弱分类器的权重系数 α_t：

$$\alpha_t = \frac{1}{2} \log \frac{1 - \epsilon_t}{\epsilon_t} \tag{10-3}$$

(d) 调整训练集的权重分布：

$$D_{t+1} = (w_{t+1, 1}, \cdots, w_{t+1, i}, \cdots, w_{t+1, N}) \tag{10-4}$$

$$w_{t+1, i} = \frac{w_{ti}}{Z_t} \exp(-\alpha_t y_i G_t(x_i)) \tag{10-5}$$

其中 Z_t 为归一化因子，$Z_t = \sum_{i=1}^{N} w_{ti} \exp(-\alpha_t y_i G_t(x_i))$。

(3) 最后构建 T 个弱分类器的线性组合：

$$f(x) = \sum_{t=1}^{T} \alpha_t G_t(x) \tag{10-6}$$

最终的强分类器可以写为：

$$G(x) = \text{sign}(f(x)) = \text{sign}\left(\sum_{t=1}^{T} \alpha_t G_t(x)\right) \tag{10-7}$$

在式(10-3)的弱分类器权重系数计算过程中，当弱分类器的分类误差率 $\epsilon_t \leqslant \dfrac{1}{2}$ 时，$\alpha_t \geqslant 0$，且 α_t 随着 ϵ_t 的减小而变大，这也正是弱分类器权重系数计算公式的设计思想，它能够使得分类误差率较低的分类器有较大的权重系数。

式(10-5)的训练样本权重分布可以写为：

$$w_{t+1,\,i} = \begin{cases} \dfrac{w_{ti}}{Z_t} e^{-\alpha_t}, & G_t(x_i) = y_i \\[2mm] \dfrac{w_{ti}}{Z_t} e^{\alpha_t}, & G_t(x_i) \neq y_i \end{cases} \tag{10-8}$$

由式(10-8)可知，当样本被弱分类器正确分类时，它的权重变小；当样本被弱分类器错误分类时，它的权重变大。相比之外，错误分类样本的权重增大了 $e^{2\alpha_t}$ 倍，这就使得在下一轮训练中，算法将更加关注这些误分类的样本。

以上就是 AdaBoost 算法的基本原理。可以看到，算法步骤非常直观易懂，巧妙的算法设计能够非常好地回答 Boosting 方法的两个关键问题。上述关于 AdaBoost 的理解可以视为该模型的经典版本。

10.2.2　AdaBoost 与前向分步算法

从机器学习模型、策略和算法的三要素来看，我们很难将 10.2.1 节所述的 AdaBoost 基本原理与上述三要素进行对应。实际上，AdaBoost 除了经典版本外，也有适用于机器学习三要素的理解版本，即 AdaBoost 是以加性模型为模型、指数函数为损失函数、前向分步为算法的分类学习算法。

什么是**加性模型**（additive model）呢？即模型是由多个基模型求和的形式构造起来的。考虑式(10-9)所示的加性模型：

$$f(x) = \sum_{t=1}^{T} \alpha_t b(x;\ \gamma_t) \tag{10-9}$$

其中 $b(x;\ \gamma_t)$ 为基模型，γ_t 为基模型参数，α_t 为基模型系数，可知 $f(x)$ 是由 T 个基模型求和的加性模型。

给定训练集和损失函数的条件下，加性模型的目标函数为如下最小化损失函数：

$$\min_{\alpha_t,\ \gamma_t} \sum_{i=1}^{N} L\left(y_i,\ \sum_{t=1}^{T} \alpha_t b(x_i;\ \gamma_t) \right) \tag{10-10}$$

针对这样一个较为复杂的优化问题，可以采用前向分步算法进行求解。其基本思路如下：针对加性模型的特点，从前往后每次只优化一个基模型的参数，每一步优化叠加之后便可逐步逼近

式(10-10)的目标函数。每一步优化的表达式如式(10-11)所示:

$$\min_{\alpha,\,\gamma}\sum_{i=1}^{N}L\big(y_i,\,\alpha b(x_i;\,\gamma)\big) \tag{10-11}$$

给定训练集 $D=\{(x_1,\,y_1),\,(x_2,\,y_2),\,\cdots,\,(x_N,\,y_N)\}$,其中 $x_i\in\chi\subseteq\mathbf{R}^n$, $y_i\in\mathcal{Y}=\{-1,\,+1\}$,利用前向分步算法求解式(10-9)的优化问题的过程如下。

(1) 初始化模型 $f_0(x)=0$ 。

(2) 对于 $t=1,\,2,\,\cdots,\,T$,分别执行以下操作。

(a) 以 α_t 和 γ_t 为优化参数,最小化目标损失函数:

$$(\alpha_t,\,\gamma_t)=\arg\min_{\alpha,\,\gamma}\sum_{i=1}^{N}L(y_i,\,f_{t-1}(x_i)+\alpha b(x_i;\,\gamma)) \tag{10-12}$$

(b) 更新加性模型:

$$f_t(x)=f_{t-1}(x)+\alpha_t b(x;\,\gamma_t) \tag{10-13}$$

(c) 可得到最后的加性模型为:

$$f(x)=f_T(x)=\sum_{t=1}^{T}\alpha_t b(x;\,\gamma_t) \tag{10-14}$$

从前向分步算法的角度来理解 AdaBoost,可以将 AdaBoost 看作前向分步算法的特例,这时加性模型是以分类器为基模型、以指数函数为损失函数的最优化问题。假设经过 $t-1$ 次前向分步迭代后已经得到 $f_{t-1}(x)$,第 t 次迭代可以得到第 t 个基模型的权重系数 α_t 、第 t 个基模型 $G_t(x)$ 和 t 轮迭代后的加性模型 $f_t(x)$:

$$f_t(x)=f_{t-1}(x)+\alpha_t G_t(x) \tag{10-15}$$

优化目标是使 $f_t(x)$ 在给定训练集 D 上的指数损失最小化,有:

$$(\alpha_t,\,G_t(x))=\arg\min_{\alpha,\,G}\sum_{i=1}^{N}\exp(-y_i(f_{t-1}(x_i)+\alpha G(x_i))) \tag{10-16}$$

求解式(10-16)的最小化指数损失即可得到 AdaBoost 的优化参数。

10.3 AdaBoost 算法实现

10.3.1 基于 NumPy 的 AdaBoost 算法实现

本节中我们尝试基于 NumPy 实现一个 AdaBoost 算法的经典版本。按照惯例,我们同样需要先分析基本的实现思路。

如图 10-1 所示，同样给出 NumPy 和 sklearn 的实现方式对比。基于 NumPy 实现 AdaBoost
算法经典版本，需要首先定义基分类器，一般可用一棵决策树或者**决策树桩**（decision stump）作
为基分类器；然后进行 AdaBoost 经典版算法流程（见 10.2.1 节），包括权重初始化、训练弱分类
器、计算当前分类误差、计算弱分类器的权重和更新训练样本权重；最后定义预测函数。此外，
还需要基于数据进行测试。

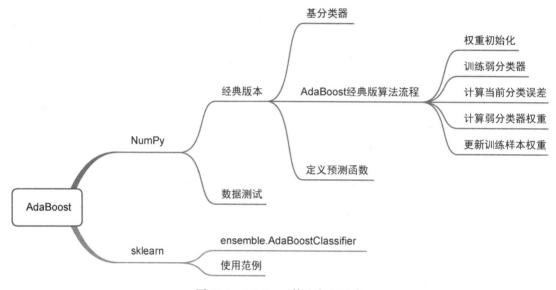

图 10-1　AdaBoost 算法实现思路

我们以决策树桩为例首先定义一个基分类器，如代码清单 10-1 所示。

代码清单 10-1　决策树桩基分类器

```
### 定义决策树桩类
### 作为 AdaBoost 弱分类器
class DecisionStump:
    def __init__(self):
        # 基于划分阈值决定样本分类为 1 还是-1
        self.label = 1
        # 特征索引
        self.feature_index = None
        # 特征划分阈值
        self.threshold = None
        # 指示分类准确率的值
        self.alpha = None
```

然后基于基分类器和 AdaBoost 经典版算法流程实现其拟合方式，如代码清单 10-2 所示。
在理顺逻辑的情况下，我们完全按照 10.2.1 节中的 AdaBoost 算法步骤，分步以(1)、(2)和(a)、(b)、
(c)、(d)来实现 AdaBoost 拟合函数。

代码清单 10-2 AdaBoost 拟合函数

```python
# 导入numpy库
import numpy as np
### AdaBoost算法拟合过程
def fit(X, y, n_estimators):
    '''
    输入:
    X: 训练输入
    y: 训练输出
    n_estimators: 基分类器个数
    输出:
    estimators: 包含所有基分类器的列表
    '''
    m, n = X.shape
    # (1) 初始化权重分布为均匀分布 1/N
    w = np.full(m, (1/m))
    # 初始化基分类器列表
    estimators = []
    # (2) for m in (1,2,...,M)
    for _ in range(n_estimators):
        # (2.a) 训练一个弱分类器: 决策树桩
        estimator = DecisionStump()
        # 设定一个最小化误差
        min_error = float('inf')
        # 遍历数据集特征, 根据最小分类误差率选择最优特征
        for i in range(n):
            # 获取特征值
            values = np.expand_dims(X[:, i], axis=1)
            # 特征取值去重
            unique_values = np.unique(values)
            # 尝试将每一个特征值作为分类阈值
            for threshold in unique_values:
                p = 1
                # 初始化所有预测值为1
                pred = np.ones(np.shape(y))
                # 小于分类阈值的预测值为-1
                pred[X[:, i] < threshold] = -1
                # (2.b)计算分类误差率
                error = sum(w[y != pred])
                # 如果分类误差率大于0.5, 则进行正负预测翻转
                # 例如 error = 0.6 => (1 - error) = 0.4
                if error > 0.5:
                    error = 1 - error
                    p = -1
                # 一旦获得最小误差, 则保存相关参数配置
                if error < min_error:
                    estimator.label = p
                    estimator.threshold = threshold
                    estimator.feature_index = i
                    min_error = error
        # (2.c)计算基分类器的权重
        estimator.alpha = 0.5 * np.log((1.0 - min_error) / (min_error + 1e-9))
        # 初始化所有预测值为1
        preds = np.ones(np.shape(y))
```

```
# 获取所有小于阈值的负类索引
negative_idx = (estimator.label * X[:, estimator.feature_index] < estimator.label *
                estimator.threshold)
# 将负类设为'-1'
preds[negative_idx] = -1
# (2.d)更新样本权重
w *= np.exp(-estimator.alpha * y * preds)
w /= np.sum(w)
# 保存该弱分类器
estimators.append(estimator)
```

拟合函数定义完成之后，我们便可基于 estimators 来定义 AdaBoost 的预测函数了，如代码清单 10-3 所示。输入为预测数据和训练好的模型，输出为模型预测结果。最终的预测输出为每个基分类器加权后的结果。

代码清单 10-3   定义 AdaBoost 预测函数

```
### 定义预测函数
def predict(X, estimators):
    '''
    输入:
    X: 预测输入
    estimators: 包含所有基分类器的列表
    输出:
    y_pred: 预测输出
    '''
    m = len(X)
    y_pred = np.zeros((m, 1))
    # 计算每个基分类器的预测值
    for estimator in estimators:
        # 初始化所有预测值为 1
        predictions = np.ones(np.shape(y_pred))
        # 获取所有小于阈值的负类索引
        negative_idx = (estimator.label * X[:, estimator.feature_index]
                        < estimator.label * estimator.threshold)
        # 将负类设为'-1'
        predictions[negative_idx] = -1
        # 对每个基分类器的预测结果进行加权
        y_pred += estimator.alpha * predictions
    # 返回最终预测结果
    y_pred = np.sign(y_pred).flatten()
    return y_pred
```

算法的主要部分写完之后，为了方便下一步进行数据测试，我们尝试将上述训练和预测两个模块封装为一个 AdaBoost 算法类，具体如代码清单 10-4 所示。

代码清单 10-4   AdaBoost 算法类

```
### 定义 Adaboost 类
class Adaboost:
    # 弱分类器个数
    def __init__(self, n_estimators=5):
```

```python
        self.n_estimators = n_estimators

# AdaBoost 拟合算法
def fit(self, X, y):
    m, n = X.shape
    # (1)初始化权重分布为均匀分布 1/N
    w = np.full(m, (1/m))
    # 初始化基分类器列表
    self.estimators = []
    # (2) for m in (1,2,...,M)
    for _ in range(self.n_estimators):
        # (2.a) 训练一个弱分类器：决策树桩
        estimator = DecisionStump()
        # 设定一个最小化误差率
        min_error = float('inf')
        # 遍历数据集特征，根据最小分类误差率选择最优特征
        for i in range(n):
            # 获取特征值
            values = np.expand_dims(X[:, i], axis=1)
            # 特征取值去重
            unique_values = np.unique(values)
            # 尝试将每一个特征值作为分类阈值
            for threshold in unique_values:
                p = 1
                # 初始化所有预测值为 1
                pred = np.ones(np.shape(y))
                # 小于分类阈值的预测值为 -1
                pred[X[:, i] < threshold] = -1
                # (2.b) 计算误差率
                error = sum(w[y != pred])

                # 如果分类误差率大于 0.5，则进行正负预测翻转
                # 例如 error = 0.6 => (1 - error) = 0.4
                if error > 0.5:
                    error = 1 - error
                    p = -1

                # 一旦获得最小误差率，则保存相关参数配置
                if error < min_error:
                    estimator.label = p
                    estimator.threshold = threshold
                    estimator.feature_index = i
                    min_error = error

        # (2.c) 计算基分类器的权重
        estimator.alpha = 0.5 * np.log((1.0 - min_error) /
                                       (min_error + 1e-9))
        # 初始化所有预测值为 1
        preds = np.ones(np.shape(y))
        # 获取所有小于阈值的负类索引
        negative_idx = (estimator.label * X[:, estimator.feature_index] < estimator.label *
                        estimator.threshold)
        # 将负类设为 '-1'
        preds[negative_idx] = -1
```

```
            # (2.d) 更新样本权重
            w *= np.exp(-estimator.alpha * y * preds)
            w /= np.sum(w)
            # 保存该弱分类器
            self.estimators.append(estimator)

    # 定义预测函数
    def predict(self, X):
        m = len(X)
        y_pred = np.zeros((m, 1))
        # 计算每个弱分类器的预测值
        for estimator in self.estimators:
            # 初始化所有预测值为 1
            predictions = np.ones(np.shape(y_pred))
            # 获取所有小于阈值的负类索引
            negative_idx = (estimator.label * X[:, estimator.feature_index] < estimator.label *
                            estimator.threshold)
            # 将负类设为'-1'
            predictions[negative_idx] = -1
            # (2.e) 对每个弱分类器的预测结果进行加权
            y_pred += estimator.alpha * predictions
        # 返回最终预测结果
        y_pred = np.sign(y_pred).flatten()
        return y_pred
```

　　最后，我们用使用 9.2 节的模拟二分类数据集来对编写好的 AdaBoost 算法类进行测试，如代码清单 10-5 所示。

代码清单 10-5　数据测试

```
# 导入数据划分模块
from sklearn.model_selection import train_test_split
# 导入模拟二分类数据生成模块
from sklearn.datasets.samples_generator import make_blobs
# 导入准确率计算函数
from sklearn.metrics import accuracy_score
# 生成模拟二分类数据集
X, y =  make_blobs(n_samples=150, n_features=2, centers=2, cluster_std=1.2, random_state=40)
# 将标签转换为 1/-1
y_ = y.copy()
y_[y==0] = -1
y_ = y_.astype(float)
# 划分训练集和测试集
X_train, X_test, y_train, y_test = train_test_split(X, y_, test_size=0.3, random_state=43)
# 创建 Adaboost 模型实例
clf = Adaboost(n_estimators=5)
# 模型拟合
clf.fit(X_train, y_train)
# 模型预测
y_pred = clf.predict(X_test)
# 计算模型预测的分类准确率
accuracy = accuracy_score(y_test, y_pred)
print("Accuracy of AdaBoost by numpy:", accuracy)
```

输出如下：

```
Accuracy of AdaBoost by numpy: 0.977777777
```

在代码清单 10-5 中，我们基于 sklearn 模拟生成的二分类数据集，将训练标签转化为二分类形式后进行训练，最后可以看到基于 NumPy 实现的 AdaBoost 模型的分类准确率达到 0.98，在模拟数据集上分类效果不错。

10.3.2　基于 sklearn 的 AdaBoost 算法实现

sklearn 也提供了 AdaBoost 算法的实现方式。作为集成学习的一种模型，AdaBoost 在 ensemble 的 AdaBoostClassifier 模块下可以快速调用。同样利用 10.3.1 节的测试集，基于 sklearn 的 AdaBoost 实现样例如代码清单 10-6 所示。

代码清单 10-6　基于 sklearn 的 AdaBoost 实现样例

```
# 导入 AdaBoostClassifier 模块
from sklearn.ensemble import AdaBoostClassifier
# 创建模型实例
clf_ = AdaBoostClassifier(n_estimators=5, random_state=0)
# 模型拟合
clf_.fit(X_train, y_train)
# 测试集预测
y_pred_ = clf_.predict(X_test)
# 计算分类准确率
accuracy = accuracy_score(y_test, y_pred_)
print("Accuracy of AdaBoost by sklearn:", accuracy)
```

输出如下：

```
Accuracy of AdaBoost by sklearn: 0.977777777
```

可以看到，基于 sklearn 实现的 AdaBoost 预测效果跟基于 NumPy 实现的一致，这也印证了我们编写算法的有效性。

10.4　小结

Boosting 是一种将多个弱分类器组合成强分类器的集成学习算法框架，而 AdaBoost 是一种通过改变训练样本权重来学习多个弱分类器并将其线性组合成强分类器的 Boosting 算法。AdaBoost 算法的特点是通过迭代每次学习一个弱分类器，在每次迭代的过程中，提高前一轮分类错误数据的权重，降低分类正确数据的权重。最后将弱分类器线性组合成一个强分类器。

从机器学习三要素来看，AdaBoost 也可以理解为以加性模型为模型、指数函数为损失函数、前向分步法为算法的分类学习算法。

第11章

GBDT

虽然 AdaBoost 是集成学习 Boosting 框架的经典模型，但目前工业界应用更广泛是 GBDT 系列模型。从集成学习的范式上来看，GBDT 仍属于 Boosting 框架。本章我们将首先了解梯度提升的基本概念，然后深入 GBDT 的基本原理和数学推导，并在此基础上，结合第 7 章决策树的相关内容，尝试从零编写一个 GBDT 算法系统，最后给出 GBDT 的 sklearn 算法实现方式作为对比。

11.1 从提升树到梯度提升树

提升的概念在上一章已经重点阐述过，这是一类将弱分类器提升为强分类器的算法总称。而**提升树**（boosting tree）是弱分类器为决策树的提升方法。在 AdaBoost 中，我们可以使用任意单模型作为弱分类器，但提升树的弱分类器只能是决策树模型。

针对提升树模型，加性模型和前向分步算法的组合是典型的求解方式。当损失函数为平方损失和指数损失时，前向分步算法的每一步迭代都较为容易求解，但如果是一般的损失函数，前向分步算法的每一步迭代并不容易。所以，有研究提出使用损失函数的负梯度在当前模型的值来求解更为一般的提升树模型。这种基于负梯度求解提升树前向分步迭代过程的方法也叫**梯度提升树**（gradient boosting tree）。

11.2 GBDT 算法的原理推导

本节重点阐述 GBDT 的算法原理和推导过程。GBDT 的全称为**梯度提升决策树**（gradient boosting decision tree），其基模型（弱分类器）为第 7 章中谈到的 CART 决策树，针对分类问题的基模型为二叉分类树，对应梯度提升模型就叫 GBDT；针对回归问题的基模型为二叉回归树，对应的梯度提升模型叫作 GBRT（gradient boosting regression tree）。

我们先来用一个通俗的说法来理解 GBDT。假设某人月薪 10k，我们首先用一个树模型拟合了 6k，发现有 4k 的损失，然后再用一棵树模型拟合了 2k，这样持续拟合下去，拟合值和目标值之间的残差会越来越小。将每一轮迭代，也就是每一棵树的预测值加起来，就是模型最终的预测结果。使用多棵决策树组合就是提升树模型，使用梯度下降法对提升树模型进行优化的过程就是梯度提升树模型。

一个提升树模型的数学表达为：

$$f_M(x) = \sum_{m=1}^{M} T(x; \Theta_m) \tag{11-1}$$

其中 $T(x; \Theta_m)$ 为决策树表示的基模型， Θ_m 为决策树参数， M 为决策树棵数。

当确定初始提升树模型 $f_0(x) = 0$ ，第 m 的模型表示为：

$$f_m(x) = f_{m-1}(x) + T(x; \Theta_m) \tag{11-2}$$

其中 $f_{m-1}(x)$ 为当前迭代模型，根据前向分步算法，可以使用经验风险最小化来确定下一棵决策树的参数 Θ_m ：

$$\hat{\Theta}_m = \arg\min_{\Theta_m} \sum_{i=1}^{N} L(y_i, f_{m-1}(x_i) + T(x_i; \Theta_m)) \tag{11-3}$$

以梯度提升回归树为例，一棵回归树可以表示为：

$$T(x; \Theta) = \sum_{k=1}^{K} c_k I(x \in R_j) \tag{11-4}$$

根据加性模型，第 0 步、第 m 步和最终模型可以表示为：

$$f_0(x) = 0 \tag{11-5}$$

$$f_m(x) = f_{m-1}(x) + T(x; \Theta_m) \tag{11-6}$$

$$f_M(x) = \sum_{m=1}^{M} T(x; \Theta_m) \tag{11-7}$$

在已知 $f_{m-1}(x)$ 的情况下，求解式(11-3)可得到当前迭代步的模型参数。假设回归树的损失函数为平方损失：

$$L(y, f(x)) = (y - f(x))^2 \tag{11-8}$$

对应到 GBRT 中，损失可推导为：

$$L(y, f_{m-1}(x) + T(x; \Theta_m)) = \left[y - f_{m-1}(x) - T(x; \Theta_m) \right]^2 \tag{11-9}$$

令：

$$r = y - f_{m-1}(x) \tag{11-10}$$

所以式(11-9)可表示为：

$$L(y, f_{m-1}(x) + T(x;\ \Theta_m)) = \left[r - T(x;\ \Theta_m) \right]^2 \tag{11-11}$$

正如本节开头的工资拟合的例子，提升树模型每一次迭代都是在拟合一个残差函数。当损失函数如本例中的均方损失一样时，式(11-3)是容易求解的。但大多数情况下，一般损失函数很难直接优化求解，因而就有了基于负梯度求解提升树模型的梯度提升树模型。梯度提升树以梯度下降的方法，使用损失函数的负梯度在当前模型的值作为回归提升树中残差的近似值：

$$r_{mi} = -\left[\frac{\partial L(y_i, f(x_i))}{\partial f(x_i)} \right]_{f(x)=f_{m-1}(x)} \tag{11-12}$$

所以，综合提升树模型、前向分步算法和梯度提升，给定训练集 $D = \{(x_1,\ y_1),\ (x_2,\ y_2),\ \cdots,\ (x_N,\ y_N)\}$，$x_i \in \chi$，$y_i \in \mathcal{Y} \subseteq \mathbf{R}^n$，GBDT算法的一般流程可归纳为如下步骤。

(1) 初始化提升树模型：

$$f_0(x) = \arg\min_c \sum_{i=1}^N L(y_i,\ c) \tag{11-13}$$

(2) 对 $m = 1,\ 2,\ \cdots,\ M$，有

(a) 对每个样本 $i = 1,\ 2,\ \cdots,\ N$，计算负梯度拟合的残差：

$$r_{mi} = -\left[\frac{\partial L\left(y_i, f(x_i)\right)}{\partial f(x_i)} \right]_{f(x)=f_{m-1}(x)} \tag{11-14}$$

(b) 将上一步得到的残差作为样本新的真实值，并将数据 $(x_i,\ r_{mi})$，$i = 1,\ 2,\ \cdots,\ N$ 作为下一棵树的训练数据，得到一棵新的回归树 $f_m(x)$，其对应的叶子结点区域为 $R_{mj}, j = 1,\ 2,\ \cdots,\ J$。其中 J 为回归树 T 的叶子结点的个数。

(c) 对叶子区域 $j = 1,\ 2,\ \cdots,\ J$ 计算最优拟合值：

$$c_{mj} = \arg\min_c \sum_{x_i \in R_{mj}} L(y_i, f_{m-1}(x_i) + c) \tag{11-15}$$

(d) 更新提升树模型：

$$f_m(x) = f_{m-1}(x) + \sum_{j=1}^J c_{mj} I(x \in R_{mj}) \tag{11-16}$$

(4) 得到最终的梯度提升树：

$$f(x) = f_M(x) = \sum_{m=1}^M \sum_{j=1}^J c_{mj} I(x \in R_{mj}) \tag{11-17}$$

11.3   GBDT 算法实现

11.3.1   从零开始实现一个 GBDT 算法系统

GBDT 的算法推导部分看起来并不多，这是因为 CART 作为 GBDT 的基模型，第 7 章已经详尽阐述，本章的推导我们只需要专注于基于多个 CART 模型的梯度提升树的公式部分。从零开始编写一个 GBDT 算法系统并不容易，好在第 7 章关于 CART 的内容中已经实现了 GBDT 的基模型决策树部分。我们稍加梳理，编写一个相对完整的 GBDT 算法系统的组成部分，如图 11-1 所示。

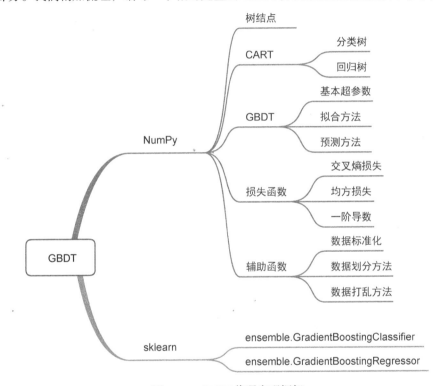

图 11-1   GBDT 代码实现框架

使用 NumPy 编写 GBDT 算法，整体思路是从底层一步步往上搭建。首先我们需要编写决策树的树结点，这些结点由一些基础属性构成。基于决策树结点和决策树的一些特征，包括特征选择方法、生成方法和打印方法等，来构建 CART 决策树，包括分类树和回归树。这一步在第 7 章中已有实现，本章不再重复编写。然后基于 CART 的基模型，结合前向分步算法和梯度提升，构建 GBDT 模型或者 GBRT 模型。

所以，从模型层面来看 GBDT 的算法实现，是一个从树结点到 CART 基模型再到 GBDT 模型的过程，如图 11-2 所示。

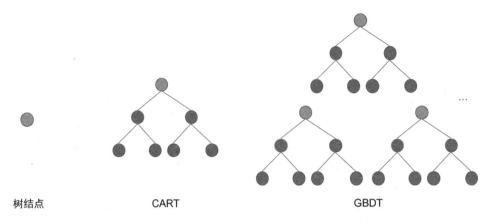

树结点　　　　　　　　　CART　　　　　　　　　　　GBDT

图 11-2　GBDT 模型搭建过程（另见彩插）

除此之外，还需要编写模型的损失函数和一些辅助函数，比如特征分裂方法、基尼指数计算方法和数据打乱方法等。为节省篇幅和突出重点，本章仅实现从 CART 到 GBDT 的过程逻辑。

我们以 GBRT 为例，尝试基于 NumPy 实现一个完整的梯度提升树算法系统。首先尝试实现树结点和基础决策树，因为在第 7 章实现过，所以这里我们将第 7 章关于 CART 的代码封装后作为模块导入即可，如代码清单 11-1 所示。

代码清单 11-1　导入相关模块

```
### 导入相关模块
import numpy as np
# 导入 CART 相关模块
# 包括决策树结点、基础二叉决策树、CART 分类树和 CART 回归树
from cart import TreeNode, BinaryDecisionTree, ClassificationTree, RegressionTree
# 导入数据划分模块
from sklearn.model_selection import train_test_split
# 导入均方误差评估模块
from sklearn.metrics import mean_squared_error
# 导入相关辅助函数
# 参考本书代码
from utils import feature_split, calculate_gini, data_shuffle
```

然后我们定义 GBRT 的损失函数，因为是回归树，所以这里损失函数使用平方损失。损失函数类的定义如代码清单 11-2 所示。在 SquareLoss 类的定义中，除给出了标准的平方损失外，还定义了其一阶导数函数。

代码清单 11-2　GBRT 损失函数

```
### 平方损失
class SquareLoss:
    # 平方损失函数
    def loss(self, y, y_pred):
        return 0.5 * np.power((y - y_pred), 2)
```

```
# 平方损失的一阶导数
def gradient(self, y, y_pred):
    return -(y - y_pred)
```

在前述基础上，包括决策树结点、基础决策树、CART 回归树和损失函数，我们尝试定义一
个 GBDT 类，其中类属性包括 GBDT 的一些基本超参数，比如树的棵数、学习率、结点最小分
裂样本数、树最大深度等，类方法主要包括 GBDT 的训练方法和预测方法，具体如代码清单 11-3
所示。

代码清单 11-3 GBDT 类的定义

```
### GBDT 定义
class GBDT(object):
    def __init__(self, n_estimators, learning_rate, min_samples_split,
                 min_gini_impurity, max_depth, regression):
        ### 基本超参数
        # 树的棵数
        self.n_estimators = n_estimators
        # 学习率
        self.learning_rate = learning_rate
        # 结点最小分裂样本数
        self.min_samples_split = min_samples_split
        # 结点最小基尼不纯度
        self.min_gini_impurity = min_gini_impurity
        # 最大深度
        self.max_depth = max_depth
        # 默认为回归树
        self.regression = regression
        # 损失为平方损失
        self.loss = SquareLoss()
        # 如果是分类树，需要定义分类树损失函数
        # 这里省略，如需使用，需自定义分类损失函数
        if not self.regression:
            self.loss = None
        # 多棵树叠加
        self.estimators = []
        for i in range(self.n_estimators):
            self.estimators.append(RegressionTree(min_samples_split=self.min_samples_split,
                                                  min_gini_impurity=self.min_gini_impurity,
                                                  max_depth=self.max_depth))
    # 拟合方法
    def fit(self, X, y):
        # 前向分步模型初始化，第一棵树
        self.estimators[0].fit(X, y)
        # 第一棵树的预测结果
        y_pred = self.estimators[0].predict(X)
        # 前向分步迭代训练
        for i in range(1, self.n_estimators):
            gradient = self.loss.gradient(y, y_pred)
            self.estimators[i].fit(X, gradient)
            y_pred -= np.multiply(self.learning_rate, self.estimators[i].predict(X))
```

```
# 预测方法
def predict(self, X):
    # 回归树预测
    y_pred = self.estimators[0].predict(X)
    for i in range(1, self.n_estimators):
        y_pred -= np.multiply(self.learning_rate, self.estimators[i].predict(X))
    # 分类树预测
    if not self.regression:
        # 将预测值转化为概率
        y_pred = np.exp(y_pred) / np.expand_dims(np.sum(np.exp(y_pred), axis=1), axis=1)
        # 转化为预测标签
        y_pred = np.argmax(y_pred, axis=1)
    return y_pred
```

最后继承 GBDT 类，可得到最终的 GBDT 分类树和回归树，如代码清单 11-4 所示。相较于回归树模型，分类树需要对标签进行编码转化，所以在代码中我们又对 GBDT 类的拟合做了一层封装。

代码清单 11-4   GBDT 分类树和回归树

```
### GBDT 分类树
class GBDTClassifier(GBDT):
    def __init__(self, n_estimators=300, learning_rate=.5,
                 min_samples_split=2, min_info_gain=1e-6, max_depth=2):
        super(GBDTClassifier,self).__init__(
            n_estimators=n_estimators,
            learning_rate=learning_rate,
            min_samples_split=min_samples_split,
            min_gini_impurity=min_info_gain,
            max_depth=max_depth,
            regression=False)
    # 拟合方法
    def fit(self, X, y):
        super(GBDTClassifier, self).fit(X, y)

### GBDT 回归树
class GBDTRegressor(GBDT):
    def __init__(self, n_estimators=300, learning_rate=0.1, min_samples_split=2,
                 min_var_reduction=1e-6, max_depth=3):
        super(GBDTRegressor, self).__init__(
            n_estimators=n_estimators,
            learning_rate=learning_rate,
            min_samples_split=min_samples_split,
            min_gini_impurity=min_var_reduction,
            max_depth=max_depth,
            regression=True)
```

至此，GBDT 算法系统的核心部分就基本完成了。最后，我们基于 sklearn 的波士顿房价数据集对编写的 GBDT 算法进行简单测试，如代码清单 11-5 所示。

代码清单 11-5　GBDT算法测试

```
### GBRT 回归树
# 导入数据集模块
from sklearn import datasets
# 导入波士顿房价数据集
boston = datasets.load_boston()
# 打乱数据集
X, y = data_shuffle(boston.data, boston.target, seed=13)
X = X.astype(np.float32)
offset = int(X.shape[0] * 0.9)
# 划分数据集
X_train, X_test, y_train, y_test = train_test_split(X, y, test_size=0.3)
# 创建 GBRT 实例
model = GBDTRegressor()
# 模型训练
model.fit(X_train, y_train)
# 模型预测
y_pred = model.predict(X_test)
# 计算模型预测的均方误差
mse = mean_squared_error(y_test, y_pred)
print("Mean Squared Error of NumPy GBRT:", mse)
```

输出如下：

```
Mean Squared Error of NumPy GBRT: 84.29078032628252
```

在代码清单 11-5 中，我们首先导入了 sklearn 波士顿房价数据集，将数据集打乱并划分为训练集和测试集，然后创建 GBRT 模型实例，执行训练并对测试集进行预测，最后计算评估回归模型的均方误差，可以看到，最后的均方误差为 84.29。

11.3.2　基于 sklearn 的 GBDT 实现

sklearn 也提供了 GBDT 的算法实现方式，GBDT 和 GBRT 的调用方式分别为 ensemble. GradientBoostingClassifier 和 ensemble.GradientBoostingRegressor，同样基于波士顿房价数据集的拟合示例如代码清单 11-6 所示。

代码清单 11-6　sklearn GBDT 示例

```
# 导入 GradientBoostingRegressor 模块
from sklearn.ensemble import GradientBoostingRegressor
# 创建模型实例
reg = GradientBoostingRegressor(n_estimators=200, learning_rate=0.5,
                                max_depth=4, random_state=0)
# 模型拟合
reg.fit(X_train, y_train)
# 模型预测
y_pred = reg.predict(X_test)
# 计算模型预测的均方误差
mse = mean_squared_error(y_test, y_pred)
print("Mean Squared Error of sklearn GBDT:", mse)
```

输出如下：

```
Mean Squared Error of sklearn GBDT: 14.885053466425939
```

在代码清单 11-6 中，首先导入了 sklearn 的 GBRT 模块 GradientBoostingRegressor，然后创建模型实例并对训练集进行拟合，最后基于测试集进行预测，计算均方误差。可以看到，基于 sklearn 计算得到的 GBRT 均方误差为 14.89，小于我们自行编写实现的 GBRT，这说明虽然我们实现了基础的 GBDT 算法逻辑，但在工程实现和代码上还可以做进一步优化。

11.4   小结

GBDT 是目前应用最广泛的一类 Boosting 集成学习框架，而梯度提升能更有效地优化一般的损失函数。GBDT 以 CART 为基模型，所以其实现是建立在 CART 基础之上的。

对应于 CART 分类树和回归树，GBDT 也有梯度提升分类树和梯度提升回归树两种模型。本章先给出了 GBDT 的数学推导流程，并在第 7 章 CART 代码实现的基础之上，给出了 GBDT 的代码构建过程。

第 12 章

XGBoost

从算法精度、速度和泛化能力等性能指标来看 GBDT，仍然有较大的优化空间。XGBoost 正是一种基于 GBDT 的顶级梯度提升模型。相较于 GBDT，XGBoost 的最大特性在于对损失函数展开到二阶导数，使得梯度提升树模型更能逼近其真实损失。本章在对 XGBoost 进行简单溯源之后，强调对其深入的数学推导，并在此基础上，基于之前章节的代码实现，加以改进和优化形成 XGBoost 模型，同时也会给出 XGBoost 原生库实现作为对比。

12.1 XGBoost：极度梯度提升树

XGBoost 的全称为 eXtreme Gradient Boosting，即极度梯度提升树，由陈天奇在其论文 "XGBoost: A Scalable Tree Boosting System" 中提出，一度因其强大性能流行于各大数据竞赛，在各种顶级解决方案中屡见不鲜。表 12-1 是 XGBoost 在 Kaggle 上的搜索指标统计。

表 12-1　Kaggle 上 XGBoost 的搜索指标统计

相关搜索指标	指标统计
Comments	16 885
Notebooks	6851
Topics	2910
Datasets	55
Blogs	19
Users	12
Competitions	6
Courses	1
Tutorials	1

XGBoost本质上仍属于GBDT算法，但在算法精度、速度和泛化能力上均要优于传统的 GBDT 算法。从算法精度上来看，XGBoost 通过将损失函数展开到二阶导数，使得其更能逼近真实损失；从算法速度上来看，XGBoost 使用了加权分位数 sketch 和稀疏感知算法这两个技巧，通过缓存优

化和模型并行来提高算法速度；从算法泛化能力上来看，通过对损失函数加入正则化项、加性模型中设置缩减率和列抽样等方法，来防止模型过拟合。

下面我们就在 GBDT 框架的基础上，通过详细的数学推导，来深入理解 XGBoost 算法系统。

12.2　XGBoost 算法的原理推导

本节重点阐述 XGBoost 的算法原理和推导过程。既然 XGBoost 整体上仍属于 GBDT 算法系统，那么 XGBoost 也一定是由多个基模型组成的一个加性模型，所以 XGBoost 可表示为：

$$\hat{y}_i = \sum_{k=1}^{K} f_k(x_i) \tag{12-1}$$

根据前向分步算法，假设第 t 次迭代的基模型为 $f_t(x)$，有：

$$\hat{y}_i^{(t)} = \sum_{k=1}^{t} \hat{y}_i^{(t-1)} + f_t(x_i) \tag{12-2}$$

下面推导 XGBoost 损失函数。损失函数基本形式由经验损失项和正则化项构成：

$$L = \sum_{i=1}^{n} l(y_i, \hat{y}_i) + \sum_{i=1}^{t} \Omega(f_i) \tag{12-3}$$

其中 $\sum_{i=1}^{n} l(y_i, \hat{y}_i)$ 为经验损失项，表示训练数据预测值与真实值之间的损失；$\sum_{i=1}^{t} \Omega(f_i)$ 为正则化项，表示全部 t 棵树的复杂度之和，这也是 XGBoost 控制模型过拟合的方法。

根据前向分步算法，以第 t 步模型为例，假设模型对第 i 个样本 x_i 的预测值为：

$$\hat{y}_i^{(t)} = \hat{y}_i^{(t-1)} + f_t(x_i) \tag{12-4}$$

其中 $\hat{y}_i^{(t-1)}$ 是由第 $t-1$ 步的模型给出的预测值，其作为一个已知常量存在，$f_t(x_i)$ 为第 t 步树模型的预测值。因而式(12-3)的目标函数可以改写为：

$$
\begin{aligned}
L^{(t)} &= \sum_{i=1}^{n} l\left(y_i, \hat{y}_i^{(t)}\right) + \sum_{i=1}^{t} \Omega(f_i) \\
&= \sum_{i=1}^{n} l\left(y_i, \hat{y}_i^{(t-1)} + f_t(x_i)\right) + \sum_{i=1}^{t} \Omega(f_i) \\
&= \sum_{i=1}^{n} l\left(y_i, \hat{y}_i^{(t-1)} + f_t(x_i)\right) + \Omega(f_t) + \text{Constant}
\end{aligned}
\tag{12-5}
$$

式(12-5)对正则化项进行了拆分，因为前 $t-1$ 棵树的结构已经确定，所以前 $t-1$ 棵树的复杂度之和也可以表示为常数：

$$\sum_{i=1}^{t} \Omega(f_i) = \Omega(f_i) + \sum_{i=1}^{t-1} \Omega(f_i)$$
$$= \Omega(f_i) + \text{Constant} \tag{12-6}$$

然后针对式(12-5)前半部分 $l\left(y_i, \hat{y}_i^{(t-1)} + f_t(x_i)\right)$，使用二阶泰勒展开式，这里需要用到函数的二阶导数，相应的损失函数经验损失项可以改写为：

$$l\left(y_i, \hat{y}_i^{(t-1)} + f_t(x_i)\right) = l\left(y_i, \hat{y}_i^{(t-1)}\right) + g_i f_t(x_i) + \frac{1}{2} h_i f_t^2(x_i) \tag{12-7}$$

其中 g_i 为损失函数一阶导数，h_i 为损失函数二阶导数，需要注意的是，这里是对 $\hat{y}_i^{(t-1)}$ 求导。

XGBoost 相较于 GBDT 的一个最大的特点是用到了损失函数的二阶导数信息，所以当自定义或者选择 XGBoost 损失函数时，需要其二阶可导。以平方损失函数为例：

$$l\left(y_i, \hat{y}_i^{(t-1)}\right) = \left(y_i - \hat{y}_i^{(t-1)}\right)^2 \tag{12-8}$$

对应的一阶导数和二阶导数分别为：

$$g_i = \frac{\partial l\left(y_i, \hat{y}_i^{(t-1)}\right)}{\partial \hat{y}_i^{(t-1)}} = -2\left(y_i - \hat{y}_i^{(t-1)}\right) \tag{12-9}$$

$$h_i = \frac{\partial^2 l\left(y_i, \hat{y}_i^{(t-1)}\right)}{\partial \left(\hat{y}_i^{(t-1)}\right)^2} = 2 \tag{12-10}$$

将式(12-7)的损失函数二阶泰勒展开式代入式(12-5)，可得损失函数的近似表达式：

$$L^{(t)} \approx \sum_{i=1}^{n} \left[l\left(y_i, \hat{y}_i^{(t-1)}\right) + g_i f_t(x_i) + \frac{1}{2} h_i f_t^2(x_i) \right] + \Omega(f_t) + \text{Constant} \tag{12-11}$$

去掉相关常数项，式(12-11)简化后的损失函数表达式为：

$$L^{(t)} \approx \sum_{i=1}^{n} \left[g_i f_t(x_i) + \frac{1}{2} h_i f_t^2(x_i) \right] + \Omega(f_t) \tag{12-12}$$

由式(12-12)可知，只需要求出损失函数每一步的一阶导数和二阶导数值，并对目标函数进行优化求解，就可以得到前向分步中每一步的模型 $f(x)$，最后根据加性模型得到 XGBoost 模型。

然而关于 XGBoost 的推导并没有到此结束。为了计算 XGBoost 决策树结点分裂条件，我们还需要进一步的推导。

我们对决策树做以下定义。假设一棵决策树是由叶子结点的权重 w 和样本实例到叶子结点的映射关系 q 构成，这种映射关系可以理解为决策树的分支结构。所以一棵树的数学表达可以定义为：

$$f_t(x) = w_{q(x)} \tag{12-13}$$

然后定义决策树复杂度的正则化项。模型复杂度 Ω 可由单棵决策树的叶子结点数 T 和叶子权重 w 决定，即损失函数的复杂度由决策树的所有叶子结点数和叶子权重所决定。所以，模型的复杂度可以表示为：

$$\Omega(f_t) = \gamma T + \frac{1}{2}\lambda\sum_{j=1}^{T}w_j^2 \tag{12-14}$$

下面对决策树所有叶子结点重新进行归组。将属于第 j 个叶子结点的所有样本 x_i 划入一个叶子结点的样本集合中，即 $I_j = \{i\,|\,q(x_i) = j\}$，因而 XGBoost 的损失函数式(12-12)可以改写为：

$$
\begin{aligned}
L^{(t)} &\approx \sum_{i=1}^{n}\left[g_i f_t(x_i) + \frac{1}{2}h_i f_t^2(x_i)\right] + \Omega(f_t) \\
&= \sum_{i=1}^{n}\left[g_i w_{q(x_i)} + \frac{1}{2}h_i w_{q(x_i)}^2\right] + \gamma T + \frac{1}{2}\lambda\sum_{j=1}^{T}w_j^2 \\
&= \sum_{j=1}^{T}\left[\left(\sum_{i\in I_j}g_i\right)w_j + \frac{1}{2}\left(\sum_{i\in I_j}h_i + \lambda\right)w_j^2\right] + \gamma T
\end{aligned}
\tag{12-15}
$$

定义 $G_j = \sum_{i\in I_j}g_i$，$H_j = \sum_{i\in I_j}h_i$，其中 G_j 可以理解为叶子结点 j 所包含样本的一阶偏导数累加之和，H_j 可以理解为叶子结点 j 所包含样本的二阶偏导数累加之和，G_j 和 H_j 均为常量。

将 G_j 和 H_j 代入式(12-15)，损失函数又可以变换为：

$$L^{(t)} = \sum_{j=1}^{T}\left[G_j w_j + \frac{1}{2}(H_j + \lambda)w_j^2\right] + \gamma T \tag{12-16}$$

对于每个叶子结点 j，将其从目标函数中单独取出：

$$G_j w_j + \frac{1}{2}(H_j + \lambda)w_j^2 \tag{12-17}$$

由前述推导可知，G_j 和 H_j 相对于第 t 棵树来说是可以计算出来的。所以式(12-17)是一个只包含一个变量叶子结点权重 w_j 的一元二次函数，可根据最值公式求其最值点。当相互独立的每棵树的叶子结点都达到最优值时，整个损失函数也相应地达到最优。在树结构固定的情况下，对式(12-17)求导并令其为 0，可得最优点和最优值为：

$$w_j^* = -\frac{G_j}{H_j + \lambda} \tag{12-18}$$

$$L = -\frac{1}{2}\sum_{j=1}^{T}\frac{G_j^2}{H_j+\lambda} + \gamma T \tag{12-19}$$

假设决策树模型在某个结点进行了特征分裂，分裂前的损失函数写为：

$$L_{\text{before}} = -\frac{1}{2}\left[\frac{(G_L+G_R)^2}{H_L+H_R+\lambda}\right] + \gamma \tag{12-20}$$

分裂后的损失函数为：

$$L_{\text{after}} = -\frac{1}{2}\left[\frac{G_L^2}{H_L+\lambda} + \frac{G_R^2}{H_R+\lambda}\right] + 2\gamma \tag{12-21}$$

那么，分裂后的信息增益为：

$$\text{Gain} = \frac{1}{2}\left[\frac{G_L^2}{H_L+\lambda} + \frac{G_R^2}{H_R+\lambda} - \frac{(G_L+G_R)^2}{H_L+H_R+\lambda}\right] - \gamma \tag{12-22}$$

如果增益 $\text{Gain} > 0$，即分裂为两个叶子结点后，目标函数下降了，则考虑此次分裂的结果。实际处理时需要遍历所有特征寻找最优分裂特征。

以上就是 XGBoost 相对完整的数学推导过程，核心是通过损失函数展开到二阶导数来进一步逼近真实损失。XGBoost 的推导思路和流程简化后如图 12-1 所示。

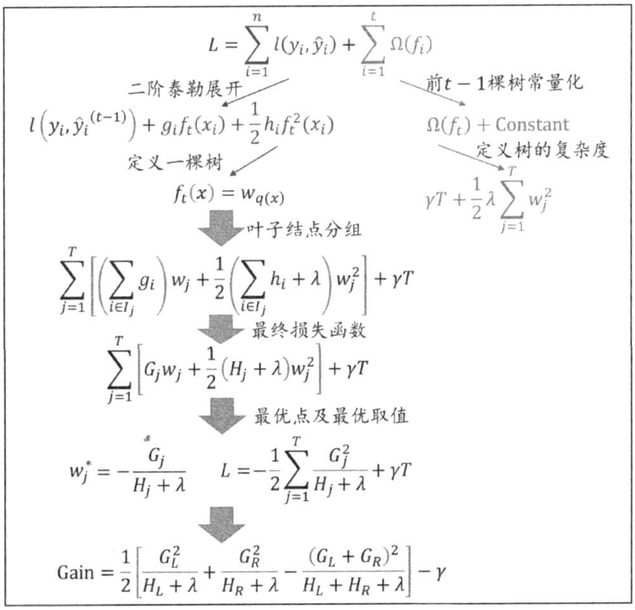

图 12-1　XGBoost 推导思路和流程

12.3　XGBoost 算法实现

12.3.1　XGBoost 实现：基于 GBDT 的改进

有了上一章 GBDT 算法的实现基础，再来实现 XGBoost 就不会有太多困难了。大多数底层代码较为类似，可以直接复用，比如树结点、基础决策树和一些辅助函数的定义。相较于 GBDT，XGBoost 的主要变化在于损失函数二阶导数、信息增益计算和叶子结点得分计算等方面。在 GBDT 代码实现思路基础上，XGBoost 代码实现框架如图 12-2 所示。

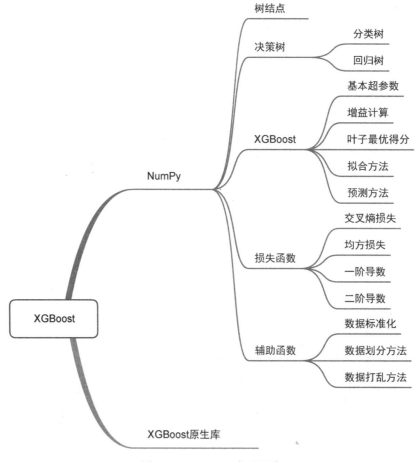

图 12-2　XGBoost 实现思路

与上一章 GBDT 使用回归树不同，本章以分类树为例，底层的决策树结点和基础决策树不再重复实现，读者可参考第 7 章和第 11 章内容，这里我们可以封装后直接导入。先定义 XGBoost 单棵回归树类，如代码清单 12-1 所示。

代码清单 12-1 XGBoost 单棵回归树类

```python
### XGBoost 单棵回归树类
# 导入必备库和基础模块
import numpy as np
from cart import TreeNode, BinaryDecisionTree
from sklearn.model_selection import train_test_split
from sklearn.metrics import accuracy_score
from utils import data_shuffle, cat_label_convert

### XGBoost 单棵树类
class XGBoost_Single_Tree(BinaryDecisionTree):
    # 结点分裂方法
    def node_split(self, y):
        # 中间特征所在列
        feature = int(np.shape(y)[1]/2)
        # 左子树为真实值，右子树为预测值
        y_true, y_pred = y[:, :feature], y[:, feature:]
        return y_true, y_pred

    # 信息增益计算方法
    def gain(self, y, y_pred):
        # 梯度计算
        Gradient = np.power((y * self.loss.gradient(y, y_pred)).sum(), 2)
        # 黑塞矩阵计算
        Hessian = self.loss.hess(y, y_pred).sum()
        return 0.5 * (Gradient / Hessian)

    # 树分裂增益计算
    # 式(12-22)
    def gain_xgb(self, y, y1, y2):
        # 结点分裂
        y_true, y_pred = self.node_split(y)
        y1, y1_pred = self.node_split(y1)
        y2, y2_pred = self.node_split(y2)
        true_gain = self.gain(y1, y1_pred)
        false_gain = self.gain(y2, y2_pred)
        gain = self.gain(y_true, y_pred)
        return true_gain + false_gain - gain

    # 计算叶子结点最优权重
    def leaf_weight(self, y):
        y_true, y_pred = self.node_split(y)
        # 梯度计算
        gradient = np.sum(y_true * self.loss.gradient(y_true, y_pred), axis=0)
        # 黑塞矩阵计算
        hessian = np.sum(self.loss.hess(y_true, y_pred), axis=0)
        # 叶子结点得分
        leaf_weight =  gradient / hessian
        return leaf_weight

    # 树拟合方法
    def fit(self, X, y):
        self.gini_impurity_calc = self.gain_xgb
```

```
        self.leaf_value_calc = self.leaf_weight
        super(XGBoost_Single_Tree, self).fit(X, y)
```

在代码清单 12-1 中，首先导入了基础决策树和辅助函数等模块，然后定义了 XGBoost 单棵树类，主要包括树结点分裂方法、信息增益计算方法、叶子结点得分计算方法和树拟合方法，根据 12.2 节的推导可知，这些方法都是单棵 XGBoost 树的基本方法。其中信息增益和叶子结点得分计算都用到了损失函数二阶导数信息，在代码中我们通过计算损失函数的黑塞矩阵来实现。所以，这里我们还需要定义一个新的损失函数来作为 XGBoost 的损失函数。因为是分类问题，所以本节要定义一个分类损失函数。如代码清单 12-2 所示，平方损失类主要定义了一阶导数和二阶导数的计算方法。

代码清单 12-2　XGBoost 分类损失函数

```
### 分类损失函数定义
# 定义 Sigmoid 类
class Sigmoid:
    def __call__(self, x):
        return 1 / (1 + np.exp(-x))
    def gradient(self, x):
        return self.__call__(x) * (1 - self.__call__(x))


# 定义 Logit 损失
class LogisticLoss:
    def __init__(self):
        sigmoid = Sigmoid()
        self._func = sigmoid
        self._grad = sigmoid.gradient

    # 定义损失函数形式
    def loss(self, y, y_pred):
        y_pred = np.clip(y_pred, 1e-15, 1 - 1e-15)
        p = self._func(y_pred)
        return y * np.log(p) + (1 - y) * np.log(1 - p)

    # 定义一阶梯度
    def gradient(self, y, y_pred):
        p = self._func(y_pred)
        return -(y - p)

    # 定义二阶梯度
    def hess(self, y, y_pred):
        p = self._func(y_pred)
        return p * (1 - p)
```

基于单棵分类树和 Logit 分类损失函数，我们可以构造由多棵分类树构成的 XGBoost 模型。如代码清单 12-3 所示，主要包括 XGBoost 基本超参数定义、拟合方法和预测方法。常用的超参数包括树的棵数、学习率、结点分裂最小样本数、结点最小基尼不纯度和树最大深度等。XGBoost 分类树拟合和预测方法的基本思路都是遍历所有树，针对每一棵树做预测，然后对预测结果进行累加后取 softmax 并转化为类别预测结果。

代码清单 12-3　XGBoost 模型

```
### XGBoost 定义
class XGBoost:
    def __init__(self, n_estimators=300, learning_rate=0.001,
                    min_samples_split=2,
                    min_gini_impurity=999,
                    max_depth=2):
        # 树的棵数
        self.n_estimators = n_estimators
        # 学习率
        self.learning_rate = learning_rate
        # 结点分裂最小样本数
        self.min_samples_split = min_samples_split
        # 结点最小基尼不纯度
        self.min_gini_impurity = min_gini_impurity
        # 树最大深度
        self.max_depth = max_depth
        # 用于分类的对数损失
        # 回归任务可定义平方损失
        # self.loss = SquaresLoss()
        self.loss = LogisticLoss()
        # 初始化分类树列表
        self.estimators = []
        # 遍历构造每一棵决策树
        for _ in range(n_estimators):
            tree = XGBoost_Single_Tree(
                min_samples_split=self.min_samples_split,
                min_gini_impurity=self.min_gini_impurity,
                max_depth=self.max_depth,
                loss=self.loss)
            self.estimators.append(estimator)

    # XGBoost 拟合方法
    def fit(self, X, y):
        y = cat_label_convert(y)
        y_pred = np.zeros(np.shape(y))
        # 拟合每一棵树后将结果累加
        for i in range(self.n_estimators):
            estimator = self.estimators[i]
            y_true_pred = np.concatenate((y, y_pred), axis=1)
            estimator.fit(X, y_true_pred)
            iter_pred = estimator.predict(X)
            y_pred -= np.multiply(self.learning_rate, iter_pred)

    # XGBoost 预测方法
    def predict(self, X):
```

```
                y_pred = None
                # 遍历预测
                for estimator in self.estimators:
                    iter_pred = estimator.predict(X)
                    if y_pred is None:
                        y_pred = np.zeros_like(iter_pred)
                    y_pred -= np.multiply(self.learning_rate, iter_pred)
                y_pred = np.exp(y_pred) / np.sum(np.exp(y_pred), axis=1, keepdims=True)
                # 将概率预测转换为标签
                y_pred = np.argmax(y_pred, axis=1)
                return y_pred
```

以上就是基于 NumPy 的 XGBoost 代码实现。最后利用测试数据对 XGBoost 进行测试，如代码清单 12-4 所示。

代码清单 12-4   XGBoost 代码测试

```
# 导入 sklearn 数据集模块
from sklearn import datasets
# 导入 iris 数据集
data = datasets.load_iris()
# 获取输入输出
X, y = data.data, data.target
# 划分数据集
X_train, X_test, y_train, y_test = train_test_split(X, y, test_size=0.2, random_state=43)
# 创建 XGBoost 分类器
clf = XGBoost()
# 模型拟合
clf.fit(X_train, y_train)
# 模型预测
y_pred = clf.predict(X_test)
# 分类准确率评估
accuracy = accuracy_score(y_test, y_pred)
print ("Accuracy of numpy xgboost: ", accuracy)
```

输出如下：

```
Accuracy of numpy XGBoost: 0.9333333333333333
```

可以看到，基于 NumPy 实现的 XGBoost 算法在 iris 数据集上的分类准确率达到 0.93，算是一个不错的结果。

12.3.2   原生库 XGBoost 示例

XGBoost 的作者陈天奇也提供了 XGBoost 原生的工业级官方库 xgboost。直接在命令行输入：

```
pip install xgboost
```

即可安装 xgboost 库。完整版的使用方法可参考 xgboost 官方手册。这里同样用 iris 数据集测试 xgboost 的效果，如代码清单 12-5 所示。

代码清单 12-5　xgboost 测试

```
# 导入 xgboost 库
import xgboost as xgb
# 导入绘制特征重要性模块函数
from xgboost import plot_importance
from matplotlib import pyplot as plt
# 设置模型参数
params = {
    'booster': 'gbtree',
    'objective': 'multi:softmax',
    'num_class': 3,
    'gamma': 0.1,
    'max_depth': 2,
    'lambda': 2,
    'subsample': 0.7,
    'colsample_bytree': 0.7,
    'min_child_weight': 3,
    'eta': 0.001,
    'seed': 1000,
    'nthread': 4,
}
# 转换为 xgb 数据集格式 Dmatrix
dtrain = xgb.DMatrix(X_train, y_train)
# 指定树的棵数
num_rounds = 200
# 模型训练
model = xgb.train(params, dtrain, num_rounds)
# 对测试集进行预测
dtest = xgb.DMatrix(X_test)
y_pred = model.predict(dtest)
# 计算分类准确率
accuracy = accuracy_score(y_test, y_pred)
print ("Accuracy by xgboost:", accuracy)
# 绘制特征重要性
plot_importance(model)
plt.show();
```

输出如下：

```
Accuracy by xgboost: 0.9666666666666667
```

在代码清单 12-5 中，我们首先指定了 xgboost 模型训练的各种参数，包括提升树类型、任务类型、类别数量和树最大深度等，然后将原始数据类型转换为 xgboost 的 DMatrix 数据类型，接着进行模型训练和预测，最后评估分类准确率，并绘制了特征重要性图，可视化地呈现每个特征在模型中的重要性评分。可以看到，基于 xgboost 原生库的模型准确率达到 0.97，比我们用 NumPy 实现的分类准确率要高一些。特征重要性评分如图 12-3 所示。

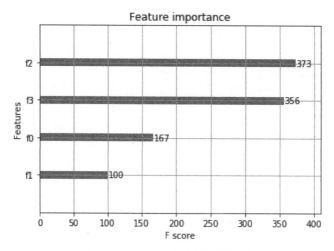

图 12-3　XGBoost 特征重要性评分

12.4　小结

作为原始 GBDT 模型的升级版本，XGBoost 的最大特征在于对损失函数展开到二阶导数，使得梯度提升树模型更能逼近其真实损失。本章系统梳理了 XGBoost 的损失函数推导过程，从最初的损失函数版本出发，进行二阶泰勒展开并重新定义一棵决策树，通过对叶子结点分组得到最终的损失函数形式，最后求最优点和最优取值，并得到叶子结点的分裂标准。按照 XGBoost 的推导流程，在之前章节的基础上，基于 NumPy 定义了一个 XGBoost 模型，并将其与原生的 xgboost 库的效果进行了对比。

XGBoost 作为一款极为流行的开源梯度提升树集成学习框架，无论是在学界、竞赛界还是工业界，目前都有着广泛应用。

第 13 章

LightGBM

就 GBDT 系列算法性能而言，XGBoost 已经非常高效了，但并非没有缺陷。LightGBM 就是一种针对 XGBoost 缺陷的改进版本，使得 GBDT 算法系统更轻便、更高效，能够做到又快又准。本章基于 XGBoost 可优化的地方，引出 LightGBM 的基本原理，包括直方图算法、单边梯度抽样、互斥特征捆绑算法以及 leaf-wise 生长策略，最后给出其算法实现。

13.1　XGBoost 可优化的地方

XGBoost 通过预排序的算法来寻找特征的最优分裂点，虽然预排序算法能够准确找出特征的分裂点，但该方法占用空间太大，在数据量和特征量都比较多的情况下，会严重影响算法性能。XGBoost 寻找最优分裂点的算法复杂度可以估计为：

$$复杂度 = 特征数 \times 特征分裂点的数量 \times 样本量$$

既然 XGBoost 的复杂度是由特征数、特征分裂点的数量和样本量所决定的，那么 LightGBM 的优化自然是从这三个方向来考虑。LightGBM 总体上仍然属于 GBDT 算法框架，关于 GBDT 算法，第 11 和 12 章都有重点阐述，这里不再重复。本章重点梳理 LightGBM 在上述三个方向的基本原理。

13.2　LightGBM 基本原理

LightGBM 的全称为 light gradient boosting machine（轻量的梯度提升机），是由微软于 2017 年开源的一款顶级 Boosting 算法框架。跟 XGBoost 一样，LightGBM 也是 GBDT 算法框架的一种工程实现，不过更快速、更高效。本节分别从直方图算法、单边梯度抽样、互斥特征捆绑算法以及 leaf-wise 生长策略等方向来解释 LightGBM。

13.2.1　直方图算法

为了减少特征分裂点数量和更加高效地寻找最优特征分裂点，LightGBM 不同于 XGBoost 的预排序算法，采用直方图算法寻找最优特征分裂点。其主要思路是将连续的浮点特征值离散化为

k 个整数并构造一个宽度为 k 的直方图。对某个特征数据进行遍历的时候，将离散化后的值用于索引作为直方图的累积统计量。遍历完一次后，直方图便可累积对应的统计量，然后根据该直方图寻找最优分裂点。图 13-1 为直方图算法示意图。

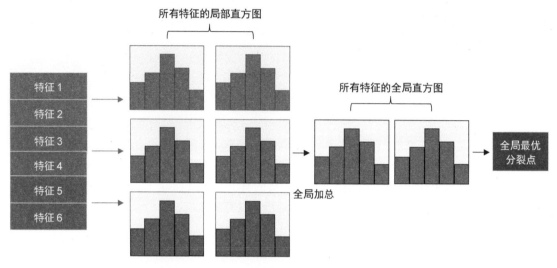

图 13-1   LightGBM 直方图算法（另见彩插）

直方图算法本质上是一种数据离散化和分箱操作，虽然谈不上特别新颖的优化设计，但确实速度快性能优，计算代价和内存占用都大大减少。

直方图的另一个好处在于差加速。一个叶子结点的直方图可由其父结点的直方图与其兄弟结点的直方图作差得到，这也可以加速特征结点分裂。图 13-2 为差加速示意图。

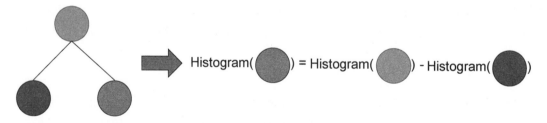

图 13-2   直方图差加速（另见彩插）

所以，从特征寻找最优分裂点角度，LightGBM 使用了直方图算法进行优化。

13.2.2   单边梯度抽样

单边梯度抽样（gradient-based one-side sampling，GOSS）算法是 LightGBM 从减少样本的角度进行优化而设计的算法，是 LightGBM 的核心原理之一。单边梯度抽样算法的主要思路是从减少样本的角度出发,将训练过程中大部分权重较小的样本剔除,仅对剩余样本数据计算信息增益。

第 10 章谈到了 AdaBoost 算法,该算法的一个关键要素是样本权重,通过在训练过程中不断调整样本分类权重从而达到最优分类效果。但在 GBDT 系列中并没有样本权重的相关设计,GBDT 采用样本梯度来代替权重的概念。一般来说,训练梯度小的样本,其经验误差也较小,说明这部分数据已经获得了较好的训练,GBDT 的想法是在下一步的残差拟合中丢弃这部分样本,但这样做可能会改变训练样本的数据分布,影响最终的训练精度。

针对以上问题,LightGBM 提出采用 GOSS 采样算法。其目的是尽可能保留对计算信息增益有帮助的样本,提高模型训练速度。GOSS 的基本做法是先将需要进行分裂的特征按绝对值大小降序排序,取绝对值最大的前 $a\%$ 个数据,假设样本大小为 n,在剩下的 $(1-a)\%$ 个数据中随机选择 $b\%$ 个数据,将这 $b\%$ 个数据乘以一个常数 $(1-a)/b$。这种做法会使得算法更加关注训练不够充分的样本,并且原始的数据分布不会有太大改变。最后使用 $a+b$ 个数据来计算该特征的信息增益。

GOSS 算法主要从减少样本的角度来对 GBDT 进行优化。丢弃梯度较小的样本并且在不损失太多精度的情况下提升模型训练速度,这是 LightGBM 速度较快的原因之一。

13.2.3 互斥特征捆绑算法

直方图算法对应特征分裂点的优化,单边梯度抽样对应样本量的优化,最后还剩特征数的优化没有谈到。互斥特征捆绑算法是针对特征的优化。**互斥特征捆绑**(exclusive feature bundling, EFB)算法通过将两个互斥的特征捆绑为一个特征,在不丢失特征信息的前提下,减少特征数,从而加速模型训练。大多数时候两个特征不是完全互斥的,可以用定义一个冲突比率衡量特征不互斥程度,当冲突比率较低时,可以将不完全互斥的两个特征捆绑,这对最后的模型精度没有太大影响。

所谓特征互斥,即两个特征不会同时为非零值,这一点跟分类特征的 one-hot 表达有点类似。互斥特征捆绑算法的关键问题有两个:一个是如何判断将哪些特征进行绑定,另一个是如何将特征进行绑定,即绑定后的特征如何取值。

针对第一个问题,EFB 算法将其转化为**图着色问题**(graph coloring problem)来求解。其基本思路是将所有特征看作图的各个顶点,用一条边连接不相互独立的两个特征,边的权重则表示两个相连接的特征的冲突比率,需要绑定在一起的特征就是图着色问题中要涂上同一种颜色的点(特征)。

第二个问题是要确定绑定后的特征如何进行取值,其关键在于能够将原始特征从合并后的特征中分离,即绑定到一个特征后,我们仍然可以从这个绑定的 bundle 里面识别出原始特征。EFB 算法针对该问题尝试从直方图的角度来处理,具体做法是将不同特征值分到绑定的 bundle 中不同的直方图"箱子"中，通过在特征取值中加一个偏置常量来进行处理。举个简单的例子，假设我们要绑定特征 A 和特征 B 两个特征，特征 A 的取值区间为[10, 20)，特征 B 的取值范围为[10, 30)，我们可以给特征 B 的取值范围加一个偏置量 10，则特征 B 的取值范围变成了[20, 40)，绑定后的特征取值范围变成了[10, 40)，这样特征 A 和特征 B 便可进行融合了。

13.2.4   leaf-wise 生长策略

前述三个算法是 LightGBM 在 XGBoost 基础上，针对特征分裂点、样本量和特征数分别做出的优化处理方法。除此之外，LightGBM 还提出了区别于 XGBoost 的按层生长的叶子结点生长方法，即带有深度限制的按叶子结点（leaf-wise）生长的决策树生长方法。

按层生长和按叶子结点生长的方法如图 13-3 所示。

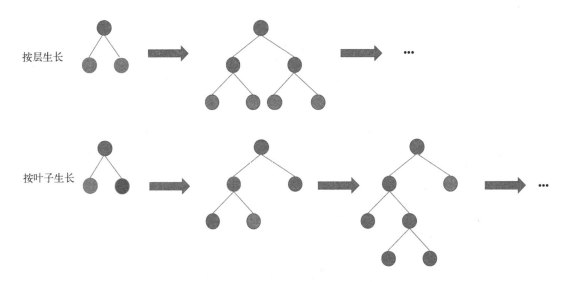

图 13-3   按层生长和按叶子结点生长（另见彩插）

XGBoost 采用按层生长的 level-wise 算法，好处是可以多线程优化，也方便控制模型复杂度，且不易过拟合，缺点是不加区分地对待同一层所有叶子结点，大部分结点分裂和增益计算不是必需的，产生了额外的计算开销。LightGBM 提出了按叶子结点生长的 leaf-wise 算法，精度更高且更高效，能够节约不必要的计算开销，同时为防止某一结点过分生长而加上一个深度限制机制，能够在保证精度的同时一定程度上防止过拟合。

除以上四点改进算法外，LightGBM 在工程实现上也有一些改进和优化，比如可以直接支持类别特征（不需要再对类别特征进行 one-hot 等处理）、高效并行和 cache（缓存）命中率优化等。这里不做详述，读者查阅 LightGBM 论文原文即可。

13.3 LightGBM 算法实现

开源 LightGBM 项目的微软开发团队提供了该算法的原生库实现方式。通过 pip 安装后便可直接进行调用。图 13-4 展示的是 LightGBM 官方文档首页。

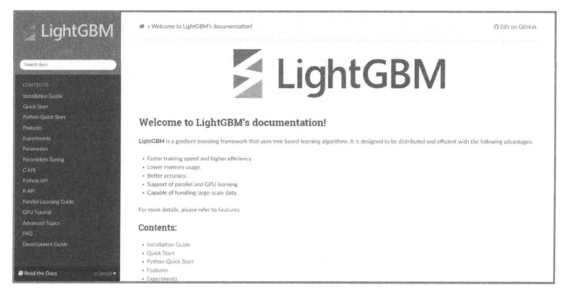

图 13-4 LightGBM

直接在 pip 中安装 lightgbm 库：

```
pip install lightgbm
```

lightgbm 库提供了分类和回归两大类接口，下面以分类问题和 iris 数据集为例给出原生 lightgbm 接口的一个使用示例，如代码清单 13-1 所示。

代码清单 13-1 lightgbm 使用示例

```
# 导入相关模块
import lightgbm as lgb
from sklearn.metrics import accuracy_score
from sklearn.datasets import load_iris
from sklearn.model_selection import train_test_split
import matplotlib.pyplot as plt
# 导入 iris 数据集
iris = load_iris()
data, target = iris.data, iris.target
# 数据集划分
X_train, X_test, y_train, y_test = train_test_split(data, target, test_size=0.2, random_state=43)
# 创建 lightgbm 分类模型
gbm = lgb.LGBMClassifier(objective='multiclass',
```

```
                num_class=3,
                num_leaves=31,
                learning_rate=0.05,
                n_estimators=20)
# 模型训练
gbm.fit(X_train, y_train, eval_set=[(X_test, y_test)], early_stopping_rounds=5)
# 预测测试集
y_pred = gbm.predict(X_test, num_iteration=gbm.best_iteration_)
# 模型评估
print('Accuracy of lightgbm:', accuracy_score(y_test, y_pred))
# 绘制模型特征重要性
lgb.plot_importance(gbm)
plt.show();
```

在代码清单 13-1 中, 我们以 iris 数据集为例, 首先将数据集划分为训练集和测试集之后, 基于 LGBMClassifier 模块创建分类模型实例, 设置相关超参数并对训练数据进行拟合, 然后基于训练后的模型对测试集进行预测, 最后评估测试集上的分类准确率并输出特征重要性排序。代码输出如图 13-5 所示。

```
[1]     valid_0's multi_logloss: 1.02277
Training until validation scores don't improve for 5 rounds
[2]     valid_0's multi_logloss: 0.943765
[3]     valid_0's multi_logloss: 0.873274
[4]     valid_0's multi_logloss: 0.810478
[5]     valid_0's multi_logloss: 0.752973
[6]     valid_0's multi_logloss: 0.701621
[7]     valid_0's multi_logloss: 0.654982
[8]     valid_0's multi_logloss: 0.611268
[9]     valid_0's multi_logloss: 0.572202
[10]    valid_0's multi_logloss: 0.53541
[11]    valid_0's multi_logloss: 0.502582
[12]    valid_0's multi_logloss: 0.472856
[13]    valid_0's multi_logloss: 0.443853
[14]    valid_0's multi_logloss: 0.417764
[15]    valid_0's multi_logloss: 0.393613
[16]    valid_0's multi_logloss: 0.370679
[17]    valid_0's multi_logloss: 0.349936
[18]    valid_0's multi_logloss: 0.330669
[19]    valid_0's multi_logloss: 0.312805
[20]    valid_0's multi_logloss: 0.296973
Did not meet early stopping. Best iteration is:
[20]    valid_0's multi_logloss: 0.296973
Accuracy of lightgbm: 1.0
```

图 13-5 lightgbm 训练输出

可以看到, LightGBM 在 iris 测试集上的分类准确率达到 100%, 对比上一章的 XGBoost, 效果要更好。LightGBM 的特征重要性如图 13-6 所示。

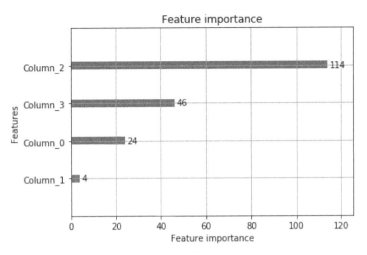

图 13-6　LightGBM 特征重要性

13.4　小结

LightGBM 是微软针对 XGBoost 可优化的点开源的一款更高效的 GBDT 集成学习框架。针对 XGBoost 的一些性能缺点，LightGBM 分别基于直方图算法、单边梯度抽样、互斥特征捆绑算法以及 leaf-wise 生长策略四个方法来实现更高效的 GBDT 算法框架。

在算法实现上，限于 LightGBM 算法工程实现的复杂度，本章并未基于 NumPy 给出 LightGBM 的算法搭建逻辑，而是直接基于 lightgbm 原生库给出了该算法的实现示例。相较于 XGBoost，LightGBM 因其更优越的性能，在工程实践中应用越来越广泛。

第 14 章

CatBoost

XGBoost 和 LightGBM 都是高效的 GBDT 算法工程化实现框架。除这两个 Boosting 框架外，还有一种因处理类别特征而闻名的 Boosting 框架——CatBoost。CatBoost 是俄罗斯搜索引擎巨头 Yandex 于 2017 年开源的一款 GBDT 计算框架，因能够高效处理数据中的类别特征而取名为 CatBoost（Categorical + Boosting）。本章将在介绍 CatBoost 主要理论（如目标变量统计、特征组合和排序提升等）的基础上，给出 CatBoost 原生库的代码实现范例。

14.1 机器学习中类别特征的处理方法

对于类别特征的处理是 CatBoost 的一大特点，也是其名称的由来。CatBoost 通过对常规的目标变量统计方法添加先验项来改进它们。除此之外，CatBoost 还考虑使用类别特征的不同组合来增加数据集特征维度。在阐述 CatBoost 类别特征编码之前，我们先梳理一下机器学习中常用的类别特征处理方法。

类别特征在结构化数据集中是非常普遍的特征。这类特征区别于常见的数值特征，是一个离散的集合，比如性别（男、女）、学历（本科、硕士研究生、博士研究生等）、地点（杭州、北京、上海等），有时候我们还会碰到有几十甚至上百个取值的类别特征。

对于类别特征，最直接的方法就是硬编码，即直接对类别特征进行数值映射，有多少类别取值就映射多少数值。这种硬编码方式简单快捷，但仅在类别特征内部取值是有序的情况才可使用，即类别特征取值存在明显的顺序性，比如学历特征取值为高中、本科、硕士研究生和博士研究生，各学历之间存在明显的顺序关系。

除硬编码外，以往最通用的方法就是 one-hot 编码。如果类别特征取值数目较少，one-hot 编码不失为一种比较高效的方法。但当类别特征取值数目较多时，采用 one-hot 编码就不划算了，它会产生大量冗余特征。试想一下一个类别数目为 100 的类别特征，one-hot 编码会产生 100 个稀疏特征，这对训练算法而言会是不小的负担。图 14-1 是 one-hot 编码的一个例子。

学历
本科
硕士研究生
博士研究生
硕士研究生

本科	硕士研究生	博士研究生
1	0	0
0	1	0
0	0	1
0	1	0

图 14-1 one-hot 编码

所以，对于特征取值数目较多的类别特征，一种折中的方法是将类别数目重新归类，使其降到较少数目再进行 one-hot 编码。另一种常用的方法则是**目标变量统计**（target statistics，TS），TS 计算每个类别对于目标变量的期望值并将类别特征转换为新的数值特征。CatBoost 在常规 TS 方法上做了改进。

14.2 CatBoost 理论基础

CatBoost 是 GBDT 算法的一个工程化实现。关于 GBDT 理论框架，前文已详尽阐述，本章不再重复。本节重点讲述 CatBoost 算法框架自身的理论特色，包括用于处理类别变量的目标变量统计、特征组合和排序提升算法。

14.2.1 目标变量统计

CatBoost 算法设计一个最大的目的就是更好地处理 GBDT 特征中的类别特征。常规的 TS 方法最直接的做法是对类别对应的标签平均值进行替换。在 GBDT 构建决策树的过程中，替换后的类别标签平均值作为结点分裂的标准，这种做法也称 greedy target-based statistics，简称 greedy TS，其计算公式可表示为：

$$\hat{x}_k^i = \frac{\sum_{j=1}^{n}\left[x_{j,k} = x_{i,k}\right]Y_i}{\sum_{j=1}^{n}\left[x_{j,k} = x_{i,k}\right]} \tag{14-1}$$

greedy TS 一个比较明显的缺陷是当特征比标签包含更多的信息时，统一用标签平均值来代替分类特征表达的话，训练集和测试集可能会因为数据分布不一样而产生条件偏移问题。CatBoost 对 greedy TS 方法的改进是添加先验项，用以减少噪声和低频类别型数据对数据分布的影响。改进后的 greedy TS 方法的数学表达如下：

$$\hat{x}_k^i = \frac{\sum_{j=1}^{p-1}\left[x_{\sigma_{j,k}} = x_{\sigma_{i,k}}\right]Y_{\sigma_j} + ap}{\sum_{j=1}^{p-1}\left[x_{\sigma_{j,k}} = x_{\sigma_{p,k}}\right] + a} \tag{14-2}$$

其中 p 为添加的先验项，a 为大于 0 的权重系数。

除上述方法外，CatBoost 还提供了 holdout TS、leave-one-out TS、ordered TS 等几种改进的 TS 方法，这里不一一详述。

14.2.2　特征组合

CatBoost 对类别特征处理方法的另一种创新在于可以将任意几个类别特征组合为新的特征。比如用户 ID 和广告主题之间的联合信息，如果单纯地将二者转换为数值特征，二者之间的联合信息可能就会丢失。CatBoost 则考虑将这两个类别特征组合成新的类别特征。但组合的数量会随着数据集中类别特征数量的增多呈指数级增长，因此不可能考虑所有组合。

所以，CatBoost 在构建新的分裂结点时，会采用贪心的策略考虑特征之间的组合。CatBoost 将当前树的所有组合、类别特征与数据集中的所有类别特征相结合，并将新的类别组合型特征动态地转换为数值特征。

14.2.3　排序提升算法

CatBoost 的另一大创新点在于提出使用**排序提升**（ordered boosting）方法解决**预测偏移**（prediction shift）问题。所谓预测偏移，即训练样本 X_k 的分布 $F(X_k)|X_k$ 与测试样本 X 的分布 $F(X)|X$ 之间产生的偏移。

CatBoost 首次揭示了梯度提升中的预测偏移问题，认为预测偏移就像 TS 处理方法一样，是由一种特殊的特征标签泄露和梯度偏差造成的。我们来看一下在梯度提升过程中这种预测偏移是怎么传递的。

假设前一轮训练得到的强分类器为 $F^{t-1}(x)$，当前损失函数为 $L(y, F^{t-1}(x))$，则本轮迭代要拟合的弱分类器为 h^t：

$$h^t = \arg\min_{h \in H} L(y, F^{t-1}(x) + h(x)) \tag{14-3}$$

梯度表示为：

$$h^t = \arg\min_{h \in H} E(-g^t(x, y) - h(x))^2 \tag{14-4}$$

近似数据表达为：

$$h^t = \arg\min_{h \in H} \frac{1}{n} \sum_{k=1}^{n} (-g^t(X_k, y_k) - h(X_h))^2 \tag{14-5}$$

最终预测偏移的链式传递为：梯度的条件分布和测试数据的分布存在偏移；h^t 的数据近似估计与梯度表达式之间存在偏移；预测偏移会影响 F^t 的泛化性能。

CatBoost 采用基于 ordered TS 的排序提升方法来处理预测偏移问题。排序提升算法的流程如图 14-2 所示。

排序提升算法

输入：

$\{(X_k, y_k)\}_{k=1}^n$：训练样本

I：树的棵数

σ：$[1, n]$ 的随机序列

M_i：初始化模型

对于第 t 棵树：

　　对于第 i 个样本：

$$r_i = y_i - M_{\sigma(i)-1}(X_i)$$

$$\Delta M = \text{Tree}\left((X_j, r_j)\right), \sigma(j) \leqslant i$$

$$M_i = M_i + \Delta M$$

输出：

模型 M_n

图 14-2　排序提升算法

对于 $\{(X_k, y_k)\}_{k=1}^n$，训练样本按照随机序列 σ 进行排列。假设树的棵数为 I，首先初始化模型 M_i，然后对于每一棵树，遍历每个样本后对前 $k-1$ 个样本计算梯度，接着用前 $k-1$ 个样本的梯度和 $X_j(j=1, 2, \cdots, k-1)$ 来训练模型 ΔM，最后对每一个样本 X_k，用 ΔM 来更新 M_i，遍历迭代之后就可以得到最终模型 M_n。排序提升的具体操作实例如图 14-3 所示。

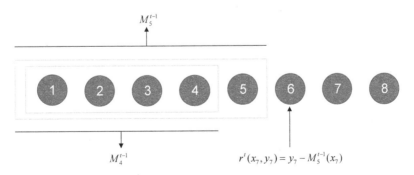

图 14-3　排序提升实例

对于训练数据，排序提升先生成一个随机排列 σ。随机排列用于之后的模型训练，即在训练第 M_i 个模型时，使用排列中前 i 个样本进行训练。在迭代过程中，为得到第 j 个样本的残差估计值，使用第个 M_{j-1} 个模型进行估计。但这种训练 n 个模型的做法会大大增加内存消耗和时间复

杂度，可操作性不强。因此，CatBoost 在以决策树为基分类器的梯度提升算法的基础上，对这种排序提升算法进行了改进。

CatBoost 提供了两种 Boosting 模式：plain 和 ordered。plain 就是在标准的 GBDT 算法中内置了排序 TS 操作，ordered 模式则是在排序提升算法上做了改进。

完整的 ordered 模式描述如下：CatBoost 对训练集产生 $s+1$ 个独立随机序列 σ_1, $\cdots$, σ_s 用来定义和评估树结构的分裂，σ_0 用来计算分裂所得到的叶子结点的值。CatBoost 采用对称树作为基分类器，对称意味着在树的同一层，分裂标准相同。对称树具有平衡、不易过拟合、能够大大缩短测试时间的特点。

在 ordered 模式学习过程中：

(1) 我们训练了一个模型 $M_{r,j}$，其中 $M_{r,j}(i)$ 表示在序列 σ_r 中用前 j 个样本学习得到的模型对于第 i 个样本的预测；

(2) 在每一次迭代 t 中，算法 σ_1, $\cdots$, σ_s 从中抽样一个序列 σ_r，并基于此构建第 t 步的学习树 T_t；

(3) 基于 $M_{r,j}(i)$ 计算对应梯度 $\mathrm{grad}_{r,\,\sigma(i)-1}(i) = \dfrac{\partial L(y_i,\,s)}{\partial s}\big|_{s=M_{r,j}(i)}$ ；

(4) 使用余弦相似度来近似梯度 G，对于每个样本 i，取梯度 $\mathrm{grad}_{r,\,\sigma(i)-1}$ ；

(5) 在评估候选分裂结点的过程中，第 i 个样本的叶子结点值 $\delta(i)$ 由与 i 同属一个叶子 $\mathrm{leaf}_r(i)$ 的所有样本的前 p 个样本的梯度值求平均得到；

(6) 当第 t 步迭代的树 T_t 结构确定以后，便可用其来提升所有模型 $M_{r',j}$。

除类别特征处理和排序提升外，CatBoost 还有许多其他亮点，比如基于**对称树**（oblivious tree）的基分类器，提供多 GPU 训练加速支持等。关于 CatBoost 的更多理论细节，可参考 CatBoost 的原始论文。

14.3　CatBoost 算法实现

跟 LightGBM 一样，CatBoost 开发团队也开源了对应的原生实现库 CatBoost。图 14-4 展示的是 CatBoost 官网首页界面。

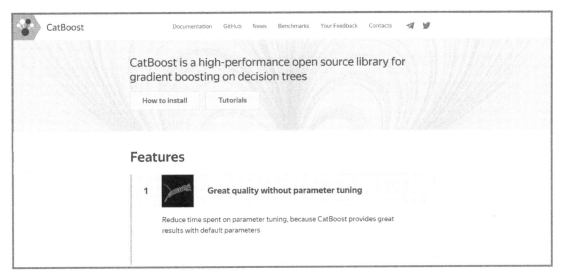

图 14-4　CatBoost 首页

CatBoost 的安装同样非常简单，直接在 pip 中进行安装即可：

```
pip install catboost
```

下面以一个分类数据集 adult 作为 CatBoost 使用示例，通过一系列特征来判断一位成年人的收入是否超过 50k，数据集共有 32 561 条记录、15 个数据特征，如代码清单 14-1 所示。

代码清单 14-1　CatBoost 使用示例

```python
# 导入相关库
import numpy as np
import pandas as pd
from sklearn.model_selection import train_test_split
import catboost as cb
from sklearn.metrics import accuracy_score
# 读取数据
data = pd.read_csv('./adult.data', header=None)
# 变量重命名
data.columns = ['age', 'workclass', 'fnlwgt', 'education',
                'education-num', 'marital-status', 'occupation', 'relationship',
                'race', 'sex', 'capital-gain', 'capital-loss', 'hours-per-week',
                'native-country', 'income']
# 标签转换
data['income'] = data['income'].astype("category").cat.codes
# 划分数据集
X_train, X_test, y_train, y_test = train_test_split(
    data.drop(['income'], axis=1), data['income'],
    random_state=10, test_size=0.3)
# 创建模型实例并配置各参数
clf = cb.CatBoostClassifier(eval_metric="AUC", depth=4,
                            iterations=500, l2_leaf_reg=1, learning_rate=0.1)
```

```
# 设置类别特征索引
cat_features_index = [1, 3, 5, 6, 7, 8, 9, 13]
# 模型训练
clf.fit(X_train, y_train, cat_features=cat_features_index)
# 模型预测
y_pred = clf.predict(X_test)
# 测试集上的分类准确率
print('Accuracy of catboost:', accuracy_score(y_test, y_pred))
```

输出如下：

```
Accuracy of catboost: 0.8727607738765483
```

在代码清单 14-1 中，首先读入 adult 数据集，并对变量按照给定名词进行重命名，对标签变量进行类别编码，将数据集划分为训练集和测试集；然后创建 CatBoost 模型实例，并设置类别特征索引；最后执行训练并测试分类准确率。可以看到，训练后的 CatBoost 模型在测试集上的分类准确率达到了 0.87。

14.4   小结

类别特征处理是机器学习处理结构化数据的一个重要问题。常规的类别特征处理方法包括直接的硬编码、one-hot 编码以及目标变量统计等。CatBoost 是一款以高效处理类别特征而闻名的梯度提升树模型。在常规的梯度提升树算法基础上，CatBoost 的主要特征体现在对类别特征处理加以改进的目标变量统计法、特征组合以及解决梯度偏移问题的排序提升算法上。

作为与 XGBoost 和 LightGBM 齐名的 Boosting 算法，CatBoost 有足够优秀的性能指标，尤其是对类别特征的处理。

第 15 章

随机森林

Bagging 是区别于 Boosting 的一种集成学习框架，通过对数据集自身采样来获取不同子集，并且对每个子集训练基分类器来进行模型集成。Bagging 是一种并行化的集成学习方法。随机森林是 Bagging 学习框架的一个代表，通过样本和特征的两个随机性来构造基分类器，由多棵决策树进而形成随机森林。本章在介绍 Bagging 框架的基础上，重点阐述随机森林算法，并给出随机森林的 NumPy 与 sklearn 算法实现方式。

15.1　Bagging：另一种集成学习框架

本书第 10~14 章谈到的都是集成学习中的 Boosting 框架，通过不断地迭代和残差拟合的方式来构造集成的树模型。Bagging 则是区别于 Boosting 的一种集成学习框架，作为并行式集成学习方法最典型的框架，其核心概念在于**自助采样**（bootstrap sampling）。给定包含 m 个样本的数据集，有放回地随机抽取一个样本放入采样集中，经过 m 次采样，可得到一个和原始数据集一样大小的采样集。最终可以采样得到 T 个包含 m 个样本的采样集，然后基于每个采样集训练出一个基分类器，最后将这些基分类器进行组合。这就是 Bagging 的主要思想。

Bagging 与 Boosting 的差异如图 15-1 所示。可以看到，Bagging 的最大特征是可以并行实现，Boosting 则是一种序列迭代的实现方式。

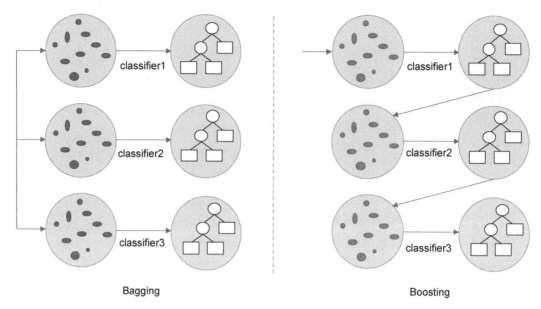

图 15-1   Bagging 与 Boosting

15.2   随机森林的基本原理

随机森林（random forest，RF）是基于 Bagging 框架设计的一种集成学习算法。随机森林以决策树为基分类器进行集成，进一步在决策树训练过程中引入了随机选择数据特征的方法。因为构建模型过程中的这种随机性而得名随机森林。

有了之前章节关于决策树的基础内容以及对 Bagging 基本思想的阐述，随机森林就没有太多难以理解的地方了。构建决策树的过程见第 7 章，这里不再重复。因为基础的推导工作之前的章节都已完成，所以这里我们可以直接阐述随机森林的算法过程，简单来说就是两个随机性，具体如下。

(1) 假设有 M 个样本，有放回地随机选择 M 个样本（每次随机选择一个放回后继续选）。

(2) 假设样本有 N 个特征，在决策时的每个结点需要分裂时，随机从这 N 个特征中选取 n 个特征，满足 $n \ll N$，从这 n 个特征中选择特征进行结点分裂。

(3) 基于抽样的 M 个样本 n 个特征按照结点分裂的方式构建决策树。

(4) 按照(1)~(3)步构建大量决策树组成随机森林，然后将每棵树的结果进行综合（分类可使用投票法，回归可使用均值法）。

随机森林的算法流程并不复杂，当我们熟悉了 bagging 的基本思想和决策树的构建过程后，随机森林就很好理解了。

15.3　随机森林的算法实现

15.3.1　基于 NumPy 的随机森林算法实现

有了第 10~14 章关于 Boosting 框架的代码实现经验,随机森林的 NumPy 实现就不太困难了。基于 NumPy 的随机森林编写思路如图 15-2 所示,其中决策树结点、基础决策树以及分类树和回归树前文已经给出了实现方式,这里不再重复。我们需要关注的是自助抽样方法和随机森林的构建方法。

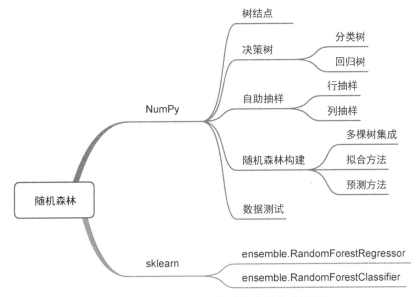

图 15-2　基于 NumPy 的随机森林实现导图

直接定义自助抽样函数,从当前样本中随机选择样本子集,这里需要实现随机森林的第一个随机性,如代码清单 15-1 所示。

代码清单 15-1　定义自助抽样函数

```python
# 导入 numpy 库
import numpy as np
### 自助抽样选择训练数据子集
def bootstrap_sampling(X, y, n_estimators):
    '''
    输入:
    X: 训练样本输入
    y: 训练样本标签
    n_estimators: 树的棵数
    输出:
    sampling_subsets: 抽样子集
    '''
```

```
# 合并数据输入和标签
X_y = np.concatenate([X, y.reshape(-1,1)], axis=1)
# 打乱数据
np.random.shuffle(X_y)
# 样本量
n_samples = X.shape[0]
# 初始化抽样子集列表
sampling_subsets = []
# 遍历产生多个抽样子集
for _ in range(n_estimators):
    # 第一个随机性，行抽样
    idx1 = np.random.choice(n_samples, n_samples, replace=True)
    bootstrap_Xy = X_y[idx1, :]
    bootstrap_X = bootstrap_Xy[:, :-1]
    bootstrap_y = bootstrap_Xy[:, -1]
    sampling_subsets.append([bootstrap_X, bootstrap_y])
return sampling_subsets
```

在代码清单 15-1 中，给定输入输出数据集和决策树棵数，通过随机抽样的方式构造多个抽样子集。结合之前的章节已经完成的基础决策树的实现，这里以分类树为例构造随机森林，如代码清单 15-2 所示。

代码清单 15-2　构造随机森林

```
# 从 cart 模块中导入分类树
from cart import ClassificationTree
# 树的棵数
n_estimators = 10
# 初始化随机森林所包含的树列表
trees = []
# 基于决策树构建森林
for _ in range(n_estimators):
    tree = ClassificationTree(min_samples_split=2, min_gini_impurity=999, max_depth=3)
    trees.append(tree)
```

在代码清单 15-2 中，我们定义了一个 trees 的随机森林决策树列表，通过遍历构造每棵树的方法来构造随机森林。然后基于 trees 这个决策树列表，我们来定义随机森林的训练方法。如代码清单 15-3 所示，训练时每次自助抽样获得一个子集并遍历拟合 trees 列表中的每一棵树，最后得到的是包含训练好的每棵决策树构成的随机森林模型。

代码清单 15-3　随机森林训练

```
### 定义随机森林训练方法
def fit(X, y):
    '''
    输入:
    X: 训练样本输入
    y: 训练样本标签
    '''
    # 对森林中每棵树训练一个双随机抽样子集
    n_features = X.shape[1]
```

```
sub_sets = bootstrap_sampling(X, y, n_estimators)
遍历拟合每一棵树
for i in range(n_estimators):
    sub_X, sub_y = sub_sets[i]
    # 第二个随机性，列抽样
    idx2 = np.random.choice(n_features, max_features, replace=True)
    sub_X = sub_X[:, idx2]
    trees[i].fit(sub_X, sub_y)
    trees[i].feature_indices = idx2
    print('The {}th tree is trained done...'.format(i+1))
```

至此，除预测方法没有定义外，基于 NumPy 的随机森林基本过程已经完成。下面定义一个
RandomForest 类，将自助抽样、训练方法和预测方法都包含在内。完整实现如代码清单 15-4 所示。

代码清单 15-4　定义 RandomForest 类

```
### 定义随机森林类
class RandomForest:
    def __init__(self, n_estimators=100, min_samples_split=2,
        min_gain=0, max_depth=float("inf"), max_features=None):
        # 树的棵数
        self.n_estimators = n_estimators
        # 树最小分裂样本数
        self.min_samples_split = min_samples_split
        # 最小基尼不纯度
        self.min_gini_impurity = self.min_gini_impurity
        # 树最大深度
        self.max_depth = max_depth
        # 所使用最大特征数
        self.max_features = max_features
        self.trees = []
        # 基于决策树构建森林
        for _ in range(self.n_estimators):
            tree = ClassificationTree(min_samples_split = self.min_samples_split,
                                      min_gini_impurity = self.min_gini_impurity,
                                      max_depth = self.max_depth)
            self.trees.append(tree)
    # 自助抽样
    def bootstrap_sampling(self, X, y):
        X_y = np.concatenate([X, y.reshape(-1,1)], axis=1)
        np.random.shuffle(X_y)
        n_samples = X.shape[0]
        sampling_subsets = []

        for _ in range(self.n_estimators):
            # 第一个随机性，行抽样
            idx1 = np.random.choice(n_samples, n_samples, replace=True)
            bootstrap_Xy = X_y[idx1, :]
            bootstrap_X = bootstrap_Xy[:, :-1]
            bootstrap_y = bootstrap_Xy[:, -1]
            sampling_subsets.append([bootstrap_X, bootstrap_y])
        return sampling_subsets
```

```
# 随机森林训练
def fit(self, X, y):
    # 对森林中每棵树训练一个双随机抽样子集
    sub_sets = self.bootstrap_sampling(X, y)
    n_features = X.shape[1]
    # 设置 max_feature
    if self.max_features == None:
        self.max_features = int(np.sqrt(n_features))
    for i in range(self.n_estimators):
        # 第二个随机性，列抽样
        sub_X, sub_y = sub_sets[i]
        idx2 = np.random.choice(n_features, self.max_features, replace=True)
        sub_X = sub_X[:, idx2]
        self.trees[i].fit(sub_X, sub_y)
        # 保存每次列抽样的列索引，方便预测时每棵树调用
        self.trees[i].feature_indices = idx2
        print('The {}th tree is trained done...'.format(i+1))


# 随机森林预测
def predict(self, X):
    # 初始化预测结果列表
    y_preds = []
    # 遍历预测
    for i in range(self.n_estimators):
        idx = self.trees[i].feature_indices
        sub_X = X[:, idx]
        y_pred = self.trees[i].predict(sub_X)
        y_preds.append(y_pred)
    # 对分类结果进行集成
    y_preds = np.array(y_preds).T
    res = []
    # 取多数类为预测类
    for j in y_preds:
        res.append(np.bincount(j.astype('int')).argmax())
    return res
```

在代码清单 15-4 中，我们基于前述代码定义了一个 RandomForest 类，类的初始化方法中主
要包含了决策树的基本超参数和遍历构造随机森林的方法。自助抽样方法和训练方法前述代码已
做说明，这里不再赘述。除此之外，这里添加了一个预测方法，通过遍历训练好的决策树列表，
给出每棵树的预测结果。最后对这些结果进行集成和转化，按照投票法（多数表决）获得最终的
预测结果。

我们以 sklearn 的模拟数据集为例，对基于 NumPy 实现的随机森林模型进行测试，如代码清
单 15-5 所示。

代码清单 15-5　数据测试

```
# 导入相关模块
from sklearn.datasets import make_classification
from sklearn.model_selection import train_test_split
# 生成模拟二分类数据集
```

```
X, y = make_classification(n_samples=1000,n_features=20,
                           n_redundant=0, n_informative=2,random_state=1,
                           n_clusters_per_class=1)
rng = np.random.RandomState(2)
X += 2 * rng.uniform(size=X.shape)
# 划分数据集
X_train, X_test, y_train, y_test = train_test_split(X, y, test_size=0.3)
# 创建随机森林模型实例
rf = RandomForest(n_estimators=10, max_features=15)
# 模型训练
rf.fit(X_train, y_train)
# 模型预测
y_pred = rf.predict(X_test)
acc = accuracy_score(y_test, y_pred)
# 输出分类准确率
print ("Accuracy of NumPy Random Forest:", acc)
```

输出如下：

```
Accuracy of NumPy Random Forest: 0.7366666666666667
```

可以看到，基于 NumPy 手写的随机森林模型在模拟测试集上的分类准确率为 0.74，相对来说不是很高。

15.3.2　基于 sklearn 的随机森林算法实现

sklearn 也提供了随机森林的算法实现方式，基于随机森林的分类和回归调用方式分别为 ensemble.RandomForestClassifier 和 ensemble.RandomForestRegressor。下面同样基于模拟测试集进行拟合，示例如代码清单 15-6 所示。

代码清单 15-6　sklearn 随机森林示例

```
# 导入随机森林分类器
from sklearn.ensemble import RandomForestClassifier
# 创建随机森林分类器实例
clf = RandomForestClassifier(max_depth=3, random_state=0)
# 模型拟合
clf.fit(X_train, y_train)
# 预测
y_pred = clf.predict(X_test)
acc = accuracy_score(y_test, y_pred)
# 输出分类准确率
print ("Accuracy of sklearn Random Forest:", acc)
```

输出如下：

```
Accuracy of NumPy Random Forest: 0.82
```

可以看到，基于同样的模拟数据集，我们手动编写的 NumPy 随机森林算法比 sklearn 随机森林算法的分类准确率稍差一些，说明手动编写的算法在精度上还有一定的优化空间。

15.4   小结

Bagging 是另外一种经典的集成学习算法框架。与 Boosting 不同的是，Bagging 通过自助采样的方式来获取训练基分类器的样本子集。

随机森林是 Bagging 框架的一个典型算法。随机森林的实现建立在决策树的基础之上，然后通过两个随机性——行抽样和列抽样，来构造样本子集并用以训练随机森林的基分类器，最后将每个基分类器的预测结果集成，得到最终的预测结果。

相较于 Boosting 算法，Bagging 是可以并行实现的，高精度和并行下的高性能，使得随机森林一直是机器学习领域最受欢迎的算法之一。

第 16 章

集成学习：对比与调参

虽然现在深度学习大行其道，但以 XGBoost、LightGBM 和 CatBoost 为代表的 Boosting 算法仍有其广阔的用武之地。抛开深度学习适用的文本、图像、语音和视频等非结构化数据应用，对于训练样本较少的结构化数据领域，Boosting 算法仍然是第一选择。本章首先简单阐述前述三大 Boosting 算法的联系与区别，并就一个实际数据案例对三大算法进行对比，然后介绍常用的 Boosting 算法超参数调优方法，包括随机调参法、网格搜索法和贝叶斯调参法，并给出相应的代码示例。

16.1 三大 Boosting 算法对比

XGBoost、LightGBM 和 CatBoost 都是目前经典的 SOTA（state of the art）Boosting 算法，都可以归入梯度提升决策树算法系列。这三个模型都是以决策树为支撑的集成学习框架，其中 XGBoost 是对原始版本 GBDT 算法的改进，而 LightGBM 和 CatBoost 在 XGBoost 基础上做了进一步的优化，在精度和速度上各有所长。

三大模型的原理细节前文已详细阐述，本节不再重复。那么这三大 Boosting 算法又有哪些大的区别呢？主要有两个方面。第一，模型树的构造方式有所不同，XGBoost 使用按层生长（level-wise）的决策树构建策略，LightGBM 则使用按叶子生长（leaf-wise）的构建策略，而 CatBoost 使用对称树结构，其决策树都是完全二叉树。第二，对于类别特征的处理有较大区别，XGBoost 本身不具备自动处理类别特征的能力，对于数据中的类别特征，需要我们手动处理变换成数值后才能输入到模型中；LightGBM 中则需要指定类别特征名称，算法会自动对其进行处理；CatBoost 以处理类别特征而闻名，通过目标变量统计等特征编码方式也能实现高效处理类别特征。

下面以 Kaggle 2015 年的 flights 数据集为例，分别用 XGBoost、LightGBM 和 CatBoost 模型进行实验。图 16-1 是 flights 数据集简介。

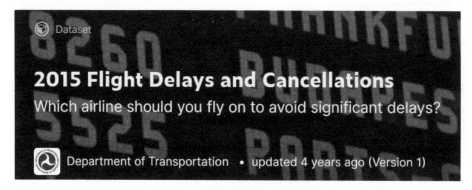

图 16-1   Kaggle flights 数据集

该数据集共有 500 多万条航班记录数据，特征有 31 个。仅作演示用的情况下，我们采用抽样的方式从原始数据集中抽样 1%的数据，并筛选 11 个特征，经过预处理后重新构建训练集，目标是构建对航班是否延误的二分类模型。数据读取和简单预处理过程如代码清单 16-1 所示。

代码清单 16-1   数据读取和预处理

```
# 导入相关模块
import pandas as pd
from sklearn.model_selection import train_test_split
# 读取 flights 数据集
flights = pd.read_csv('flights.csv')
# 数据集抽样 1%
flights = flights.sample(frac=0.01, random_state=10)
# 特征抽样，获取指定的 11 个特征
flights = flights[["MONTH", "DAY", "DAY_OF_WEEK", "AIRLINE",
                   "FLIGHT_NUMBER","DESTINATION_AIRPORT", "ORIGIN_AIRPORT","AIR_TIME",
                   "DEPARTURE_TIME", "DISTANCE", "ARRIVAL_DELAY"]]
# 对标签进行离散化，延误 10 分钟以上才算延误
flights["ARRIVAL_DELAY"] = (flights["ARRIVAL_DELAY"]>10)*1
# 类别特征
cat_cols = ["AIRLINE", "FLIGHT_NUMBER", "DESTINATION_AIRPORT", "ORIGIN_AIRPORT"]
# 类别特征编码
for item in cat_cols:
    flights[item] = flights[item].astype("category").cat.codes +1
# 划分数据集
X_train, X_test, y_train, y_test = train_test_split(
    flights.drop(["ARRIVAL_DELAY"], axis=1),
    flights["ARRIVAL_DELAY"], random_state=10, test_size=0.3)
# 打印划分后的数据集大小
print(X_train.shape, y_train.shape, X_test.shape, y_test.shape)
```

输出如下：

```
(39956, 10) (39956,) (17125, 10) (17125,)
```

在代码清单 16-1 中，我们首先读取了 flights 原始数据集。因为原始数据量太大，所以我们

从中抽样 1%，并筛选了 11 个特征，构建有 57 081 条、11 个特征的航班记录数据集。然后对抽样数据集进行简单的预处理，先对训练标签进行二值离散化，延误超过 10 分钟的转化为 1（延误），延误不到 10 分钟的转化为 0（不延误），再对"航线""航班号""目的地机场""出发地机场"等类别特征进行类别编码处理。最后划分数据集，得到 39 956 条训练样本，17 125 条测试样本。

(1) XGBoost

下面我们开始测试三个模型在该数据集上的表现。先来看 XGBoost，如代码清单 16-2 所示。

代码清单 16-2　XGBoost 在 flights 数据集上的测试

```python
# 导入 xgboost 模块
import xgboost as xgb
# 导入模型评估 auc 函数
from sklearn.metrics import roc_auc_score
# 设置模型超参数
params = {
    'booster': 'gbtree',
    'objective': 'binary:logistic',
    'gamma': 0.1,
    'max_depth': 8,
    'lambda': 2,
    'subsample': 0.7,
    'colsample_bytree': 0.7,
    'min_child_weight': 3,
    'eta': 0.001,
    'seed': 1000,
    'nthread': 4,
}
# 封装 xgboost 数据集
dtrain = xgb.DMatrix(X_train, y_train)
# 训练轮数，即树的棵数
num_rounds = 500
# 模型训练
model_xgb = xgb.train(params, dtrain, num_rounds)
# 对测试集进行预测
dtest = xgb.DMatrix(X_test)
y_pred = model_xgb.predict(dtest)
print('AUC of testset based on XGBoost: ', roc_auc_score(y_test, y_pred))
```

输出如下：

```
AUC of testset based on XGBoost: 0.6845368959487046
```

在代码清单 16-2 中，我们测试了 XGBoost 在 flights 数据集上的表现，导入相关模块并设置模型超参数，基于训练集进行 XGBoost 模型拟合，最后将训练好的模型用于测试集预测，得到测试集 AUC 为 0.68。

(2) LightGBM

LightGBM 在 flights 数据集上的测试过程如代码清单 16-3 所示。

代码清单 16-3　LightGBM 在 flights 数据集上的测试

```
# 导入 lightgbm 模块
import lightgbm as lgb
dtrain = lgb.Dataset(X_train, label=y_train)
params = {
    "max_depth": 5,
    "learning_rate" : 0.05,
    "num_leaves": 500,
    "n_estimators": 300
    }

# 指定类别特征
cate_features_name = ["MONTH","DAY","DAY_OF_WEEK","AIRLINE",
                      "DESTINATION_AIRPORT", "ORIGIN_AIRPORT"]
# lightgbm 模型拟合
model_lgb = lgb.train(params, d_train, categorical_feature = cate_features_name)
# 对测试集进行预测
y_pred = model_lgb.predict(X_test)
print('AUC of testset based on XGBoost: ' roc_auc_score(y_test, y_pred))
```

输出如下：

```
AUC of testset based on XGBoost: 0.6873707383550387
```

在代码清单 16-3 中，我们测试了 LightGBM 在 flights 数据集上的表现，导入相关模块并设置模型超参数，基于训练集进行 LightGBM 模型拟合，最后将训练好的模型用于测试集预测，得到测试集 AUC 为 0.69，跟 XGBoost 表现差不多。

(3) CatBoost

CatBoost 在 flights 数据集上的测试过程如代码清单 16-4 所示。

代码清单 16-4　CatBoost 在 flights 数据集上的测试

```
# 导入 lightgbm 模块
import catboost as cb
# 类别特征索引
cat_features_index = [0,1,2,3,4,5,6]
# 创建 catboost 模型实例
model_cb = cb.CatBoostClassifier(eval_metric="AUC",
                        one_hot_max_size=50, depth=6, iterations=300, l2_leaf_reg=1,
                        learning_rate=0.1)
# catboost 模型拟合
model_cb.fit(X_train, y_train, cat_features=cat_features_index)
# 对测试集进行预测
y_pred = model_cb.predict(X_test)
print('AUC of testset based on CatBoost: ' roc_auc_score(y_test, y_pred))
```

输出如下：

```
AUC of testset based on CatBoost: 0.5463773041667715
```

在代码清单 16-4 中，我们测试了 CatBoost 在 flights 数据集上的表现，导入相关模块并设置模型超参数，基于训练集进行 CatBoost 模型拟合，最后将训练好的模型用于测试集预测，得到测试集 AUC 为 0.55。相较于 XGBoost 和 LightGBM，CatBoost 在该数据集上的表现要差不少。表 16-1 是针对 flights 数据集三大模型的综合对比。

表 16-1   三大模型性能对比

	XGBoost	LightGBM	CatBoost
基本超参数	max_depth: 8, lambda: 2, subsample: 0.7, colsample_bytree: 0.7, min_child_weight: 3 n_estimator: 500	max_depth: 5, learning_rate: 0.05, num_leaves: 500, n_estimators: 300	one_hot_max_size=10, depth=6, iterations=300, l2_leaf_reg=1, learning_rate=0.1
训练集 AUC	0.7516	0.8812	0.5735
测试集 AUC	0.6845	0.6874	0.5464
训练时间（s）	21.95	2.18	37.28
测试时间（s）	0.23	0.51	0.28

从表 16-1 来看，LightGBM 无论是在精度上还是速度上，都要优于 XGBoost 和 CatBoost。当然，我们只是在数据集上直接用三个模型做了比较，没有做进一步的数据特征工程和超参数调优，表 16-1 的结果均可进一步优化。

16.2   常用的超参数调优方法

机器学习模型中有大量参数需要事先人为设定，比如神经网络训练的 batch-size、XGBoost 等集成学习模型的树相关参数，我们将这类不是经过模型训练得到的参数叫作**超参数**（hyperparameter）。人为调整超参数的过程就是我们熟知的调参。机器学习中常用的调参方法包括**网格搜索法**（grid search）、**随机搜索法**（random search）和**贝叶斯优化**（bayesian optimization）。

16.2.1   网格搜索法

网格搜索是一种常用的超参数调优方法，常用于优化三个或者更少数量的超参数，本质上是一种穷举法。对于每个超参数，使用者选择一个较小的有限集去探索，然后这些超参数笛卡儿乘积得到若干组超参数。网格搜索使用每组超参数训练模型，挑选验证集误差最小的超参数作为最优超参数。

例如，我们有三个需要优化的超参数 a、b、c，候选取值分别是{1,2}、{3,4}、{5,6}，则所有可能的参数取值组合组成了一个有 8 个点的三维空间网格：{(1, 3, 5)、(1, 3, 6)、(1, 4, 5)、(1, 4, 6)、(2, 3, 5)、(2, 3, 6)、(2, 4, 5)、(2, 4, 6)}，网格搜索就是通过遍历这 8 个可能的参数取值组合进行训练和验证，最终得到最优超参数。

sklearn 中通过 model_selection 模块下的 GridSearchCV 来实现网格搜索调参，并且这个调参过程是加了交叉验证的。我们同样以 16-1 节的 flights 数据集为例，展示 XGBoost 的网格搜索示例，如代码清单 16-5 所示。

代码清单 16-5　网格搜索示例

```
### 基于 XGBoost 的 GridSearch 搜索范例
# 导入 GridSearch 模块
from sklearn.model_selection import GridSearchCV
# 创建 xgb 分类模型实例
model = xgb.XGBClassifier()
# 待搜索的参数列表空间
param_lst = {"max_depth": [3,5,7],
             "min_child_weight" : [1,3,6],
             "n_estimators": [100,200,300],
             "learning_rate": [0.01, 0.05, 0.1]
             }
# 创建网格搜索对象
grid_search = GridSearchCV(model, param_grid=param_lst, cv=3, verbose=10, n_jobs=-1)
# 基于 flights 数据集执行搜索
grid_search.fit(X_train, y_train)
# 输出搜索结果
print(grid_search.best_estimator_)
```

输出如下：

```
XGBClassifier(max_depth=5, min_child_weight=6, n_estimators=300)
```

代码清单 16-5 给出了基于 XGBoost 的网格搜索范例。我们首先创建了 XGBoost 分类模型实例，然后给出待搜索的参数和对应的参数范围列表，并基于 GridSearch 创建网格搜索对象，最后拟合训练数据，输出网格搜索的参数结果。可以看到，当树最大深度为 5、最小子树权重取 6 且树的棵数为 300 时，模型能达到相对最优的效果。

16.2.2　随机搜索

随机搜索，顾名思义，即在指定超参数范围内或者分布上随机搜寻最优超参数。相较于网格搜索方法，给定超参数分布，并不是所有超参数都会进行尝试，而是会从给定分布中抽样固定数量的参数，实际仅对这些抽样到的超参数进行实验。相较于网格搜索，随机搜索有时候会更高效。sklearn 中通过 model_selection 模块下的 RandomizedSearchCV 方法进行随机搜索。基于 XGBoost 的随机搜索示例如代码清单 16-6 所示。

代码清单 16-6 随机搜索示例

```
### 基于 XGBoost 的 RandomizedSearch 搜索范例
# 导入 RandomizedSearchCV 方法
from sklearn.model_selection import RandomizedSearchCV
# 创建 xgb 分类模型实例
model = xgb.XGBClassifier()
# 待搜索的参数列表空间
param_lst = {'max_depth': [3,5,7],
             'min_child_weight': [1,3,6],
             'n_estimators': [100,200,300],
             'learning_rate': [0.01, 0.05, 0.1]
            }
# 创建网格搜索
random_search = RandomizedSearchCV(model, param_lst, random_state=0)
# 基于 flights 数据集执行搜索
random_search.fit(X_train, y_train)
# 输出搜索结果
print(random_search.best_params_)
```

输出如下：

```
{'n_estimators': 300, 'min_child_weight': 6, 'max_depth': 5,
 'learning_rate': 0.1}
```

代码清单 16-6 给出了随机搜索示例，模式跟网格搜索基本一致。随机搜索的结果显示树的棵数取 300、最小子树权重为 6、最大深度为 5、学习率取 0.1 时模型达到最优。

16.2.3 贝叶斯调参

本节介绍第三种调参方法——贝叶斯优化，它可能是最好的一种调参方法。贝叶斯优化是一种基于**高斯过程**（Gaussian process）和贝叶斯定理的参数优化方法，近年来广泛用于机器学习模型的超参数调优。这里不详细探讨高斯过程和贝叶斯优化的数学原理，仅展示贝叶斯优化的基本用法和调参示例。

贝叶斯优化其实跟其他优化方法一样，都是为了求目标函数取最大值时的参数值。作为序列优化问题，贝叶斯优化需要在每次迭代时选取一个最优观测值，这是它的关键问题，而这个关键问题正好被上述高斯过程完美解决。关于贝叶斯优化的大量数学原理，包括高斯过程、采集函数、Upper Confidence Bound（UCB）和 Expectation Improvements（EI）等概念原理，本节限于篇幅不做更多描述。贝叶斯优化可直接借用现成的第三方库 BayesianOptimization 来实现。示例如代码清单 16-7 所示。

代码清单 16-7 贝叶斯优化示例

```
### 基于 XGBoost 的 BayesianOptimization 搜索范例
# 导入 xgb 模块
import xgboost as xgb
```

```python
# 导入贝叶斯优化模块
from bayes_opt import BayesianOptimization
# 定义目标优化函数
def xgb_evaluate(min_child_weight,
                 colsample_bytree,
                 max_depth,
                 subsample,
                 gamma,
                 alpha):
    # 指定要优化的超参数
    params['min_child_weight'] = int(min_child_weight)
    params['cosample_bytree'] = max(min(colsample_bytree, 1), 0)
    params['max_depth'] = int(max_depth)
    params['subsample'] = max(min(subsample, 1), 0)
    params['gamma'] = max(gamma, 0)
    params['alpha'] = max(alpha, 0)
    # 定义 xgb 交叉验证结果
    cv_result = xgb.cv(params, dtrain,
                       num_boost_round=num_rounds, nfold=5,
                       seed=random_state,
                       callbacks=[xgb.callback.early_stop(50)])
    return cv_result['test-auc-mean'].values[-1]

# 定义相关参数
num_rounds = 3000
random_state = 2021
num_iter = 25
init_points = 5
params = {
    'eta': 0.1,
    'silent': 1,
    'eval_metric': 'auc',
    'verbose_eval': True,
    'seed': random_state
}
# 创建贝叶斯优化实例
# 并设定参数搜索范围
xgbBO = BayesianOptimization(xgb_evaluate,
                             {'min_child_weight': (1, 20),
                              'colsample_bytree': (0.1, 1),
                              'max_depth': (5, 15),
                              'subsample': (0.5, 1),
                              'gamma': (0, 10),
                              'alpha': (0, 10),
                             })
# 执行调优过程
xgbBO.maximize(init_points=init_points, n_iter=num_iter)
```

代码清单 16-7 给出了基于 XGBoost 的贝叶斯优化示例。在执行贝叶斯优化前，我们需要基于 XGBoost 的交叉验证 xgb.cv 定义一个待优化的目标函数，获取 xgb.cv 交叉验证结果，并以测试集 AUC 为优化时的精度衡量指标。最后将定义好的目标优化函数和超参数搜索范围传入贝叶斯优化函数 BayesianOptimization 中，给定初始化点和迭代次数，即可执行贝叶斯优化。

部分优化过程如图 16-2 所示，可以看到，贝叶斯优化在第 23 次迭代时达到最优，当 alpha 参数取 4.099、列抽样比例为 0.1、gamma 参数为 0、树最大深度为 5、最小子树权重取 5.377 以及子抽样比例为 1.0 时，测试集 AUC 达到最优的 0.72。

```
|  22      |  0.7069  |  5.509  |  1.0  |  0.0  |  15.0  |  1.0   |  1.0  |
Multiple eval metrics have been passed: 'test-auc' will be used for early stopping.

Will train until test-auc hasn't improved in 50 rounds.
Stopping. Best iteration:
[313]   train-auc:0.844097+0.00169582   test-auc:0.717143+0.00497509

|  23      |  0.7171  |  4.099  |  0.1  |  0.0  |  5.0   |  5.377 |  1.0  |
Multiple eval metrics have been passed: 'test-auc' will be used for early stopping.

Will train until test-auc hasn't improved in 50 rounds.
Stopping. Best iteration:
[121]   train-auc:0.861537+0.000673411  test-auc:0.704227+0.00621222

|  24      |  0.7042  |  10.0   |  0.1  |  0.0  |  15.0  |  20.0  |  0.5  |
Multiple eval metrics have been passed: 'test-auc' will be used for early stopping.
```

图 16-2　贝叶斯优化过程输出

16.3　小结

本章在前几章集成学习内容基础上做了简单的综合对比，并给出了集成学习常用的超参数调优方法和示例。我们针对常用的三大 Boosting 集成学习模型——XGBoost、LightGBM 和 CatBoost，以具体的数据实例做了精度和速度上的性能对比，但限于具体的数据集和调优差异，对比结果仅作演示说明，并不能真正代表 LightGBM 模型一定优于 CatBoost 模型。此外还介绍了三大常用的超参数调优方法：网格搜索法、随机搜索法和贝叶斯优化法，并且基于同样的数据集给出了这三种方法的使用示例，但限于篇幅，并没有深入阐述每个方法的数学原理。

第四部分

无监督学习模型

第17章

聚类分析与 k 均值聚类算法

不同于前面各章，本章开始介绍无监督学习模型。**聚类分析**（cluster analysis）是一类经典的无监督学习算法。在给定样本的情况下，聚类分析通过度量特征相似度或者距离，将样本自动划分为若干类别。本章在介绍常用距离度量方式和聚类算法的基础上，重点阐述 k 均值聚类算法，并给出基于 NumPy 与 sklearn 的算法实现方式。

17.1　距离度量和相似度度量方式

距离度量和相似度度量是聚类分析的核心概念，大多数聚类算法建立在距离度量之上。常用的距离度量方式包括闵氏距离和马氏距离，常用的相似度度量方式包括相关系数和夹角余弦等。在第 6 章中，我们已经简单介绍了常用的距离度量方式，这里回顾一下这些方法。

(1) 闵氏距离。闵氏距离即闵可夫斯基距离（Minkowski distance），该距离定义如下。给定 m 维向量样本集合 X，对于 $x_i, x_j \in X$，$x_i = (x_{1i}, x_{2i}, \cdots, x_{mi})^{\mathrm{T}}$，$x_j = (x_{1j}, x_{2j}, \cdots, x_{mj})^{\mathrm{T}}$，那么样本 x_i 与样本 x_j 的闵氏距离可定义为：

$$d_{ij} = \left(\sum_{k=1}^{m} \left| x_{ki} - x_{kj} \right|^p \right)^{\frac{1}{p}}, \ p \geqslant 1 \tag{17-1}$$

当 $p=1$ 时，闵氏距离就变成了**曼哈顿距离**（Manhatan distance）：

$$d_{ij} = \sum_{k=1}^{m} \left| x_{ki} - x_{kj} \right| \tag{17-2}$$

当 $p=2$ 时，闵氏距离就是常见的**欧氏距离**（Euclidean distance）：

$$d_{ij} = \left(\sum_{k=1}^{m} \left| x_{ki} - x_{kj} \right|^2 \right)^{\frac{1}{2}} \tag{17-3}$$

当 $p = \infty$ 时，闵氏距离也称**切比雪夫距离**（Chebyshev distance）：

$$d_{ij} = \max \left| x_{ki} - x_{kj} \right| \tag{17-4}$$

(2) 马氏距离。马氏距离的全称为**马哈拉诺比斯距离**（Mahalanobis distance），是一种衡量各个特征之间相关性的聚类度量方式。给定一个样本集合 $X = (x_{ij})_{m \times n}$，假设该样本集合的协方差矩阵为 $\boldsymbol{S}$，那么样本 x_i 与样本 x_j 之间的马氏距离可定义为：

$$d_{ij} = \left[(x_i - x_j)^{\mathrm{T}} \boldsymbol{S}^{-1} (x_i - x_j) \right]^{\frac{1}{2}} \tag{17-5}$$

当 $\boldsymbol{S}$ 为单位矩阵，即样本的各特征之间相互独立且方差为 1 时，马氏距离就是欧氏距离。

(3) 相关系数。**相关系数**（correlation coefficent）是度量样本相似度最常用的方式。相关系数越接近 1，表示两个样本越相似；相关系数越接近 0，表示两个样本越不相似。样本 x_i 与样本 x_j 之间的相关系数可定义为：

$$r_{ij} = \frac{\sum_{k=1}^{m} (x_{ki} - \overline{x}_i)(x_{kj} - \overline{x}_j)}{\left[\sum_{k=1}^{m} (x_{ki} - \overline{x}_i)^2 \sum_{k=1}^{m} (x_{kj} - \overline{x}_j)^2 \right]^{\frac{1}{2}}} \tag{17-6}$$

(4) 夹角余弦。**夹角余弦**（angle cosine）也是度量两个样本相似度的方式。夹角余弦越接近 1，表示两个样本越相似；夹角余弦越接近 0，表示两个样本越不相似。样本 x_i 与样本 x_j 之间的夹角余弦可定义为：

$$AC_{ij} = \frac{\sum_{k=1}^{m} x_{ki} x_{kj}}{\left[\sum_{k=1}^{m} x_{ki}^2 \sum_{k=1}^{m} x_{kj}^2 \right]^{\frac{1}{2}}} \tag{17-7}$$

17.2 聚类算法一览

聚类算法通过距离度量将相似的样本归入同一个**簇**（cluster）中，这使得同一个簇中的样本对象的相似度尽可能大，同时不同簇中的样本对象的差异性也尽可能大。图 17-1 是一个聚类算法的示例图，可以看到，通过聚类算法对左图的样本数据进行聚类，得到了右图的三个聚类簇。

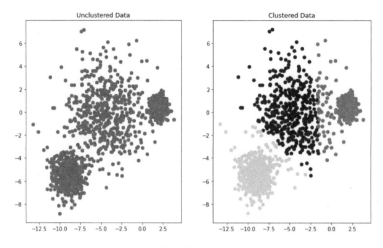

图 17-1　聚类示意图（另见彩插）

　　常用的聚类算法有如下几种：基于距离的聚类，该类算法的目标是使簇内距离小、簇间距离大，最典型的就是本章将要详细阐述的 k 均值聚类算法；基于密度的聚类，该类算法是根据样本邻近区域的密度来进行划分的，最常见的密度聚类算法当数 DBSCAN 算法；层次聚类算法，包括合并层次聚类和分裂层次聚类等；基于图论的谱聚类算法等。图 17-2 是 sklearn 在不同数据集上的 10 类聚类算法效果对比。

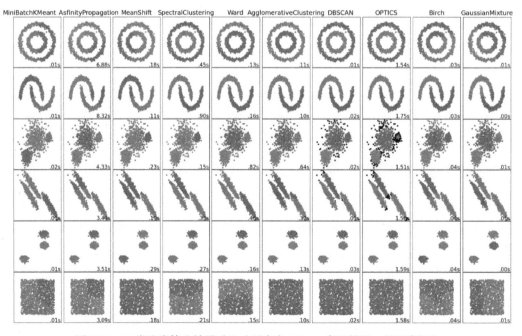

图 17-2　10 类聚类算法效果对比（图来自 sklearn 官网教程，另见彩插）

图 17-2 中从左至右分别为 k 均值聚类算法、近似传播算法、均值移动、谱聚类、Ward 层次聚类算法、聚集聚类算法、DBSCAN、OPTICS、Birch 算法以及高斯混合算法，纵向为 6 个不同的数据集。

17.3 k 均值聚类算法的原理推导

本章我们选取 k 均值聚类算法为代表进行详细介绍。给定 $m \times n$ 维度大小的样本集合 $X = \{x_1, x_2, \cdots, x_m\}$，$k$ 均值聚类是要将 m 个样本划分到 k 个类别区域，通常 $k < m$。所以 k 均值聚类可以总结为对样本集合 X 的划分，其学习策略是通过最小化损失函数来选取最优划分。

假设使用欧氏距离作为 k 均值聚类算法的距离度量方式，则样本间的距离 d_{ij} 可定义为：

$$d_{ij} = \sum_{k=1}^{n}(x_{ki} - x_{kj})^2 = \| x_i - x_j \|^2 \tag{17-8}$$

定义样本与其所属类中心之间的距离总和为最终损失函数：

$$L(C) = \sum_{i=1}^{k} \sum_{C(i)=l} \| x_i - \overline{x}_l \|^2 \tag{17-9}$$

其中，$\overline{x}_l = (\overline{x}_{1l}, \overline{x}_{2l}, \cdots, \overline{x}_{ml})^{\mathrm{T}}$ 为第 l 个类的**质心**（centroid），即类的中心点；$n_l = \sum_{i=1}^{n} I(L(i) = l)$ 中的 $(L(i) = l)$ 表示指示函数，取值为 1 或者 0。函数 $L(C)$ 表示相同类中样本的相似度。所以 k 均值聚类可以规约为一个优化问题来进行求解：

$$\begin{aligned} C^* &= \arg\min_{C} L(C) \\ &= \arg\min_{C} \sum_{l=1}^{k} \sum_{C(i)=l} \| x_i - \overline{x}_l \|^2 \end{aligned} \tag{17-10}$$

该问题是一个 NP 难的组合优化问题，实际求解时我们采用迭代的方法。

根据前述流程，我们可以梳理 k 均值聚类算法的主要流程，具体如下。

(1) 初始化质心。即在第 0 次迭代时随机选择 k 个样本点作为初始化的聚类质心 $m^{(0)} = \left(m_1^{(0)}, \cdots, m_l^{(0)}, \cdots, m_k^{(0)} \right)$。

(2) 按照样本与质心的距离对样本进行聚类。对固定的质心 $m^{(t)} = \left(m_1^{(t)}, \cdots, m_l^{(t)}, \cdots, m_k^{(t)} \right)$，其中 $m_l^{(t)}$ 为类 G_l 的质心，计算每个样本到质心的距离，将每个样本划分到与其最近的质心所在的类，构成初步的聚类结果 $C^{(t)}$。

(3) 计算上一步聚类结果的新的质心。对聚类结果 $C^{(t)}$ 计算当前各个类中样本的均值，并作

为新的质心 $m^{(t+1)} = \left(m_1^{(t+1)}, \cdots, m_l^{(t+1)}, \cdots, m_k^{(t+1)} \right)$。

(4) 如果迭代收敛或者满足迭代停止条件，则输出最后的聚类结果 $C^* = C^{(t)}$，否则令 $t = t+1$，返回第(2)步重新计算。

17.4　k 均值聚类算法实现

17.4.1　基于 NumPy 的 k 均值聚类算法实现

本节中，我们基于 NumPy 按照前述算法流程来实现一个 k 均值聚类算法。回顾上述过程，我们可以先思考一下如何定义算法流程。首先要定义欧氏距离计算函数，然后定义质心初始化函数，根据样本与质心的欧氏距离划分类别并获取聚类结果，根据新的聚类结果重新计算质心，重新聚类直到满足停止条件。完整的编写思路如图 17-3 所示。

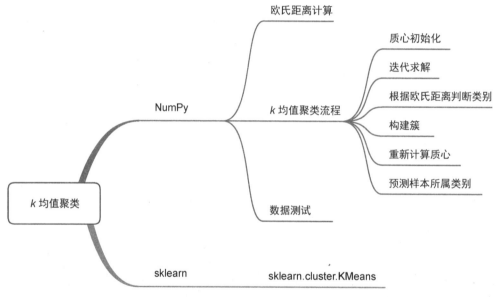

图 17-3　基于 NumPy 的 k 均值聚类算法编写思路

先定义两个向量之间的欧氏距离函数，如代码清单 17-1 所示。

代码清单 17-1　定义欧氏距离函数

```
# 导入 numpy 库
import numpy as np
### 定义欧氏距离函数
def euclidean_distance(x, y):
    '''
```

```
输入：
x: 向量 x
y: 向量 y
输出：
np.sqrt(distance)：欧氏距离
'''
# 初始化距离
distance = 0
# 遍历并对距离的平方进行累加
for i in range(len(x)):
    distance += pow((x[i] - y[i]), 2)
return np.sqrt(distance)
```

在代码清单 17-1 中，我们定义了两个向量 **x** 和 **y** 之间的欧氏距离计算过程。通过遍历计算两个向量元素的差的平方，累加后开根号，得到两个向量的欧氏距离。

接下来定义 k 均值聚类算法流程所需要的各种辅助函数，包括质心初始化、根据质心和距离判断所属质心索引、为每个样本分配簇、重新计算质心和类别预测等方法。先来定义质心初始化方法。

(1) 质心初始化。质心初始化即类中心初始化，也就是为每个类别随机选择样本进行类中心初始化。该过程也是 k 均值聚类算法的起点。质心初始化过程如代码清单 17-2 所示。

代码清单 17-2　质心初始化

```
### 定义质心初始化函数
def centroids_init(X, k):
    '''
    输入：
    X: 训练样本，NumPy 数组
    k: 质心个数，也是聚类个数
    输出：
    centroids: 质心矩阵
    '''
    # 样本数和特征数
    m, n = X.shape
    # 初始化质心矩阵，大小为质心个数×特征数
    centroids = np.zeros((k, n))
    # 遍历
    for i in range(k):
        # 每一次循环随机选择一个类中心作为质心向量
        centroid = X[np.random.choice(range(m))]
        # 将质心向量分配给质心矩阵
        centroids[i] = centroid
    return centroids
```

在代码清单 17-2 中，输入为训练样本和质心个数，输出为初始化后的质心矩阵。首先获取输入样本数和特征数，基于质心个数×特征数用零矩阵初始化质心矩阵，然后遍历迭代，每次循环随机选择一个类中心作为质心向量，最后将每个质心向量分配给质心矩阵。

(2) 根据质心和距离判断所属质心索引。初始化质心后，需要基于欧氏距离计算每个样本所属最近质心的索引。计算过程如代码清单 17-3 所示。

代码清单 17-3 根据质心和距离判断所属质心索引

```
### 定义样本所属最近质心的索引
def closest_centroid(x, centroids):
    '''
    输入:
    x: 单个样本实例
    centroids: 质心矩阵
    输出:
    closest_i:
    '''
    # 初始化最近索引和最近距离
    closest_i, closest_dist = 0, float('inf')
    # 遍历质心矩阵
    for i, centroid in enumerate(centroids):
        # 计算欧氏距离
        distance = euclidean_distance(x, centroid)
        # 根据欧氏距离判断并选择最近质心的索引
        if distance < closest_dist:
            closest_i = i
            closest_dist = distance
    return closest_i
```

在代码清单 17-3 中，输入为单个样本实例和质心矩阵，首先初始化最近索引和最近距离，然后遍历质心矩阵中的每一个质心向量，计算样本与当前质心向量的距离，以最近索引为该样本的质心索引。

(3) 为每个样本分配簇。这一步实际上是聚类过程，也就是将每一个样本分配到最近的类簇中。分配样本和构建簇的过程如代码清单 17-4 所示。

代码清单 17-4 为每个样本分配簇

```
### 分配样本与构建簇
def build_clusters(centroids, k, X):
    '''
    输入:
    centroids: 质心矩阵
    k: 质心个数, 也是聚类个数
    X: 训练样本, NumPy 数组
    输出:
    clusters: 聚类簇
    '''
    # 初始化簇列表
    clusters = [[] for _ in range(k)]
    # 遍历训练样本
    for x_i, x in enumerate(X):
        # 获取样本所属最近质心的索引
        centroid_i = closest_centroid(x, centroids)
```

```
    # 将当前样本添加到所属类簇中
    clusters[centroid_i].append(x_i)
return clusters
```

在代码清单 17-4 中，我们以质心矩阵、质心个数和训练样本作为输入，首先初始化簇列表，然后遍历训练样本，计算样本所属最近质心的索引，并将当前样本添加到所属类簇中，通过遍历迭代的方式构建聚类簇。

(4) 重新计算质心。*k* 均值聚类算法的核心思想在于不断地动态调整，根据前一步生成的类簇重新计算质心，然后执行聚类过程。完成过程如代码清单 17-5 所示。

代码清单 17-5 计算当前质心

```
### 计算质心
def calculate_centroids(clusters, k, X):
    '''
    输入：
    clusters：上一步的聚类簇
    k：质心个数，也是聚类个数
    X：训练样本，NumPy 数组
    输出：
    centroids：更新后的质心矩阵
    '''
    # 特征数
    n = X.shape[1]
    # 初始化质心矩阵，大小为质心个数×特征数
    centroids = np.zeros((k, n))
    # 遍历当前簇
    for i, cluster in enumerate(clusters):
        # 计算每个簇的均值作为新的质心
        centroid = np.mean(X[cluster], axis=0)
        # 将质心向量分配给质心矩阵
        centroids[i] = centroid
    return centroids
```

在代码清单 17-5 中，我们给出了质心的计算过程。以上一步的聚类簇、质心个数和训练样本作为输入，计算当前的质心矩阵。与代码清单 17-1 的初始化随机选择样本构成质心矩阵不同，这里选择每个簇的均值来构成新的质心矩阵。

(5) 获取样本所属类别。最后还需要获取每个样本实际所属的聚类类别，具体如代码清单 17-6 所示。

代码清单 17-6 获取样本所属的聚类类别

```
### 获取每个样本所属的聚类类别
def get_cluster_labels(clusters, X):
    '''
    输入：
    clusters：当前的聚类簇
    X：训练样本，NumPy 数组
```

```
输出:
y_pred: 预测类别
'''
# 预测结果初始化
y_pred = np.zeros(X.shape[0])
# 遍历聚类簇
for cluster_i, cluster in enumerate(clusters):
    # 遍历当前簇
    for sample_i in cluster:
        # 为每个样本分配类别簇
        y_pred[sample_i] = cluster_i
return y_pred
```

完成上述 k 均值聚类算法组件后,我们将各个组件进行封装,定义一个完整的 k 均值聚类算法流程,如代码清单 17-7 所示。

代码清单 17-7　k 均值聚类算法封装过程

```
### k 均值聚类算法流程封装
def kmeans(X, k, max_iterations):
    '''
    输入:
    X: 训练样本, NumPy 数组
    k: 质心个数, 也是聚类个数
    max_iterations: 最大迭代次数
    输出:
    预测类别列表
    '''
    # 1.初始化质心
    centroids = centroids_init(X, k)
    # 遍历迭代求解
    for _ in range(max_iterations):
        # 2.根据当前质心进行聚类
        clusters = build_clusters(centroids, k, X)
        # 保存当前质心
        cur_centroids = centroids
        # 3.根据聚类结果计算新的质心
        centroids = calculate_centroids(clusters, k, X)
        # 4.设定收敛条件为质心是否发生变化
        diff = centroids - cur_centroids
        if not diff.any():
            break
    # 返回最终的聚类标签
    return get_cluster_labels(clusters, X)
```

算法封装完后,我们用一个小例子测试一下算法效果,测试过程如代码清单 17-8 所示。

代码清单 17-8　基于 NumPy 的 k 均值聚类算法测试

```
# 创建测试数据
X = np.array([[0,2],[0,0],[1,0],[5,0],[5,2]])
# 设定聚类类别为 2 个, 最大迭代次数为 10
labels = kmeans(X, 2, 10)
```

```
# 打印每个样本所属的类别标签
print(labels)
```

输出如下：

```
[0. 0. 0. 1. 1.]
```

在代码清单 17-8 中，我们基于 NumPy 数组创建了一组测试数据，设定聚类类别为 2 个，最大迭代次数为 10。输出结果显示，k 均值聚类算法将第 1~3 个样本聚为一类，第 4~5 个样本聚为一类。

17.4.2　基于 sklearn 的 k 均值聚类算法实现

sklearn 也提供了 k 均值聚类算法的实现方式，k 均值聚类算法调用的模块为 KMeans，同样基于模拟测试集进行拟合，示例如代码清单 17-9 所示。

代码清单 17-9　基于 sklearn 的 k 均值聚类示例

```
# 导入 KMeans 模块
from sklearn.cluster import Kmeans
# 创建 k 均值聚类实例并进行数据拟合
kmeans = KMeans(n_clusters=2, random_state=0).fit(X)
# 打印拟合标签
print(kmeans.labels_)
```

输出如下：

```
[1. 1. 1. 0. 0.]
```

如代码清单 17-9 所示，基于 sklearn.cluster 模块导入 KMeans 函数，然后创建 k 均值聚类模型实例并进行数据拟合，最后输出的 k 均值聚类结果跟代码清单 17-8 的聚类结果相反，但聚类的两个类别是一致的。

17.5　小结

本章开始介绍一些典型的无监督学习算法，而聚类算法正是无监督学习的典型算法。聚类算法建立在距离度量方式的基础之上，常用的距离度量方式包括闵氏距离和马氏距离，常用的相似度度量方式包括相关系数和夹角余弦等。

k 均值聚类算法是众多聚类算法中最常用的代表性算法。作为一种动态迭代的算法，k 均值聚类算法的主要步骤包括质心初始化、根据距离度量进行初步聚类、根据聚类结果计算新的质心、不断迭代聚类直至满足停止条件。这种不断动态迭代优化的算法，从思想上看更像是一种 EM 算法（详见第 22 章）。

第 18 章

主成分分析

区别于聚类分析，降维是另一类无监督学习算法，而**主成分分析**（principal component analysis，PCA）是一种经典的降维算法。PCA 通过正交变换将一组由线性相关变量表示的数据转换为几个由线性无关变量表示的数据，这几个线性无关变量就是主成分。PCA 是一种应用广泛的数据分析和降维方法。本章将在阐述 PCA 主要原理和推导的基础上，给出其 NumPy 和 sklearn 实现方式。

18.1 PCA 原理推导

针对高维数据的降维问题，PCA 的基本思路如下：首先将需要降维的数据的各个变量标准化（规范化）为均值为 0、方差为 1 的数据集，然后对标准化后的数据进行正交变换，将原来的数据转换为由若干个线性无关向量表示的新数据。这些新向量表示的数据不仅要求相互线性无关，而且需要所包含的信息量最大。PCA 的一个示例如图 18-1 所示。

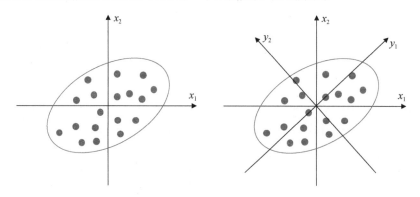

图 18-1　PCA 示例

图 18-1 中，左图是一组由变量 x_1 和 x_2 表示的二维空间，数据分布于图中椭圆形区域内，能够看到，变量 x_1 和 x_2 存在一定的相关关系；右图是对数据进行正交变换后的数据坐标，由变量 y_1 和 y_2 表示。为了使得变换后的信息量最大，PCA 使用方差最大的方向作为新坐标系的第一坐标

轴 y_1，方差第二大的作为第二坐标轴 y_2。

PCA 使用方差来衡量新变量的信息量大小，按照方差大小排序依次为第一主成分、第二主成分等。下面对 PCA 原理进行简单推导。

假设原始数据为 m 维随机变量 $\boldsymbol{x} = (x_1, x_2, \cdots, x_m)^{\mathrm{T}}$，其均值向量 $\boldsymbol{\mu} = \mathrm{E}(\boldsymbol{x}) = (\mu_1, \mu_2, \cdots, \mu_m)^{\mathrm{T}}$，协方差矩阵为：

$$\boldsymbol{\Sigma} = \mathrm{cov}(\boldsymbol{x}, \boldsymbol{x}) = \mathrm{E}\left[(\boldsymbol{x} - \boldsymbol{\mu})(\boldsymbol{x} - \boldsymbol{\mu})^{\mathrm{T}}\right] \tag{18-1}$$

由 m 维随机变量 $\boldsymbol{x}$ 到 m 维随机变量 $\boldsymbol{y} = (y_1, y_2, \cdots, y_m)^{\mathrm{T}}$ 的线性变换：

$$y_i = \boldsymbol{\alpha}_i^{\mathrm{T}} \boldsymbol{x} = \alpha_{1i} x_1 + \alpha_{2i} x_2 + \cdots + \alpha_{mi} x_m \tag{18-2}$$

其中 $\boldsymbol{\alpha}_i^{\mathrm{T}} = (\alpha_{1i}, \alpha_{2i}, \cdots, \alpha_{mi})$。

经过线性变换后的随机变量 y_i 的均值、方差和协方差统计量可以表示为：

$$\mathrm{E}(y_i) = \boldsymbol{\alpha}_i^{\mathrm{T}} \mu_i, \quad i = 1, 2, \cdots, m \tag{18-3}$$

$$\mathrm{var}(y_i) = \boldsymbol{\alpha}_i^{\mathrm{T}} \boldsymbol{\Sigma} \boldsymbol{\alpha}_i, \quad i = 1, 2, \cdots, m \tag{18-4}$$

$$\mathrm{cov}(y_i, y_j) = \boldsymbol{\alpha}_i^{\mathrm{T}} \boldsymbol{\Sigma} \boldsymbol{\alpha}_j, \quad i, j = 1, 2, \cdots, m \tag{18-5}$$

当随机变量 $\boldsymbol{x}$ 到随机变量 $\boldsymbol{y}$ 的线性变换满足如下条件时，变换后的 $y_1, y_2, \cdots, y_m$ 分别为随机变量 $\boldsymbol{x}$ 的第一主成分、第二主成分、……、第 m 主成分。

(1) 线性变换的系数向量 $\boldsymbol{\alpha}_i^{\mathrm{T}}$ 为单位向量，有 $\boldsymbol{\alpha}_i^{\mathrm{T}} \boldsymbol{\alpha}_i = 1$，$i = 1, 2, \cdots, m$。

(2) 线性变换后的变量 y_i 与 y_j 线性无关，即 $\mathrm{cov}(y_i, y_j) \neq 0 (i \neq j)$。

(3) 变量 y_1 是随机变量 $\boldsymbol{x}$ 所有线性变换中方差最大的，y_2 是与 y_1 无关的所有线性变换中方差最大的。

上述三个条件给出了求解主成分的基本方法。根据优化目标和约束条件，我们可以使用拉格朗日乘子法来求解主成分。下面以第一主成分为例进行求解推导。第一主成分的优化问题的数学表达为：

$$\max \quad \boldsymbol{\alpha}_1^{\mathrm{T}} \boldsymbol{\Sigma} \boldsymbol{\alpha}_1 \tag{18-6}$$

$$\text{s.t.} \quad \boldsymbol{\alpha}_1^{\mathrm{T}} \boldsymbol{\alpha}_1 = 1 \tag{18-7}$$

定义拉格朗日函数如下：

$$L = \boldsymbol{\alpha}_1^{\mathrm{T}} \boldsymbol{\Sigma} \boldsymbol{\alpha}_1 - \lambda(\boldsymbol{\alpha}_1^{\mathrm{T}} \boldsymbol{\alpha}_1 - 1) \tag{18-8}$$

将式(18-8)的拉格朗日函数对 $\boldsymbol{\alpha}_1$ 求导并令其为 0，有：

$$\frac{\partial L}{\partial \boldsymbol{\alpha}_1} = \boldsymbol{\Sigma}\boldsymbol{\alpha}_1 - \lambda\boldsymbol{\alpha}_1 = 0 \tag{18-9}$$

根据矩阵特征值与特征向量的关系，由式(18-9)可知 λ 为 $\boldsymbol{\Sigma}$ 的特征值，$\boldsymbol{\alpha}_1$ 为对应的单位特征向量。假设 $\boldsymbol{\alpha}_1$ 是 $\boldsymbol{\Sigma}$ 的最大特征值 λ_1 对应的单位特征向量，那么 $\boldsymbol{\alpha}_1$ 和 λ_1 均为上述优化问题的最优解。所以 $\boldsymbol{\alpha}_1^{\mathrm{T}}x$ 为第一主成分，其方差为对应协方差矩阵的最大特征值：

$$\mathrm{var}(\boldsymbol{\alpha}_1^{\mathrm{T}}x) = \boldsymbol{\alpha}_1^{\mathrm{T}}\boldsymbol{\Sigma}\boldsymbol{\alpha}_1 = \lambda_1 \tag{18-10}$$

这样，第一主成分的推导就算完成了。同样的方法可用来求解第 k 主成分，第 k 主成分的方差的第 k 个特征值为：

$$\mathrm{var}(\alpha_k^{\mathrm{T}}x) = \alpha_k^{\mathrm{T}}\boldsymbol{\Sigma}\alpha_k = \lambda_k, \quad k = 1, 2, \cdots, m \tag{18-11}$$

最后，梳理一下 PCA 的计算流程：

(1) 对 m 行 n 列的数据 $\boldsymbol{X}$ 按照列均值为 0、方差为 1 进行标准化处理；

(2) 计算标准化后的 $\boldsymbol{X}$ 的协方差矩阵 $\boldsymbol{C} = \dfrac{1}{m}\boldsymbol{X}\boldsymbol{X}^{\mathrm{T}}$；

(3) 计算协方差矩阵 $\boldsymbol{C}$ 的特征值和对应的特征向量；

(4) 将特征向量按照对应特征值大小排列成矩阵，取前 k 行构成的矩阵 $\boldsymbol{P}$；

(5) 计算 $\boldsymbol{Y} = \boldsymbol{P}\boldsymbol{X}$ 即可得到经过 PCA 降维后的 k 维数据。

18.2   PCA 算法实现

18.2.1   基于 NumPy 的 PCA 算法实现

本节我们基于 NumPy 按照上一节的 PCA 算法流程来手写一个 PCA 算法。PCA 算法流程比较简单，这里就不需要再绘制思维导图进行梳理了，直接按照前述(1)~(5)算法流程实现即可。

基于 NumPy 的完整 PCA 算法实现过程如代码清单 18-1 所示。

代码清单 18-1   PCA 算法实现

```
# 导入 numpy 库
import numpy as np
### PCA 算法类
class PCA:
    # 定义协方差矩阵计算方法
    def calc_cov(self, X):
        # 样本量
        m = X.shape[0]
        # 数据标准化
        X = (X - np.mean(X, axis=0)) / np.var(X, axis=0)
        return 1 / m * np.matmul(X.T, X)
```

```
# PCA 算法实现
# 输入为要进行 PCA 的矩阵和指定的主成分个数
def pca(self, X, n_components):
    # 计算协方差矩阵, 对应前述步骤(1)和(2)
    cov_matrix = self.calc_cov(X)
    # 计算协方差矩阵的特征值和对应特征向量
    # 对应步骤(3)
    eigenvalues, eigenvectors = np.linalg.eig(cov_matrix)
    # 对特征值进行排序, 对应步骤(4)
    idx = eigenvalues.argsort()[::-1]
    # 取最大的前 n_component 组, 对应步骤(4)
    eigenvectors = eigenvectors[:, idx]
    eigenvectors = eigenvectors[:, :n_components]
    # Y=PX 转换, 对应步骤(5)
    return np.matmul(X, eigenvectors)
```

可以看到，在代码清单 18-1 中，借助 NumPy，我们仅用了数行代码就实现了一个相对完整的 PCA 算法。我们首先定义了一个协方差矩阵计算函数，将数据标准化，然后计算其协方差矩阵。通过 PCA.pca 方法来完整实现步骤(1)~(5)，对应 PCA 算法流程的步骤(1)和(2)。接着对协方差矩阵计算特征值和特征向量，并将特征向量按照特征值大小排列组成矩阵 P，最后按照 $Y = PX$ 得到 PCA 降维后的矩阵，对应步骤(3)~(5)。

接下来我们用 sklearn iris 数据集对 PCA 算法进行测试，如代码清单 18-2 所示。

代码清单 18-2　PCA 算法数据测试

```
# 导入相关库
from sklearn import datasets
import matplotlib.pyplot as plt
# 导入 sklearn 数据集
iris = datasets.load_iris()
X, y = iris.data, iris.target
# 将数据降维到 3 个主成分
X_trans = PCA().pca(X, 3)
# 颜色列表
colors = ['navy', 'turquoise', 'darkorange']
# 绘制不同类别
for c, i, target_name in zip(colors, [0,1,2], iris.target_names):
    plt.scatter(X_trans[y == i, 0], X_trans[y == i, 1],
                color=c, lw=2, label=target_name)
# 添加图例
plt.legend()
plt.show();
```

代码清单 18-2 给出了 PCA 算法的数据实例，我们对 iris 数据集进行 PCA 降维，获取前 3 个主成分并基于 matplotlib 对算法效果进行可视化。iris 数据的 PCA 降维效果如图 18-2 所示。

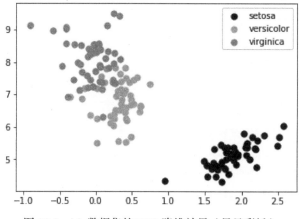

图 18-2   iris 数据集的 PCA 降维效果（另见彩插）

18.2.2   基于 sklearn 的 PCA 算法实现

sklearn 也提供了 PCA 的算法实现方式，PCA 算法调用模块为 sklearn decomposition.PCA。该算法背后的实现方式不同于 18.2.1 节所述的算法流程，而是基于奇异值分解算法实现的。下面同样基于模拟测试集进行拟合，示例如代码清单 18-3 所示。

代码清单 18-3   sklearn PCA 示例

```
# 导入 sklearn 降维模块
from sklearn import decomposition
# 创建 PCA 模型实例，主成分个数为 3 个
pca = decomposition.PCA(n_components=3)
# 模型拟合
pca.fit(X)
# 拟合模型并将模型应用于数据 X
X_trans = pca.transform(X)
# 颜色列表
colors = ['navy', 'turquoise', 'darkorange']
# 绘制不同类别
for c, i, target_name in zip(colors, [0,1,2], iris.target_names):
    plt.scatter(X_trans[y == i, 0], X_trans[y == i, 1],
                color=c, lw=2, label=target_name)
# 添加图例
plt.legend()
plt.show();
```

在代码清单 18-3 中，首先基于 sklearn 的 PCA 模块 decomposition.PCA 创建了一个 PCA 模型实例，指定主成分个数为 3，然后进行模型拟合并应用于 iris 数据集，最后绘制不同主成分下的类别图，如图 18-3 所示。可以看到，基于 sklearn 实现的 PCA 降维，可视化的结果与上一节手动实现的 PCA 算法还是有较大差别，这可能与 sklearn 的 PCA 算法背后的奇异值分解的实现逻辑有关。

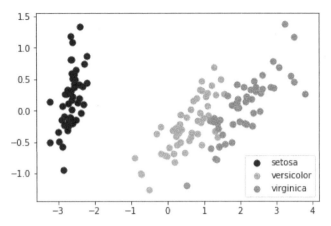

图 18-3　基于 sklearn 实现的 PCA 降维效果（另见彩插）

18.3　小结

PCA 是一种经典的无监督学习和降维算法。其核心思想是将规范化后的数据正交变换为若干个线性无关的新变量，并且这些新变量所包含的信息量最大。PCA 的实现方式有两种：一种是本章所阐述的求样本协方差矩阵的特征值和特征向量，另一种是基于下一章要讲的奇异值分解算法。

做为一种多元统计分析方法，PCA 在数据压缩和数据去噪等领域都有广泛应用。

第 19 章

奇异值分解

奇异值分解（singular value decomposition，SVD）是线性代数中一种常用的矩阵分解和数据降维方法，揭示了矩阵分析的本质变换。奇异值分解在机器学习中也有着广泛应用，比如自然语言处理中的奇异值分解词向量和潜在语义索引、推荐系统中的特征分解、图像去噪与压缩等。本章以矩阵分解和特征值、特征向量作为引入，进行奇异值分解基本原理推导，最后给出奇异值分解的 NumPy 和 sklearn 实现，以及一个奇异值分解的图像压缩应用实例。

19.1 特征向量与矩阵分解

矩阵分解是线性代数中最基础的理论之一，在正式介绍**奇异值分解**之前，我们有必要简单回顾特征值分解。

假设存在 $n \times n$ 矩阵 A 和 n 维向量 x，λ 为任意实数，矩阵的特征值与特征向量定义如下：

$$Ax = \lambda x \tag{19-1}$$

其中 λ 为矩阵 A 的一个特征值，n 维向量 x 是矩阵 A 的特征值 λ 所对应的特征向量。对式(19-1)进行变换，通过求解式(19-2)的齐次方程来计算矩阵 A 的特征值和特征向量：

$$(A - \lambda E)x = 0 \tag{19-2}$$

计算出矩阵的特征值和特征向量后就可以对矩阵进行分解。假设矩阵 A 有 n 个特征值 $\lambda_1 \leqslant \lambda_2 \leqslant \cdots \leqslant \lambda_n$，每个特征值对应的特征向量为 $w_1, w_2, \cdots, w_n$，由特征向量构成特征矩阵 W，那么矩阵 A 可分解为：

$$A = W \Lambda W^{-1} \tag{19-3}$$

对式(19-3)的矩阵 A 进行对角化，对矩阵 W 的进行标准化和正交化处理，使得 W 满足 $W^T W = E$，有 $W^T = W^{-1}$，即 W 为酉矩阵。式(19-3)最终可以改写为：

$$A = W \Lambda W^T \tag{19-4}$$

要计算特征值和特征向量，一个必要条件是矩阵 A 必须要为 $n \times n$ 方阵，当碰到 $m \times n, m \neq n$ 的非方阵矩阵时，就无法直接使用特征值进行分解了。非方阵矩阵的分解需要借助 SVD 方法。

19.2 SVD 算法的原理推导

假设有 $m \times n$ 的非方阵矩阵 A，对其进行矩阵分解的表达式为：

$$A = U\Lambda V^{\mathrm{T}} \qquad (19\text{-}5)$$

其中 U 为 $m \times m$ 矩阵，Λ 为 $m \times n$ 对角矩阵，V 为 $n \times n$ 矩阵。U 和 V 均有酉矩阵，即 U 和 V 满足：

$$U^{\mathrm{T}}U = E \qquad (19\text{-}6)$$

$$V^{\mathrm{T}}V = E \qquad (19\text{-}7)$$

其中 E 为单位矩阵。

在上一节中，我们通过求解齐次方程来计算矩阵特征值与特征向量，那么基于式(19-4)，如何求 U、Λ 和 V^{T} 这三个矩阵呢？依然需要借助矩阵特征值和特征向量。

由于矩阵 A 是非方阵矩阵，因此我们对矩阵 A 与矩阵 A 的转置矩阵 A^{T} 做矩阵乘法运算，可得 $m \times m$ 矩阵 AA^{T}，然后对该矩阵求解特征值和特征向量：

$$(AA^{\mathrm{T}})u_i = \lambda_i u_i \qquad (19\text{-}8)$$

由式(19-8)可求得方阵 AA^{T} 的 m 个特征值和特征向量，该 m 个特征向量即可构成特征矩阵 U。我们把这 m 个特征向量称为矩阵 A 的左奇异向量，特征矩阵 U 也称矩阵 A 的左奇异矩阵。

同理，我们对矩阵 A^{T} 与其转置矩阵 A 做矩阵乘法运算，同样可得 $n \times n$ 矩阵 $A^{\mathrm{T}}A$，然后对该矩阵求特征值和特征向量：

$$(A^{\mathrm{T}}A)v_i = \lambda_i v_i \qquad (19\text{-}9)$$

由式(19-9)可求得方阵 $A^{\mathrm{T}}A$ 的 n 个特征和特征向量，我们把这 n 个特征向量称为矩阵 A 的右奇异向量，特征矩阵 V 也称矩阵 A 的右奇异矩阵。

左奇异矩阵 U 和右奇异矩阵 V 求出来后，只剩中间的奇异值矩阵尚未求出。奇异值矩阵 Λ 除了对角线上的奇异值，其余元素均为 0，所以我们只要求出矩阵 A 的奇异值即可。推导如下：

$$A = U\Lambda V^{\mathrm{T}} \qquad (19\text{-}10)$$

$$AV = U\Lambda V^{\mathrm{T}}V \qquad (19\text{-}11)$$

$$AV = U\Lambda \qquad (19\text{-}12)$$

$$Av_i = \sigma_i u_i \qquad (19\text{-}13)$$

$$\sigma_i = Av_i / u_i \qquad (19\text{-}14)$$

按照上述推导，我们可计算奇异值进而得到奇异值矩阵。实际上，通过推导特征值与奇异值之间的关系，也可经由特征值来计算奇异值。具体推导如下：

$$A = U\varLambda V^{\mathrm{T}} \qquad (19\text{-}15)$$

$$A^{\mathrm{T}} = V\varLambda U^{\mathrm{T}} \qquad (19\text{-}16)$$

$$A^{\mathrm{T}} A = V\varLambda U^{\mathrm{T}} U\varLambda V^{\mathrm{T}} = V\varLambda^2 V^{\mathrm{T}} \qquad (19\text{-}17)$$

由式(19-17)可知，特征值矩阵为奇异值矩阵的平方，即特征值是奇异值的平方。图 19-1 为 SVD 矩阵分解示意图。

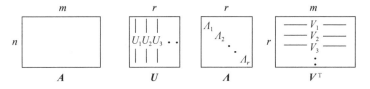

图 19-1 SVD 图示

19.3 SVD 算法实现与应用

19.3.1 SVD 算法实现

SVD 算法在 NumPy、SciPy 和 sklearn 中均可直接调用，无须再梳理具体的实现逻辑。这里给出 NumPy 和 sklearn 的 SVD 算法实现范例。代码清单 19-1 是基于 NumPy 的 SVD 算法实现。

代码清单 19-1 NumPy SVD 算法实现

```
# 导入numpy库
import numpy as np
# 创建一个矩阵A
A = np.array([[0,1],[1,1],[1,0]])
# 对其进行SVD分解
U, S, Vt = np.linalg.svd(A, full_matrices=True)
print(U, S, Vt)
```

输出如下：

```
array([[-4.08248290e-01,  7.07106781e-01,  5.77350269e-01],
       [-8.16496581e-01,  5.55111512e-17, -5.77350269e-01],
       [-4.08248290e-01, -7.07106781e-01,  5.77350269e-01]])
array([1.73205081, 1.    ])
array([[-0.70710678, -0.70710678],
       [-0.70710678,  0.70710678]])
```

在代码清单 19-1 中，我们首先创建了一个示例矩阵 A，然后直接调用 linalg.svd 模块对其进行分解，分别得到左奇异矩阵 U、奇异值矩阵 S 和右奇异矩阵 V_t。从打印的分解矩阵结果来看，linalg.svd 对奇异值矩阵做了简化，只给出了奇异值向量，省略了奇异值矩阵中为 0 的部分。我们尝试基于 U、S 和 V_t 来恢复矩阵 A，如代码清单 19-2 所示。

代码清单 19-2 SVD 逆运算

```
# 由 U、S、Vt 恢复矩阵 A
np.dot(U[:,:2]*S, Vt)
```

输出如下：

```
array([[ 1.11022302e-16,  1.00000000e+00],
[ 1.00000000e+00,  1.00000000e+00],
[ 1.00000000e+00, -3.33066907e-16]])
```

可以看到，除了一些计算浮点数误差，通过 U、S 和 V_t 是可以恢复到初始矩阵 A 的。

再看来基于 sklearn 的 SVD 算法实现。sklearn 的 SVD 算法主要用于降维，调用接口为 decomposition.TruncatedSVD，是一种截断的 SVD 算法，即以某个阈值为限，取大于阈值部分的奇异值，示例如代码清单 19-3 所示。

代码清单 19-3 sklearn 截断 SVD 算法示例

```
# 导入 sklearn 截断 SVD 算法模块
from sklearn.decomposition import TruncatedSVD
# 导入 SciPy 生成稀疏数据模块
from scipy.sparse import random as sparse_random
# 创建稀疏数据 X
X = sparse_random(100, 100, density=0.01, format='csr', random_state=42)
# 基于截断 SVD 算法对 X 进行降维，降维的维度为 5，即输出前 5 个奇异值
svd = TruncatedSVD(n_components=5, n_iter=7, random_state=42)
svd.fit(X)
# 输出奇异值
print(svd.singular_values_)
```

输出如下：

```
TruncatedSVD(n_components=5, n_iter=7, random_state=42)
[1.55360944 1.5121377  1.51052009 1.37056529 1.19917045]
```

在代码清单 19-3 中，我们基于 SciPy 的 sparse_random 模块创建了一个 100×100 维的稀疏数据对象 X，然后创建一个包含 5 个输出成分的截断 SVD 算法实例，并对 X 进行 SVD 拟合，最后输出 5 个奇异值结果。

19.3.2 基于 SVD 的图像压缩

本节我们尝试将 SVD 用于图像压缩算法。主要思路是保存像素矩阵的前 k 个奇异值，并在

此基础上做图像恢复。由 SVD 的原理可知，在 SVD 分解中越靠前的奇异值越重要，代表的信息含量越大。

下面我们尝试对一个图像进行 SVD 分解，并分别取前 1~50 个奇异值来恢复该图像。需要恢复的图像如图 19-2 所示。

图 19-2   需要压缩的图像

基于 SVD 的图像压缩算法处理过程如代码清单 19-4 所示。

代码清单 19-4   SVD 图像压缩

```python
# 导入相关模块
import numpy as np
import os
from PIL import Image
from tqdm import tqdm
### 定义图像恢复函数，由分解后的矩阵恢复到原矩阵
def restore(u, s, v, K):
    '''
    输入：
    u:左奇异矩阵
    v:右奇异矩阵
    s:奇异值矩阵
    K:奇异值个数
    输出：
    np.rint(a)：恢复后的矩阵
    '''
    m, n = len(u), len(v[0])
    a = np.zeros((m, n))
```

```
    for k in range(K):
        uk = u[:, k].reshape(m, 1)
        vk = v[k].reshape(1, n)
        # 前 k 个奇异值的加总
        a += s[k] * np.dot(uk, vk)
    a = a.clip(0, 255)
    return np.rint(a).astype('uint8')

# 读入待压缩图像
img = np.array(Image.open("./example.jpg", 'r'))
# 对 RGB 图像进行奇异值分解
u_r, s_r, v_r = np.linalg.svd(img[:, :, 0])
u_g, s_g, v_g = np.linalg.svd(img[:, :, 1])
u_b, s_b, v_b = np.linalg.svd(img[:, :, 2])
# 使用前 50 个奇异值
K = 50
output_path = r'./svd_pic'
# 恢复图像
for k in tqdm(range(1, K+1)):
    R = restore(u_r, s_r, v_r, k)
    G = restore(u_g, s_g, v_g, k)
    B = restore(u_b, s_b, v_b, k)
    I = np.stack((R, G, B), axis=2)
    Image.fromarray(I).save('%s\\svd_%d.jpg' % (output_path, k))
```

在代码清单 19-4 中，我们首先基于分解后的 U、S、V 矩阵和 K 值定义一个图像恢复函数，原理是基于奇异值的加总来恢复图像信息，然后读入示例图像，分别对 RGB 图像进行奇异值分解，令 K 取 50，分别对分解后的矩阵进行图像恢复。

当使用前 10 个奇异值时，恢复后的压缩图像隐约可见轮廓，就像打了马赛克一样，如图 19-3 所示。

图 19-3   仅取前 10 个奇异值时的图像效果

继续增加奇异值的数量，当取到前 50 个奇异值的时候，恢复后的压缩图像已经清晰许多了，如图 19-4 所示。

图 19-4   取前 50 个奇异值时的图像效果

逐渐增加所取奇异值个数后的渐进效果如图 19-5 所示。

图 19-5   逐渐增大奇异值个数时的图像恢复效果

总体而言，图像清晰度随着奇异值数量增多而提高。当奇异值 k 不断增大时，恢复后的图像就会无限逼近真实图像。这便是基于 SVD 的图像压缩原理。

19.4 小结

SVD 是一种针对非方阵的矩阵分解方法。通过将 $m \times n$ 的非方阵矩阵 A ，表示为三个实矩阵乘积形式的运算，即 $A = U \Lambda V^T$ 。可以通过特征值与特征向量的方式来求解奇异值分解的奇异值和奇异向量。

SVD 在 NumPy、SciPy 和 sklearn 等 Python 库中均可以直接调用算法接口。基于 SVD 的降维思想在图像压缩领域有着广泛应用。

第五部分

概 率 模 型

第 20 章

最大信息熵模型

最大信息熵原理是概率模型学习的一个基本准则。根据最大信息熵原理，信息熵最大时得到的模型是最优模型，即最大信息熵模型。本章在阐述最大信息熵原理的基础上，给出最大信息熵模型的详细数学推导，包括最大信息熵模型的学习算法和基于改进的迭代尺度法的优化求解。

20.1 最大信息熵原理

熵（entropy）最初作为一种热力学概念，在 20 世纪 50 年代随着信息技术理论的发展被引入信息论。信息论的开创者香农将信息的不确定程度称为熵，为了与热力学中熵的概念区分，这种信息的不确定程度又称信息熵。随后 Jaynes 从信息熵理论出发，提出最大信息熵原理。最大信息熵原理认为：熵在由已知信息得到的约束条件下的最大化概率分布，是充分利用已知信息并对未知部分做最少假定的概率分布。

假设离散随机变量 X 的概率分布为 $P(X)$ ，该离散随机变量的熵可以定义为：

$$H(P_x) = -\sum_x p(x) \log p(x) \tag{20-1}$$

假设连续随机变量 Y 的概率密度函数为 $f(y)$ ，该连续随机变量的熵可以定义为：

$$H(P_y) = -\int f(y) \log f(y) \mathrm{d}y \tag{20-2}$$

最大信息熵原理就是在给定相关约束条件的情况下，求使得 $H(P_x)$ 或者 $H(P_y)$ 达到最大值时的 $P(X)$ 或者 $f(Y)$ ，本质上是求解一个约束优化问题。

20.2 最大信息熵模型的推导

将最大信息熵这个概率论中的一般性原理应用于机器学习分类模型，我们可以得到基于最大信息熵原理的一般性模型，即最大信息熵模型。假设有条件概率分布为 $P(Y \mid X)$ 的概率分类模型，该模型表示对于给定输入 X，模型以条件概率 $P(Y \mid X)$ 输出 Y。在给定训练集 $T = \{(x_1, y_1),$ $(x_2, y_2), \cdots, (x_N, y_N)\}$ 的情况下，学习的目标就是选择最大信息熵模型作为目标模型。

根据训练集 T，可以确定联合概率分布 $P(X, Y)$ 的经验分布 $\tilde{P}(X, Y)$ 和边缘概率分布 $P(X)$ 的经验分布 $\tilde{P}(X)$，其中：

$$\tilde{P}(X = x, Y = y) = \frac{c(X = x, Y = y)}{N} \tag{20-3}$$

$$\tilde{P}(X = x) = \frac{c(X = x)}{N} \tag{20-4}$$

$c(X = x, Y = y)$ 和 $c(X = x)$ 分别为训练集中样本 (x, y) 出现的频数和 x 出现的频数，N 为训练样本量。

为了得到最大信息熵模型，我们需要找到输入 x 和输出 y 满足的约束条件。假设 x 和 y 满足某一条件，我们可以用特征函数 $f(x, y)$ 来描述：

$$f(x, y) = \begin{cases} 1, & x 与 y 满足某一条件 \\ 0, & 否则 \end{cases} \tag{20-5}$$

即 x 与 y 满足某一条件时该函数取 1，否则为 0。

计算特征函数 $f(x, y)$ 关于联合经验分布 $\tilde{P}(X, Y)$ 的数学期望 $\mathrm{E}_{\tilde{P}}(f)$：

$$\mathrm{E}_{\tilde{P}}(f) = \sum_{x, y} \tilde{P}(x, y) f(x, y) \tag{20-6}$$

计算特征函数 $f(x, y)$ 关于模型 $P(Y \mid X)$ 与边缘经验分布 $\tilde{P}(X)$ 的数学期望 $\mathrm{E}_P(f)$：

$$\mathrm{E}_P(f) = \sum_{x, y} \tilde{P}(x) P(y \mid x) f(x, y) \tag{20-7}$$

根据：

$$\tilde{P}(x, y) = \tilde{P}(x) P(y \mid x) \tag{20-8}$$

以及训练数据信息，可假设上述两个期望值相等，即：

$$\mathrm{E}_{\tilde{P}}(f) = \mathrm{E}_P(f) \tag{20-9}$$

展开有：

$$\sum_{x, y} \tilde{P}(x, y) f(x, y) = \sum_{x, y} \tilde{P}(x) P(y \mid x) f(x, y) \tag{20-10}$$

式(20-10)即可作为求解最大信息熵模型的约束条件，当有 n 个特征函数 $f_i(x, y)$，$i = 1, 2, \cdots, n$ 时，就有 n 个约束条件。

至此，我们就可以将最大信息熵模型的求解规约为如下约束优化问题：

$$\max_{P} \quad H(P) = -\sum_{x, y} \tilde{P}(x) P(y \,|\, x) \log P(y \,|\, x)$$

$$\text{s.t.} \quad \mathrm{E}_{\tilde{P}}(f_i) = \mathrm{E}_P(f_i), \ i = 1, \ 2, \ \cdots, \ n \tag{20-11}$$

$$\sum_{y} P(y \,|\, x) = 1$$

将式(20-11)的求极大化问题改写为等价的极小化问题：

$$\min_{P} \quad -H(P) = \sum_{x, y} \tilde{P}(x) P(y \,|\, x) \log P(y \,|\, x)$$

$$\text{s.t.} \quad \mathrm{E}_{\tilde{P}}(f_i) = \mathrm{E}_P(f_i), \ i = 1, \ 2, \ \cdots, \ n \tag{20-12}$$

$$\sum_{y} P(y \,|\, x) = 1$$

根据拉格朗日乘子法，将式(20-12)的约束极小化原始问题改写为无约束最优化的对偶问题，通过求解对偶问题来求解原始问题。原始问题与对偶问题的转换见第 9 章。

引入拉格朗日乘子 $w_0, \ w_1, \ \cdots, \ w_n$，定义拉格朗日函数 $L(P, w)$：

$$L(P, \ w) = -H(P) + w_0 \left(1 - \sum_{y} P(y \,|\, x) \right) + \sum_{i=1}^{n} w_i \left(\mathrm{E}_{\tilde{P}}(f_i) - \mathrm{E}_P(f_i) \right)$$

$$= \sum_{x, y} \tilde{P}(x) P(y \,|\, x) \log P(y \,|\, x) + w_0 \left(1 - \sum_{y} P(y \,|\, x) \right) + \tag{20-13}$$

$$\sum_{i=1}^{n} w_i \left(\sum_{x, y} \tilde{P}(x, y) f_i(x, y) - \sum_{x, y} \tilde{P}(x) P(y \,|\, x) f_i(x, \ y) \right)$$

原始问题为：

$$\min_{P} \max_{w} L(P, \ w) \tag{20-14}$$

对偶问题为：

$$\max_{w} \min_{P} L(P, \ w) \tag{20-15}$$

根据拉格朗日对偶性的相关性质，可知原始问题式(20-14)与对偶问题式(20-15)有共同解，所以我们可以通过求对偶问题式(20-15)得到原始问题式(20-14)的解。针对这类极大极小化问题，一般方法是先求解内部极小化问题 $\min_{P} L(P, \ w)$，再求解外部极大化问题。

将内部极小化问题定义为 $\varphi(w)$，即：

$$\varphi(w) = \min_{P} L(P, \ w) = L(P_w, \ w) \tag{20-16}$$

同时令 P_w 为 $\varphi(w)$ 的解，P_w 可记为：

$$P_w = \arg \min_{P} L(P, \ w) = P_w(y \,|\, x) \tag{20-17}$$

下面求 $L(P, w)$ 关于 $P(y\,|\,x)$ 的偏导：

$$\frac{\partial L(P,\,w)}{\partial P(y\,|\,x)} = \sum_{x,\,y}\tilde{P}(x)(\log P(y\,|\,x)+1) - \sum_{y}w_0 - \sum_{x,\,y}\left(\tilde{P}(x)\sum_{i=1}^{n}w_i f_i(x,\,y)\right) \tag{20-18}$$

$$= \sum_{x,\,y}\tilde{P}(x)\left(\log P(y\,|\,x)+1-w_0-\sum_{i=1}^{n}w_i f_i(x,\,y)\right) \tag{20-19}$$

令 $\dfrac{\partial L(P,\,w)}{\partial P(y\,|\,x)}=0$，可解得 $P(y\,|\,x)$：

$$P(y\,|\,x) = \exp\left(\sum_{i=1}^{n}w_i f_i(x,\,y)+w_0-1\right) = \frac{\exp\left(\sum_{i=1}^{n}w_i f_i(x,\,y)\right)}{\exp(1-w_0)} \tag{20-20}$$

由 $\sum_{y}P(y\,|\,x)=1$，式(20-20)可化简为：

$$P_w(y\,|\,x) = \frac{1}{Z_w(x)}\exp\left(\sum_{i=1}^{n}w_i f_i(x,\,y)\right) \tag{20-21}$$

其中 $Z_w(x)$ 为规范化因子：

$$Z_w(x) = \sum_{y}\exp\left(\sum_{i=1}^{n}w_i f_i(x,\,y)\right) \tag{20-22}$$

求解完内部极小化问题之后，再求解外部极大化问题 $\max\limits_{w}\varphi(w)$，最终的解即为 $\max\limits_{w}\varphi(w)$ 的解。

式(20-21)和式(20-22)表示的模型即为最大信息熵模型。针对最大信息熵模型这样的凸函数，实际求解优化时可以使用梯度下降法、牛顿法或者改进的迭代尺度法等方法。限于篇幅本章不展开详细阐述。

20.3 小结

基于最大信息熵原理推导得到的约束条件下的模型即为最大信息熵模型。作为概率模型学习的一个通用准则，最大信息熵原理认为在所有可能的概率模型中，熵最大的那个模型为最优模型。通过使特征函数 $f(x,\,y)$ 关于联合经验分布 $\tilde{P}(X,Y)$ 的数学期望 $\mathrm{E}_{\tilde{P}}(f)$，与模型 $P(Y\,|\,X)$ 和边缘经验分布 $\tilde{P}(X)$ 的数学期望 $\mathrm{E}_{P}(f)$ 相等，并作为最大信息熵模型学习的约束条件，求解约束优化问题，可得到最终的最大信息熵模型。

本章公式推导过程主要来自《统计学习方法》。作为一个不那么"典型"的机器学习模型，本章更多的是为全书知识体系的完整而存在，因而本章未给出最大信息熵模型的具体代码实现，感兴趣的读者可自行编写代码进行测试。

第 21 章

贝叶斯概率模型

贝叶斯定理是概率模型中最著名的理论之一，在机器学习中也有着广泛应用。基于贝叶斯定理的常用机器学习概率模型包括朴素贝叶斯和贝叶斯网络。本章在对贝叶斯定理进行简介的基础上，分别对朴素贝叶斯和贝叶斯网络理论进行详细推导并给出相应的代码实现。针对朴素贝叶斯模型，本章给出了 NumPy 和 sklearn 的实现方法，贝叶斯网络的实现则借助于 pgmpy。

21.1 贝叶斯定理简介

自从 Thomas Bayes 于 1763 年发表了那篇著名的《论有关机遇问题的求解》一文后，以贝叶斯公式为核心的贝叶斯定理自此发展起来。贝叶斯定理认为任意未知量 θ 都可以看作一个随机变量，对该未知量的描述可以用一个概率分布 $\pi(\theta)$ 来概括，这是贝叶斯学派最基本的观点。当这个概率分布在进行现场试验或者抽样前就已确定，便可将该分布称为先验概率分布，再结合由给定数据集 X 计算样本的似然函数 $L(\theta \mid X)$ 后，即可应用贝叶斯公式计算该未知量的后验概率分布。经典的贝叶斯公式如下：

$$\pi(\theta \mid X) = \frac{L(\theta \mid X)\pi(\theta)}{\int L(\theta \mid X)\pi(\theta)\mathrm{d}\theta} \tag{21-1}$$

其中 $\pi(\theta \mid X)$ 为后验概率分布，$\int L(\theta \mid X)\pi(\theta)\mathrm{d}\theta$ 为边缘分布，其排除了任何有关未知量 θ 的信息，因此贝叶斯公式的等价形式可以写作：

$$\pi(\theta \mid X) \propto L(\theta \mid X)\pi(\theta) \tag{21-2}$$

由式(21-2)可以归纳出，贝叶斯公式的本质就是基于先验概率分布 $\pi(\theta)$ 和似然函数 $L(\theta \mid X)$ 的统计推断。其中先验概率分布 $\pi(\theta)$ 的选择与后验概率分布 $\pi(\theta \mid X)$ 的推断是贝叶斯领域的两个核心问题。先验概率分布 $\pi(\theta)$ 的选择目前并没有统一标准，不同的先验概率分布对后验计算的准确度有很大影响，这也是贝叶斯领域的研究热门之一；后验概率分布 $\pi(\theta \mid X)$ 曾因复杂的数学形式和高维数值积分使得后验推断十分困难，而随着计算机技术的发展，基于计算机软件的数值计算技术使这些问题得以解决，贝叶斯定理又重新焕发活力。

与机器学习的结合正是贝叶斯定理的主要应用方向。朴素贝叶斯是一种基于贝叶斯定理的概率分类模型，而贝叶斯网络是一种将贝叶斯定理应用于概率图中的分类模型。

21.2 朴素贝叶斯

21.2.1 朴素贝叶斯的原理推导

朴素贝叶斯是基于贝叶斯定理和特征条件独立性假设的分类算法。具体而言，对于给定训练数据，朴素贝叶斯首先基于特征条件独立性假设学习输入和输出的联合概率分布，然后对于新的实例，利用贝叶斯定理计算出最大的后验概率。朴素贝叶斯不会直接学习输入和输出的联合概率分布，而是通过学习类的先验概率和类条件概率来完成。朴素贝叶斯的概率计算公式如图 21-1 所示。

似然函数　类先验概率

$$P(c \mid x) = \frac{P(x \mid c)P(c)}{\sum P(x \mid c)P(c)}$$

类后验概率　全概率

图 21-1　朴素贝叶斯基本公式

朴素贝叶斯中“朴素”的含义，即特征的条件独立性假设。条件独立性假设是说用于分类的特征在类确定的条件下都是独立的，该假设使得朴素贝叶斯的学习成为可能。假设输入特征向量为 $\boldsymbol{X}$，输出为类标记随机变量 Y，$P(\boldsymbol{X}, Y)$ 为 $\boldsymbol{X}$ 和 Y 的联合概率分布，给定训练集 $T=\{(x_1, y_1), (x_2, y_2), \cdots, (x_N, y_N)\}$。朴素贝叶斯基于训练集来学习联合概率分布 $P(\boldsymbol{X}, Y)$。具体而言，通过学习类先验概率分布和类条件概率分布来实现。

朴素贝叶斯的学习步骤如下。

首先计算类先验概率分布：

$$P(Y=c_k)=\frac{1}{N}\sum_{i=1}^{N} I(\tilde{y}_i=c_k),\ k=1, 2, \cdots, K \tag{21-3}$$

其中 c_k 表示第 k 个类别，$\tilde{y}_i$ 表示第 i 个样本的类标记。类先验概率分布可以通过极大似然估计得到。

然后计算类条件概率分布：

$$P(\boldsymbol{X}=x \mid Y=c_k)=P(X^{(1)}=x^{(1)}, \cdots, X^{(n)}=x^{(n)} \mid Y=c_k),\ k=1, 2, \cdots, K \tag{21-4}$$

直接对 $P(\boldsymbol{X}=x \mid Y=c_k)$ 进行估计不太可行，因为参数太多。但是朴素贝叶斯的一个最重要的假设就是条件独立性假设，即：

$$P(\boldsymbol{X} = x \mid Y = c_k) = P(X^{(1)} = x^{(1)}, \cdots, X^{(n)} = x^{(n)} \mid Y = c_k)$$

$$= \prod_{j=1}^{n} P(X^{(j)} = x^{(j)} \mid Y = c_k) \tag{21-5}$$

有了条件独立性假设之后，便可基于极大似然估计计算式(21-5)的类条件概率。

类先验概率分布和类条件概率分布都计算得到之后，基于贝叶斯公式即可计算类后验概率：

$$P(Y = c_k \mid \boldsymbol{X} = x) = \frac{P(\boldsymbol{X} = x \mid Y = c_k)P(Y = c_k)}{\sum_k P(\boldsymbol{X} = x \mid Y = c_k)P(Y = c_k)} \tag{21-6}$$

将式(21-5)代入式(21-6)，有：

$$P(Y = c_k \mid \boldsymbol{X} = x) = \frac{\prod_{j=1}^{n} P(X^{(j)} = x^{(j)} \mid Y = c_k)P(Y = c_k)}{\sum_k \prod_{j=1}^{n} P(X^{(j)} = x^{(j)} \mid Y = c_k)P(Y = c_k)} \tag{21-7}$$

基于式(21-7)即可学习一个朴素贝叶斯分类模型。给定新的数据样本时，计算其最大后验概率即可：

$$\hat{y} = \arg\max_{c_k} \frac{\prod_{j=1}^{n} P(X^{(j)} = x^{(j)} \mid Y = c_k)P(Y = c_k)}{\sum_k \prod_{j=1}^{n} P(X^{(j)} = x^{(j)} \mid Y = c_k)P(Y = c_k)} \tag{21-8}$$

其中分母 $\sum_k \prod_{j=1}^{n} P(X^{(j)} = x^{(j)} \mid Y = c_k)P(Y = c_k)$ 对于所有 c_k 都一样，所以式(21-8)可进一步简化为：

$$\hat{y} = \arg\max_{c_k} \prod_{j=1}^{n} P(X^{(j)} = x^{(j)} \mid Y = c_k)P(Y = c_k) \tag{21-9}$$

以上就是朴素贝叶斯分类模型的简单推导过程。

21.2.2　基于 NumPy 的朴素贝叶斯实现

本节我们基于 NumPy 实现一个简单的朴素贝叶斯分类器。朴素贝叶斯因为条件独立性假设变得简化，所以实现思路也较为简单，这里就不给出实现的思维导图了。根据 21.2.1 节的推导，其关键在于使用极大似然估计方法计算类先验概率分布和类条件概率分布。

我们直接定义朴素贝叶斯模型训练过程，如代码清单 21-1 所示。

代码清单 21-1 朴素贝叶斯模型训练过程定义

```
# 导入 numpy 和 pandas 库
import numpy as np
import pandas as pd
### 定义朴素贝叶斯模型训练过程
def nb_fit(X, y):
    '''
    输入:
    X: 训练样本输入, pandas 数据框格式
    y: 训练样本标签, pandas 数据框格式
    输出:
    classes: 标签类别
    class_prior: 类先验概率分布
    class_condition: 类条件概率分布
    '''
    # 标签类别
    classes = y[y.columns[0]].unique()
    # 标签类别统计
    class_count = y[y.columns[0]].value_counts()
    # 极大似然估计: 类先验概率
    class_prior = class_count/len(y)
    # 类条件概率: 字典初始化
    prior_condition_prob = dict()
    # 遍历计算类条件概率
    # 遍历特征
    for col in X.columns:
        # 遍历类别
        for j in classes:
            # 统计当前类别下特征的不同取值
            p_x_y = X[(y==j).values][col].value_counts()
            # 遍历计算类条件概率
            for i in p_x_y.index:
                prior_condition_prob[(col, i, j)] = p_x_y[i]/class_count[j]
    return classes, class_prior, prior_condition_prob
```

在代码清单 21-1 中，给定数据输入和输出均为 pandas 数据框格式，首先统计标签类别数量，并基于极大似然估计计算类先验概率，然后循环遍历数据特征和类别，计算类条件概率。

式(21-9)作为朴素贝叶斯的核心公式，接下来我们需要基于它与 nb_fit 函数返回的类先验概率和类条件概率来编写朴素贝叶斯的预测函数，如代码清单 21-2 所示。

代码清单 21-2 朴素贝叶斯预测函数

```
### 定义朴素贝叶斯预测函数
def nb_predict(X_test):
    '''
    输入:
    X_test: 测试输入, 字典格式
    输出:
    classes[np.argmax(res)]: 类别结果 1/-1
    '''
```

```
# 初始化结果列表
res = []
# 遍历样本类别
for c in classes:
    # 获取当前类的先验概率
    p_y = class_prior[c]
    # 初始化类条件概率
    p_x_y = 1
    # 遍历字典每个元素
    for i in X_test.items():
    # 似然函数：类条件概率连乘
        p_x_y *= class_prior[tuple(list(i)+[c])]
    # 类先验概率与类条件概率乘积
    res.append(p_y*p_x_y)
# 式(21-9)使用 argmax 将结果转化为预测类别
return classes[np.argmax(res)]
```

代码清单 21-2 中定义了朴素贝叶斯预测函数。以测试样本 X_test 作为输入，初始化结果列表并获取当前类的先验概率，遍历测试样本字典，首先计算类条件概率的连乘 $\prod_{j=1}^{n} P(X^{(j)} = x^{(j)} \mid Y = c_k)$，然后计算类先验概率与类条件概率的乘积，最后按照式(21-9)取 argmax 获得最大后验概率所属类别。

最后，我们使用数据样例对编写的朴素贝叶斯代码进行测试。手动创建一个二分类的示例数据集[①]，并使用 nb_fit 进行训练，如代码清单 21-3 所示。

代码清单 21-3   测试朴素贝叶斯模型

```
### 创建数据集并训练
# 特征 X1
x1 = [1,1,1,1,1,2,2,2,2,2,3,3,3,3,3]
# 特征 X2
x2 = ['S','M','M','S','S','S','M','M','L','L','L','M','M','L','L']
# 标签列表
y = [-1,-1,1,1,-1,-1,-1,1,1,1,1,1,1,1,-1]
# 形成一个 pandas 数据框
df = pd.DataFrame({'x1':x1, 'x2':x2, 'y':y})
# 获取训练输入和输出
X, y = df[['x1', 'x2']], df[['y']]
# 朴素贝叶斯模型训练
classes, class_prior, prior_condition_prob = nb_fit(X, y)
print(classes, class_prior, prior_condition_prob)
```

在代码清单 21-3 中，我们基于列表构建了 pandas 数据框格式的数据集，获取训练输入和输出并传入朴素贝叶斯模型训练函数中，输出结果如图 21-2 所示。可以看到，数据标签包括是 1/-1 的二分类数据集，类先验概率分布为{1: 0.6, -1: 0.4}，各类条件概率也一一列出。

---

① 数据例子来自《统计学习方法》表 4.1。

```
(array([-1,  1], dtype=int64), 1    0.6
 -1    0.4
 Name: y, dtype: float64, {('x1', 1, -1): 0.5,
  ('x1', 2, -1): 0.3333333333333333,
  ('x1', 3, -1): 0.16666666666666666,
  ('x1', 3, 1): 0.4444444444444444,
  ('x1', 2, 1): 0.3333333333333333,
  ('x1', 1, 1): 0.2222222222222222,
  ('x2', 'S', -1): 0.5,
  ('x2', 'M', -1): 0.3333333333333333,
  ('x2', 'L', -1): 0.16666666666666666,
  ('x2', 'L', 1): 0.4444444444444444,
  ('x2', 'M', 1): 0.4444444444444444,
  ('x2', 'S', 1): 0.1111111111111111})
```

图 21-2 代码清单 21-3 输出截图

最后，我们创建一个测试样本，并基于 nb_predict 函数对其进行类别预测，如代码清单 21-4 所示。

代码清单 21-4 朴素贝叶斯模型预测

```
### 朴素贝叶斯模型预测
X_test = {'x1': 2, 'x2': 'S'}
print('测试数据预测类别为：', nb_predict(X_test))
```

输出如下：

测试数据预测类别为：-1

可见模型将该测试样本预测为负类。

21.2.3 基于 sklearn 的朴素贝叶斯实现

sklearn 也提供了朴素贝叶斯的算法实现方式，涵盖不同似然函数分布的朴素贝叶斯算法实现方式，比如高斯朴素贝叶斯、伯努利朴素贝叶斯、多项式朴素贝叶斯等。我们以高斯朴素贝叶斯为例。高斯朴素贝叶斯即假设似然函数为正态分布的朴素贝叶斯模型。它的似然函数如式(21-10)所示：

$$P(x_i \mid y) = \frac{1}{\sqrt{2\pi\sigma_y^2}} \exp\left(-\frac{(x_i - \mu_y)^2}{2\sigma_y^2}\right) \tag{21-10}$$

sklearn 中高斯朴素贝叶斯的调用接口为 sklearn.naive_bayes.GaussianNB，以 iris 数据集为例给出调用示例，如代码清单 21-5 所示。

代码清单 21-5　sklearn 高斯朴素贝叶斯示例

```
### sklearn 高斯朴素贝叶斯示例
# 导入相关模块
from sklearn.datasets import load_iris
from sklearn.model_selection import train_test_split
from sklearn.naive_bayes import GaussianNB
from sklearn.metrics import accuracy_score
# 导入数据集
X, y = load_iris(return_X_y=True)
# 划分数据集
X_train, X_test, y_train, y_test = train_test_split(X, y, test_size=0.5, random_state=0)
# 创建高斯朴素贝叶斯模型实例
gnb = GaussianNB()
# 模型拟合并预测
y_pred = gnb.fit(X_train, y_train).predict(X_test)
print("Accuracy of GaussianNB in iris data test:", accuracy_score(y_test, y_pred))
```

输出如下：

```
Accuracy of GaussianNB in iris data test: 0.9466666666666667
```

在代码清单 21-5 中，首先导入 sklearn 中朴素贝叶斯相关模块，导入 iris 数据集并将其划分为训练集和测试集，然后创建高斯朴素贝叶斯模型实例，基于训练集进行拟合并对测试集进行预测，最后得到分类准确率为 0.95。

21.3　贝叶斯网络

21.3.1　贝叶斯网络的原理推导

朴素贝叶斯的最大特点是特征的条件独立性假设，但在现实情况下，条件独立这个假设通常过于严格，很难成立。特征之间的相关性限制了朴素贝叶斯的性能，所以本节将介绍一种去除了条件独立性假设的贝叶斯算法，即**贝叶斯网络**（Bayesian network）。

我们先以一个例子作为引入。假设我们需要通过头像真实性、粉丝数量和动态更新频率来判断一个微博账号是否为真实账号。各特征属性之间的关系如图 21-3 所示。

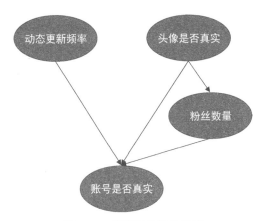

图 21-3　微博账号属性关系

图 21-3 是一个**有向无环图**（directed acyclic graph，DAG），每个结点表示一个特征或者随机变量，特征之间的关系则用箭头连线来表示，比如动态的更新频率、粉丝数量和头像真实性都会影响一个微博账号的真实性，而头像真实性又对粉丝数量有一定影响。但仅有各特征之间的关系还不足以进行贝叶斯分析。除此之外，贝叶斯网络中每个结点还有一个与之对应的概率表。假设账号是否真实和头像是否真实有如图 21-4 所示概率表。

A=0	A=1
0.13	0.87

	H=0	H=1
A=0	0.88	0.12
A=1	0.25	0.75

图 21-4　贝叶斯网络概率表

图 21-4 是体现头像和账号是否真实的概率表。第一张概率表表示的是账号是否真实，因为该结点没有父结点，所以可以直接用先验概率来表示，表示账号真实与否的概率。第二张概率表表示的是账号真实性对于头像真实性的条件概率。比如在账号为真的条件下，头像为真的概率为 0.75。在有了 DAG 和概率表之后，我们便可以利用贝叶斯公式进行定量的因果关系推断。假设我们已知某微博账号使用了虚假头像，那么其账号为虚假账号的概率可以推断为：

$$P(A=0\,|\,H=0) = \frac{P(H=0\,|\,A=0)P(A=0)}{P(H=0)}$$

$$= \frac{P(H=0\,|\,A=0)P(A=0)}{P(H=0\,|\,A=0)P(A=0) + P(H=0\,|\,A=1)P(A=1)}$$

$$= \frac{0.88\times0.13}{0.88\times0.13 + 0.25\times0.87} \approx 0.35$$

利用贝叶斯公式，可知在头像虚假的情况下其账号虚假的概率为 0.35。

上面的例子直观地展示了贝叶斯网络的用法。一个贝叶斯网络通常由 DAG 和结点对应的概率表组成。其中 DAG 由**结点**（node）和**有向边**（edge）组成，结点表示特征属性或随机变量，有向边表示各变量之间的依赖关系。贝叶斯网络的一个重要性质是：当一个结点的父结点概率分布确定之后，该结点条件独立于其所有非直接父结点。该性质方便我们计算变量之间的联合概率分布。

一般来说，多变量非独立随机变量的联合概率分布计算公式如下：

$$P(x_1, x_2, \cdots, x_n) = P(x_1)P(x_2 \mid x_1)P(x_3 \mid x_1, x_2) \cdots P(x_n \mid x_1, x_2, \cdots, x_{n-1}) \qquad (21\text{-}11)$$

有了结点条件独立性质之后，式(21-11)可以简化为：

$$P(x_1, x_2, \cdots, x_n) = \prod_{i=1}^{n} P(x_i \mid \text{Parents}(x_i)) \qquad (21\text{-}12)$$

当由 DAG 表示的结点关系和概率表确定后，相关的先验概率分布、条件概率分布就能够确定，然后基于贝叶斯公式，我们就可以使用贝叶斯网络进行推断了。

21.3.2   借助于 pgmpy 的贝叶斯网络实现

本节中我们基于 pgmpy 来构造贝叶斯网络和进行建模训练。pgmpy 是一款基于 Python 的概率图模型包，主要包括贝叶斯网络和马尔可夫蒙特卡洛等常见概率图模型的实现以及推断方法。

我们以学生获得的推荐信的质量为例来构造贝叶斯网络。相关特征之间的 DAG 和概率表如图 21-5 所示。

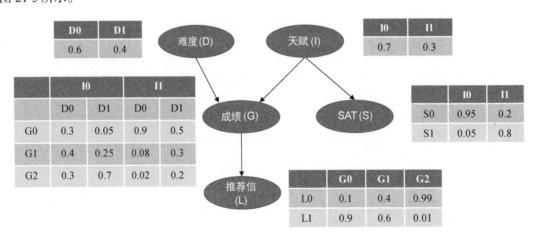

图 21-5   推荐信质量的 DAG 和概率表

由图 21-5 可知, 考试难度、个人天赋都会影响成绩, 另外个人天赋也会影响 SAT 分数, 而成绩会直接影响推荐信的质量。下面我们直接用 pgmpy 实现上述贝叶斯网络模型。

(1) 构建模型框架, 指定各变量之间的关系, 如代码清单 21-6 所示。

代码清单 21-6　导入 pgmpy 相关模块并构建模型框架

```
# 导入 pgmpy 相关模块
from pgmpy.factors.discrete import TabularCPD
from pgmpy.models import BayesianModel
letter_model = BayesianModel([('D', 'G'),
                              ('I', 'G'),
                              ('G', 'L'),
                              ('I', 'S')])
```

(2) 构建各个结点的条件概率分布, 需要指定相关参数和传入概率表, 如代码清单 21-7 所示。

代码清单 21-7　构建结点条件概率分布

```
# 学生成绩的条件概率分布
grade_cpd = TabularCPD(
    variable='G', # 结点名称
    variable_card=3, # 结点取值个数
    values=[[0.3, 0.05, 0.9, 0.5], # 该结点的概率表
    [0.4, 0.25, 0.08, 0.3],
    [0.3, 0.7, 0.02, 0.2]],
    evidence=['I', 'D'], # 该结点的依赖结点
    evidence_card=[2, 2] # 依赖结点的取值个数
)
# 考试难度的条件概率分布
difficulty_cpd = TabularCPD(
    variable='D',
    variable_card=2,
    values=[[0.6], [0.4]]
)
# 个人天赋的条件概率分布
intel_cpd = TabularCPD(
    variable='I',
    variable_card=2,
    values=[[0.7], [0.3]]
)
# 推荐信质量的条件概率分布
letter_cpd = TabularCPD(
    variable='L',
    variable_card=2,
    values=[[0.1, 0.4, 0.99],
    [0.9, 0.6, 0.01]],
    evidence=['G'],
    evidence_card=[3]
)
# SAT 考试分数的条件概率分布
sat_cpd = TabularCPD(
    variable='S',
```

```
    variable_card=2,
    values=[[0.95, 0.2],
    [0.05, 0.8]],
    evidence=['I'],
    evidence_card=[2]
)
```

(3) 将各个结点添加到模型中，构建贝叶斯网络模型，如代码清单 21-8 所示。

代码清单 21-8　构建贝叶斯网络模型

```
# 将各结点添加到模型中，构建贝叶斯网络
letter_model.add_cpds(
    grade_cpd,
    difficulty_cpd,
    intel_cpd,
    letter_cpd,
    sat_cpd
)
# 导入 pgmpy 贝叶斯推断模块
from pgmpy.inference import VariableElimination
# 贝叶斯网络推断
letter_infer = VariableElimination(letter_model)
# 天赋较好且考试不难的情况下学生成绩的好坏
prob_G = letter_infer.query(
    variables=['G'],
    evidence={'I': 1, 'D': 0})
print(prob_G)
```

输出如图 21-6 所示。

```
from pgmpy.inference import VariableElimination
student_infer = VariableElimination(student_model)

prob_G = student_infer.query(
            variables=['G'],
            evidence={'I': 1, 'D': 0})
print(prob_G)

Finding Elimination Order: : 100%|
Eliminating: L: 100%|

+------+----------+
| G    |   phi(G) |
+======+==========+
| G(0) |   0.9000 |
+------+----------+
| G(1) |   0.0800 |
+------+----------+
| G(2) |   0.0200 |
+------+----------+
```

图 21-6　代码清单 21-8 的输出

图 21-6 显示，当聪明的学生碰上较简单的考试时，获得第一等成绩的概率高达 90%。

21.4 小结

贝叶斯定理是经典的概率模型之一，基于先验信息和数据观测得到目标变量的后验概率分布，是贝叶斯的核心理论。贝叶斯定理在机器学习领域也有广泛应用，最常用的贝叶斯机器学习模型包括朴素贝叶斯模型和贝叶斯网络模型。

朴素贝叶斯模型是一种生成学习方法，通过数据学习联合概率分布 $P(X, Y)$ 的方式来计算后验概率分布 $P(Y \mid X)$。之所以取名为朴素贝叶斯，是因为特征的条件独立性假设能够大大简化算法的学习和预测过程，但也会造成一定的精度损失。

进一步地，将朴素贝叶斯的条件独立性假设去掉，认为特征之间存在相关性的贝叶斯模型就是贝叶斯网络模型。贝叶斯网络是一种概率有向图模型，通过有向图和概率表的方式来构建贝叶斯概率模型。当由有向图表示的结点关系和概率表确定后，相关的先验概率分布、条件概率分布就能够确定，然后基于贝叶斯公式，就可以使用贝叶斯网络进行概率推断了。

第 22 章

EM 算法

作为一种迭代算法，EM 算法用于包含隐变量的概率模型参数的极大似然估计。EM 算法包括两个步骤：E 步，求**期望**（expectation）；M 步，求**极大**（maximization）。本章首先介绍常规的极大似然估计方法，引入包含隐变量的极大似然估计算法，即 EM 算法；然后阐述 EM 算法的基本原理和步骤，并以经典的三硬币模型为例进行辅助说明；最后给出基于 NumPy 的 EM 算法实现。

22.1　极大似然估计

极大似然估计（maximum likelihood estimation，MLE）是统计学领域中一种经典的参数估计方法。对于某个随机样本满足某种概率分布，但其中的统计参数未知的情况，极大似然估计可以让我们通过若干次试验的结果来估计参数的值。

以一个经典的例子进行说明，比如我们想了解某高校学生的身高分布。我们先假设该校学生的身高服从一个正态分布 $N(\mu, \sigma^2)$，其中的分布参数 μ 和 σ^2 未知。全校有数万名学生，要一个个实测肯定不现实，所以我们决定用统计抽样的方法，随机选取 100 名学生测得其身高。

要通过这 100 人的身高来估算全校学生的身高，需要明确下面几个问题。第一个问题是抽到这 100 人的概率是多少。因为每个人的选取都是独立的，所以抽到这 100 人的概率可以表示为单个概率的乘积：

$$L(\theta) = L(x_1, x_2, \cdots, x_n;\ \theta) = \prod_{i=1}^{n} p(x_i \mid \theta) \tag{22-1}$$

式(22-1)为似然函数。通常为了计算方便，我们会对似然函数取对数：

$$H(\theta) = \ln L(\theta) = \ln \prod_{i=1}^{n} p(x_i \mid \theta) = \sum_{i=1}^{n} \ln p(x_i \mid \theta) \tag{22-2}$$

第二个问题是为什么刚好抽到这 100 人。按照极大似然估计的理论，在学校这么多学生中，我们恰好抽到这 100 人而不是另外 100 人，正是因为这 100 人出现的概率极大，即其对应的似然函数极大：

$$\hat{\theta} = \arg\max L(\theta) \tag{22-3}$$

最后一个问题是如何求解。这比较容易，直接对 $L(\theta)$ 求导并令其为 0 即可。

所以极大似然估计法可以看作由抽样结果对条件的反推，即已知某个参数能使得这些样本出现的概率极大，我们就直接把该参数作为参数估计的真实值。

22.2 EM 算法的原理推导

上述基于全校学生身高服从一个分布的假设过于笼统，实际上该校男女生的身高分布是不一样的。其中男生的身高分布为 $N(\mu_1, \sigma_1^2)$，女生的身高分布为 $N(\mu_2, \sigma_2^2)$。现在我们估计该校学生身高的分布，就不能简单地用一个分布假设了。

假设我们分别抽选 50 个男生和 50 个女生，对他们分开进行估计。但大多数情况下，我们并不知道抽样得到的这个样本来自于男生还是女生。如果说学生的身高是**观测变量**（observable variable），那么样本的性别就是一种**隐变量**（hidden variable）。

在这种情况下，我们需要估计两个问题：一是这个样本是男生的还是女生的，二是男生和女生对应身高的正态分布参数分别是多少。这种情况下常规的极大似然估计就不太适用了，要估计男女生身高分布，就必须先估计该学生是男还是女。反过来，要估计该学生是男还是女，又得从身高来判断（通常男生身高较高，女生身高较矮）。但二者相互依赖，直接用极大似然估计无法计算。

针对这种包含隐变量的参数估计问题，一般使用 EM（expectation maximization）算法，即期望极大化算法来进行求解。针对上述身高估计问题，EM 算法的求解思想是：既然两个问题相互依赖，这肯定是一个动态求解过程。不如我们直接给定男女生身高的分布初始值，根据初始值估计每个样本是男/女生的概率（E 步），然后据此使用极大似然估计男女生的身高分布参数（M 步），之后动态迭代调整直到满足终止条件为止。

所以 EM 算法的应用场景就是解决包含隐变量的概率模型参数估计问题。给定观测变量数据 Y、隐变量数据 Z、联合概率分布 $P(Y, Z | \theta)$ 以及关于隐变量的条件分布 $P(Z | Y, \theta)$，使用 EM 算法对模型参数 θ 进行估计的流程如下。

(1) 初始化模型参数 $\theta^{(0)}$，开始迭代。

(2) E 步：记 $\theta^{(i)}$ 为第 i 次迭代参数 θ 的估计值，在第 $i+1$ 次迭代的 E 步，计算 Q 函数：

$$
\begin{aligned}
Q(\theta, \theta^{(i)}) &= \mathrm{E}_Z\left[\log P(Y, Z | \theta) | Y, \theta^{(i)}\right] \\
&= \sum_Z \log P(Y, Z | \theta) P(Z | Y, \theta^{(i)})
\end{aligned}
\tag{22-4}
$$

其中 $P(Z|Y, \theta^{(i)})$ 为给定观测数据 Y 和当前参数估计 $\theta^{(i)}$ 的情况下隐变量数据 Z 的条件概率分布。E 步的关键是这个 Q 函数，Q 函数定义为完全数据的对数似然函数 $\log P(Y, Z|\theta)$ 关于在给定观测数据 Y 和当前参数 $\theta^{(i)}$ 的情况下未观测数据 Z 的条件概率分布。

(3) M 步：求使得 Q 函数最大化的参数 θ，确定第 $i+1$ 次迭代的参数估计值 $\theta^{(i+1)}$：

$$\theta^{(i+1)} = \arg\max_{\theta} Q(\theta, \theta^{(i)}) \tag{22-5}$$

(4) 重复迭代 E 步和 M 步直至收敛。

由 EM 算法过程可知，其关键在于 E 步要确定 Q 函数。E 步在固定模型参数的情况下估计隐变量分布，而 M 步则是固定隐变量来估计模型参数。二者交互进行，直至满足算法收敛条件，如图 22-1 所示。

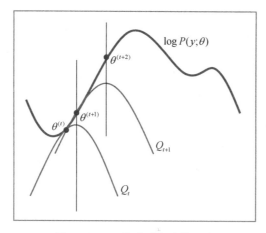

图 22-1　EM 算法动态迭代过程

EM 算法的一个经典例子是三硬币模型。假设有 A、B、C 三枚硬币，抛掷硬币出现正面的概率分别为 π、p 和 q。使用三枚硬币进行如下试验：首先抛掷硬币 A，根据其结果来选择硬币 B 或者 C，假设正面选 B，反面选 C；然后记录硬币结果，正面记为 1，反面记为 0。独立重复 5 次试验，每次试验重复抛掷 B 或者 C 10 次。问如何估计三枚硬币分别出现正面的概率。

三硬币模型可以写作：

$$P(y, \theta) = \sum_z P(y, z|\theta) = \sum_z P(z|\theta)P(y|z, \theta) \tag{22-6}$$

其中，随机变量 y 表示观测变量，即最后观测记录的硬币结果，为 1 或者 0；随机变量 z 为隐变量，表示未观测到的硬币 A 的抛掷结果；$\theta = (\pi, p, q)$ 是模型需要估计的参数。

假设观测数据记为 $Y = (Y_1, Y_1, \cdots, Y_{10})^{\mathrm{T}}$，未观测数据记为 $Z = (Z_1, Z_1, \cdots, Z_{10})^{\mathrm{T}}$，那么观测数

据的似然函数为：

$$P(Y \mid \theta) = \sum_z P(Z \mid \theta) P(Y \mid Z, \theta) \tag{22-7}$$

考虑求模型参数 $\theta = (\pi, p, q)$ 的极大似然估计，即求：

$$\hat{\theta} = \arg\max_\theta \log P(Y \mid \theta) \tag{22-8}$$

由于我们只能观察到最后的抛掷结果，至于这个结果是由硬币 B 抛出来的还是由硬币 C 抛出来的，无从知晓，所以这个过程中根据概率选择抛掷哪一枚硬币就是一个隐变量。因此我们需要使用 EM 算法来进行求解。

E 步：先初始化硬币 B 和 C 出现正面的概率为 $\hat{\theta}_B^{(0)} = 0.6$ 和 $\hat{\theta}_C^{(0)} = 0.5$，估计每次试验中选择 B 或 C 的概率（即硬币 A 是正面还是反面的概率），例如选择 B 的概率为：

$$P(Z = B \mid y_1, \theta) = \frac{P(Z = B, y_1 \mid \theta)}{P(Z = B, y_1 \mid \theta) + P(Z = C, y_1 \mid \theta)}$$

$$= \frac{(0.6)^5 \times (0.4)^5}{(0.6)^5 \times (0.4)^5 + (0.5)^{10}} = 0.45$$

相应地，选择 C 的概率为 $1 - 0.45 = 0.55$。计算出每次试验选择 B 和 C 的概率，然后根据试验数据进行加权求和。

M 步：更新模型参数的估计值，先写出 Q 函数：

$$
\begin{aligned}
Q(\theta, \theta^{(i)}) &= \sum_{j=1}^{5} \sum_z P(z \mid y_j, \theta^{(i)}) \log P(z \mid y_j, \theta) \\
&= \sum_{j=1}^{5} \mu_j \log(\theta_B^{y_j} (1-\theta_B)^{10-y_j}) + (1-\mu_j) \log(\theta_C^{y_j} (1-\theta_C)^{10-y_j})
\end{aligned} \tag{22-9}
$$

对式(22-9)求导并令其为零，可得第一次迭代后的参数估计结果：$\theta_B^{(1)} = 0.71$，$\theta_C^{(1)} = 0.58$，然后重复迭代直至模型满足收敛条件。

22.3 EM 算法实现

本节我们尝试基于 NumPy 实现最简单的 EM 算法，并用其来求解上一节的三硬币问题。作为具体的算法，EM 算法无须像本书前述机器学习算法那样需要完整的编写框架，我们直接按照 E 步和 M 步的算法逻辑进行实现即可。下面编写 EM 算法，如代码清单 22-1 所示。

代码清单 22-1　EM 算法过程

```
# 导入 numpy 库
import numpy as np
```

```
### EM 算法过程函数定义
def em(data, thetas, max_iter=50, eps=1e-3):
    '''
    输入:
    data: 观测数据
    thetas: 初始化的估计参数值
    max_iter: 最大迭代次数
    eps: 收敛阈值
    输出:
    thetas: 估计参数
    '''
    # 初始化似然函数值
    ll_old = 0
    for i in range(max_iter):
        ### E 步: 求隐变量分布
        # 对数似然
        log_like = np.array([np.sum(data * np.log(theta), axis=1) for theta in thetas])
        # 似然
        like = np.exp(log_like)
        # 求隐变量分布
        ws = like/like.sum(0)
        # 概率加权
        vs = np.array([w[:, None] * data for w in ws])
        ### M 步: 更新参数值
        thetas = np.array([v.sum(0)/v.sum() for v in vs])
        # 更新似然函数
        ll_new = np.sum([w*l for w, l in zip(ws, log_like)])
        print("Iteration: %d" % (i+1))
        print("theta_B = %.2f, theta_C = %.2f, ll = %.2f" % (thetas[0,0], thetas[1,0], ll_new))
        # 满足迭代条件即退出迭代
        if np.abs(ll_new - ll_old) < eps:
            break
        ll_old = ll_new
    return thetas
```

在代码清单 22-1 中，em 函数给定输入为观测数据、初始化的参数估计值、最大迭代次数和收敛阈值。首先将似然函数值初始化，然后遍历迭代：分别在 E 步求隐变量分布和在 M 步更新参数值，当似然函数差值小于给定收敛阈值时，EM 算法迭代完成，获取算法收敛时的参数估计值。

基于 em 函数我们来尝试求解前述三硬币问题，如代码清单 22-2 所示。设定观测数据和初始化的参数值，然后将其作为参数传入 em 函数中即可。

代码清单 22-2   EM 算法求解三硬币问题

```
# 观测数据, 5 次独立试验, 每次试验 10 次抛掷的正反面次数
# 比如第一次试验为 5 次正面、5 次反面
observed_data = np.array([(5,5), (9,1), (8,2), (4,6), (7,3)])
# 初始化参数值, 即硬币 B 出现正面的概率为 0.6, 硬币 C 出现正面的概率为 0.5
thetas = np.array([[0.6, 0.4], [0.5, 0.5]])
# EM 算法寻优
```

```
thetas = em(observed_data, thetas, max_iter=30, eps=1e-3)
# 打印最优参数值
print(thetas)
```

输出如下：

```
Iteration: 1
theta_B = 0.71, theta_C = 0.58, ll = -32.69
Iteration: 2
theta_B = 0.75, theta_C = 0.57, ll = -31.26
Iteration: 3
theta_B = 0.77, theta_C = 0.55, ll = -30.76
Iteration: 4
theta_B = 0.78, theta_C = 0.53, ll = -30.33
Iteration: 5
theta_B = 0.79, theta_C = 0.53, ll = -30.07
Iteration: 6
theta_B = 0.79, theta_C = 0.52, ll = -29.95
Iteration: 7
theta_B = 0.80, theta_C = 0.52, ll = -29.90
Iteration: 8
theta_B = 0.80, theta_C = 0.52, ll = -29.88
Iteration: 9
theta_B = 0.80, theta_C = 0.52, ll = -29.87
Iteration: 10
theta_B = 0.80, theta_C = 0.52, ll = -29.87
Iteration: 11
theta_B = 0.80, theta_C = 0.52, ll = -29.87
Iteration: 12
theta_B = 0.80, theta_C = 0.52, ll = -29.87
array([[0.7967829 , 0.2032171 ],
       [0.51959543, 0.48040457]])
```

可以看到，算法在第 7 次迭代时收敛，最后硬币 B 和硬币 C 出现正面的概率分别为 0.80 和 0.52。

对于 EM 算法，本章的讨论并不十分深入。关于似然函数下界的推导、EM 算法的多种解释等，感兴趣的读者可以自行参考《统计学习方法》等相关资料。

22.4 小结

EM 算法是含有隐变量的概率模型极大似然估计算法。它是一种动态迭代算法，通过求极大化似然函数来实现极大似然估计。EM 算法的迭代过程包括两步：E 步求期望和 M 步求最大。

E 步主要是求 $\log P(Y, Z \mid \theta)$ 关于 $P(Z \mid Y, \theta^{(i)})$ 的期望 $Q(\theta, \theta^{(i)})$，即 Q 函数，所以 Q 函数的定义是 EM 算法的一大关键。M 步则是求最大，即极大化 Q 函数得到待估参数的估计值：$\theta^{(i+1)} = \arg\max_{\theta} Q(\theta, \theta^{(i)})$。EM 算法的一个经典例子是三硬币问题。

第 23 章

隐马尔可夫模型

从本章开始，我们将学习两大经典的概率图模型。概率图模型（probabilistic graphical model，PGM）是一种由图表示的概率分布模型。隐马尔可夫模型（hidden Markov model, HMM）是由隐藏的马尔可夫链随机生成观测序列的过程，是一种经典的概率图模型。本章以概率图模型作为引入，介绍概率图模型的主要知识框架，并在此基础上梳理隐马尔可夫模型的基本概念和定义，引出隐马尔可夫模型的三个重要问题：概率计算问题、参数估计问题和序列标注问题。最后以盒子摸球模型为例，给出隐马尔可夫模型的具体代码实现。

23.1 什么是概率图模型

概率图模型是一种基于概率理论、使用图论方法来表示概率分布的模型。图是由结点以及连接结点的边组成的集合，结点和边分别记为 v 和 e，结点和边的集合分别记作 V 和 E，一个图模型可以表示为 $G = (V, E)$。

假设有联合概率分布 $P(Y)$，$Y \in \mathcal{Y}$ 是一组随机变量，图 $G = (V, E)$ 表示联合概率分布 $P(Y)$，即在图 G 中，结点 $v \in V$ 表示一个随机变量 Y_v，$Y = (Y_v)_{v \in V}$，而边 $e \in E$ 表示随机变量之间的概率依赖关系。根据概率图的边是否有向，可分为有向概率图模型和无向概率图模型，第 21 章介绍的贝叶斯网络属于前者。概率图模型的划分框架如图 23-1 所示。

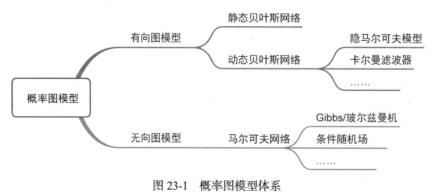

图 23-1　概率图模型体系

如图 23-1 所示，我们将概率图模型划分为有向图和无向图两大类，其中有向图模型包括静态贝叶斯网络模型和动态贝叶斯网络模型，而本章要谈到的**隐马尔可夫模型**就属于该类。无向图模型主要是指马尔可夫网络，其代表性的模型正是下一章要介绍的条件随机场模型。

23.2　HMM 的定义与相关概念

在正式引入 HMM 之前，我们先把目光聚焦到**马尔可夫模型**（Markov model）以及相关的几个概念上。马尔可夫模型描述了一类重要的随机过程：对于一个随机变量序列，序列中各随机变量并不是相互独立的，每个随机变量的值可能会依赖于之前的序列状态。

假设某个系统有 N 个有限状态 $S = \{s_1, s_2, \cdots, s_N\}$，序列状态会随时间变化而转移。假设 $Q = (q_1, q_2, \cdots, q_T)$ 是一个随机变量序列，随机变量取值为序列状态 S 中的某个状态，令随机变量在时刻 t 的状态为 q_t。系统在时刻 t 处于状态 s_j 的概率取决于时刻 t 之前，即 $1, 2, \cdots, t-1$ 的状态，该概率可以表示为：

$$P(q_t = s_j \mid q_{t-1} = s_i, q_{t-2} = s_k, \cdots) \tag{23-1}$$

假设系统在时刻 t 的状态只与时刻 $t-1$ 的状态相关，有：

$$P(q_t = s_j \mid q_{t-1} = s_i, q_{t-2} = s_k, \cdots) = P(q_t = s_j \mid q_{t-1} = s_i) \tag{23-2}$$

那么式(23-2)就是一个一阶的**马尔可夫链**（Markov chain）。更进一步，如果式(23-2)是独立于时刻 t 的随机过程：

$$P(q_t = s_j \mid q_{t-1} = s_i) = a_{ij}, \ 1 \leqslant i, j \leqslant N \tag{23-3}$$

那么该随机过程就称为马尔可夫模型。一个典型的马尔可夫模型如图 23-2 所示。

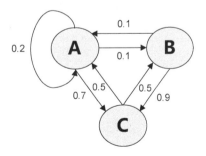

图 23-2　马尔可夫模型示例

图 23-2 中有 A、B、C 三个结点，结点之间的状态转移概率都标注在图中，对应的状态转移矩阵为：

$$\begin{bmatrix} 0.2 & 0.1 & 0.7 \\ 0.1 & 0 & 0.9 \\ 0.5 & 0.5 & 0 \end{bmatrix}$$

在给定初始状态的情况下，根据状态转移矩阵即可推导计算其他时刻的状态。

简单介绍了马尔可夫模型的相关概念之后，下面正式进入 HMM 的内容。HMM 是关于时序的概率模型，描述一个隐藏的马尔可夫链随机生成不可观测的随机状态序列，再由各个状态生成一个观测而产生随机序列的过程。其中隐藏的马尔可夫链随机生成的状态的序列称为状态序列，每个状态产生的观测构成的序列称为观测序列。HMM 的简明示意图如图 23-3 所示。

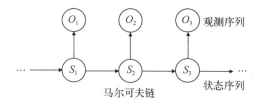

图 23-3　HMM 示意图

假设 HMM 的初始状态概率向量为 $\boldsymbol{\pi}$，状态转移概率矩阵表示为 $\boldsymbol{A}$，观测概率矩阵表示为 $\boldsymbol{B}$，其中 $\boldsymbol{\pi}$ 和 $\boldsymbol{A}$ 决定了状态序列，$\boldsymbol{B}$ 决定了观测序列，而 $\boldsymbol{\pi}$、$\boldsymbol{A}$ 和 $\boldsymbol{B}$ 共同决定了一个 HMM，所以一个 HMM 可以用一个三元符号来表示：

$$\mu = (\boldsymbol{A}, \ \boldsymbol{B}, \ \boldsymbol{\pi}) \tag{23-4}$$

令 Q 为所有可能的状态的集合，V 为所有可能的观测的集合，即：

$$Q = \{q_1, \ q_2, \ \cdots, \ q_N\}, \quad V = \{v_1, \ v_2, \ \cdots, \ v_M\} \tag{23-5}$$

其中 N 是可能的状态数量，M 是可能的观测数量。

令 I 是长度为 T 的状态序列，O 是与之对应的观测序列，即：

$$I = (i_1, \ i_2, \ \cdots, \ i_T), \quad O = (o_1, \ o_2, \ \cdots, \ o_T) \tag{23-6}$$

状态转移概率矩阵 $\boldsymbol{A}$ 可表示为：

$$\boldsymbol{A} = \left[a_{ij}\right]_{N \times N} \tag{23-7}$$

其中 $a_{ij} = P(i_{t+1} = q_j \mid i_t = q_i)$，$i = 1, \ 2, \ \cdots, \ N$，$j = 1, \ 2, \ \cdots, \ N$ 是在时刻 t 处于状态 q_i 的条件下在时刻 $t+1$ 转移到状态 q_j 的概率。

观测概率矩阵 $\boldsymbol{B}$ 可以表示为：

$$\boldsymbol{B} = \left[b_j(k)\right]_{N \times M} \tag{23-8}$$

其中 $b_j(k) = P(o_t = v_k \mid i_t = q_j)$，$k = 1, 2, \cdots, M$，$j = 1, 2, \cdots, N$ 是在时刻 t 处于状态 q_j 的条件下生成的观测 v_k 的概率。

三要素中最后一个是初始状态向量 $\boldsymbol{\pi}$：

$$\boldsymbol{\pi} = (\pi_i) \tag{23-9}$$

其中 $\pi_i = P(i_1 = q_i)$。

用纯数学语言描述 HMM 可能会有一些抽象，我们以经典的盒子摸球模型为例[①]来实际理解 HMM。假设有 4 个盒子，每个盒子里面都有红白两种颜色的球，各个盒子里面的红白球数量分布如表 23-1 所示。

表 23-1　盒子中的红白球数量分布

盒子	1	2	3	4
红球个数	5	6	2	3
白球个数	5	4	8	7

从盒子中摸球的规则如下：首先从 4 个盒子里等概率地选择 1 个盒子，从这个盒子里随机摸一个球，记录颜色后放回。然后从当前盒子随机转移到下一个盒子，转移规则如下：如果当前盒子为 1，那么下一个盒子一定是 2；如果当前盒子是 2 或者 3，则分别以概率 0.4 和 0.6 转移到左边或者右边的盒子；如果当前盒子是 4，那么各以 0.5 的概率停留在 4 或者转移到 3，确定了转移的盒子后，就从该盒子中随机摸取一个球记录其颜色并放回。将上述摸球试验独立重复进行 5 次，得到一个球的观测序列为

$$O = \{\text{白, 红, 白, 红, 红}\}$$

按照 HMM 的三要素来分析该例子。在上述摸球过程中，我们只能观测到摸到的球的颜色，即可以观测到球的颜色序列，而观察不到球是从哪个盒子摸到的，即观测不到盒子的序列。所以，该例中状态序列即为盒子的序列，观测序列即为摸到的球的颜色序列，具体如下所示。

状态序列为：

$$Q = \{\text{盒子1, 盒子2, 盒子3, 盒子4}\}, N = 4$$

观测序列为：

$$V = \{\text{红球, 白球}\}, M = 2$$

状态序列和观测序列长度 $T = 5$，初始概率分布为：

$$\boldsymbol{\pi} = (0.25,\ 0.25,\ 0.25,\ 0.25)^{\mathrm{T}}$$

[①] 该例来自《统计学习方法》例 10.1。

状态转移概率分布矩阵为：

$$A = \begin{bmatrix} 0 & 1 & 0 & 0 \\ 0.4 & 0 & 0.6 & 0 \\ 0 & 0.4 & 0 & 0.6 \\ 0 & 0 & 0.5 & 0.5 \end{bmatrix}$$

根据表 23-1 可得观测概率矩阵为：

$$B = \begin{bmatrix} 0.5 & 0.5 \\ 0.6 & 0.4 \\ 0.2 & 0.8 \\ 0.3 & 0.7 \end{bmatrix}$$

根据前面的理论和案例分析，在 $\mu = (A,\ B,\ \pi)$ 的情况下，其观测序列由下列步骤产生：

(1) 根据初始状态概率分布 π_i 选择一个初始状态 i_1；

(2) 令 $t = 1$；

(3) 根据状态 i_t 的观测概率分布 $b_{i_t}(k)$ 生成 o_t；

(4) 根据状态转移概率分布 $a_{i_t i_{t+1}}$，将当前时刻 t 的状态转移到 $t+1$ 时刻的状态 i_{t+1}；

(5) $t = t+1$，若 $t < T$，则重复执行步骤(3)和(4)，反之则退出算法。

下面根据盒子摸球模型，我们尝试基于 NumPy 实现一个盒子摸球的序列生成方法，完整过程如代码清单 23-1 所示。

代码清单 23-1　盒子摸球模型的 HMM 观测序列生成

```
# 导入 numpy 库
import numpy as np
### 定义 HMM 类
class HMM:
    def __init__(self, N, M, pi=None, A=None, B=None):
        # 可能的状态数
        self.N = N
        # 可能的观测数
        self.M = M
        # 初始状态概率向量
        self.pi = pi
        # 状态转移概率矩阵
        self.A = A
        # 观测概率矩阵
        self.B = B

    # 根据给定的概率分布随机返回数据
    def rdistribution(self, dist):
        r = np.random.rand()
        for ix, p in enumerate(dist):
```

```
            if r < p:
                return ix
            r -= p

    # 生成 HMM 观测序列
    def generate(self, T):
        # 根据初始概率分布生成第一个状态
        i = self.rdistribution(self.pi)
        # 生成第一个观测数据
        o = self.rdistribution(self.B[i])
        observed_data = [o]
        # 遍历生成后续的状态和观测数据
        for _ in range(T-1):
            i = self.rdistribution(self.A[i])
            o = self.rdistribution(self.B[i])
            observed_data.append(o)
        return observed_data

# 初始状态概率分布
pi = np.array([0.25, 0.25, 0.25, 0.25])
# 状态转移概率矩阵
A = np.array([
    [0,  1,  0,  0],
    [0.4, 0, 0.6, 0],
    [0, 0.4, 0, 0.6],
    [0, 0, 0.5, 0.5]])
# 观测概率矩阵
B = np.array([
    [0.5, 0.5],
    [0.6, 0.4],
    [0.2, 0.8],
    [0.3, 0.7]])
# 可能的状态数和观测数
N = 4
M = 2
# 创建 HMM 实例
hmm = HMM(N, M, pi, A, B)
# 生成观测序列
print(hmm.generate(5))
```

输出如下：

```
[1, 0, 0, 1, 0]
```

代码清单 23-1 给出了基于盒子摸球模型的 HMM 观测序列生成过程。在代码中，我们首先定义了一个 HMM 类，包括 5 个 HMM 基本参数，包括可能的观测数、可能的状态数、初始状态概率分布、状态转移概率矩阵和观测概率矩阵。然后定义了一个根据分布生成采样数据的方法，并在此基础上，根据 HMM 观测序列生成逻辑，即先生成初始状态和初始观测，再由状态转移概率矩阵生成后续状态，并根据观测概率矩阵由隐状态生成后续观测序列。最后在给定 HMM 参数的情况下，代码生成了一个长度为 5 的观测序列：红, 白, 白, 红, 白（1 表示白球，0 表示红球）。

23.3   HMM 的三个经典问题

当基于 $\mu = (A, B, \pi)$ 确定了 HMM 之后，就有三个经典问题需要我们解决，分别是概率计算问题、参数估计问题和序列标注问题。针对这三个问题，都有对应的算法进行处理。但在正式介绍这三个问题之前，需要明确两个重要假设，这两个假设在三个问题的推导中起着重要作用。

第一个假设是齐次马尔可夫假设。该假设说的是，除初始时刻的状态由参数 π 决定外，任意时刻的状态只取决于前一时刻的状态，与其他时刻的状态无关，即：

$$P(i_t = q_j \mid i_{t-1} = q_i, \ i_{t-2} = q_k, \ \cdots) = P(i_t = q_j \mid i_{t-1} = q_i) \tag{23-10}$$

其中 $t = 2, \ 3 \cdots, \ T$ 。

第二个假设为观测独立性假设。即任意时刻的观测只取决于该时刻的隐状态，与其他条件无关：

$$P(o_t = v_j \mid o_{t-1} = v_i, \ o_{t-2} = v_k, \ \cdots, \ i_t) = P(o_t \mid i_t) \tag{23-11}$$

其中 $t = 1, \ 2, \ \cdots, \ T$ 。

23.3.1   概率计算问题与前向/后向算法

所谓 HMM 概率计算问题，是指在给定模型参数 $\mu = (A, B, \pi)$ 和观测序列 $O = (o_1, o_2, \cdots, o_T)$ 的情况下，计算该观测序列出现的概率 $P(O \mid \mu)$ 。如果直接对 $P(O \mid \mu)$ 进行估计，计算量比较大，时间复杂度达到 $O(TN^T)$ 阶。所以，针对 HMM 的概率计算问题，分别有前向算法和后向算法两种高效的计算方法。

先来看前向算法。

假设有如图 23-4 所示的 HMM 序列，序列长度为 T 。

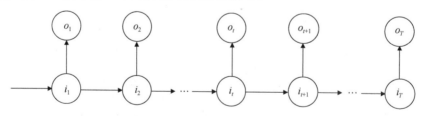

图 23-4   长度为 T 的 HMM 序列

给定 HMM 参数 μ 和 t 时刻的状态以及 1, 2, $\cdots$, t 时刻的观测，它们的联合概率 $\alpha_t(i)$ 可以表达为：

$$\alpha_t(i) = P(o_1, o_2, \cdots, o_t, i_t = q_j \mid \mu) \tag{23-12}$$

该联合概率 $\alpha_t(i)$ 即可定义为前向概率，即在给定模型参数 μ 的条件下，观测 o_1, o_2, $\cdots$, o_t 和 i_t 之间的联合概率。前向概率对应到图 23-4 的 HMM 序列中，如图 23-5 框中所示。

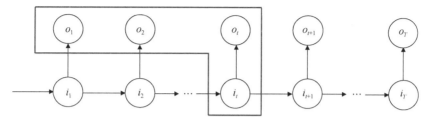

图 23-5　前向概率图示

下面我们根据前向概率的定义写出其初始值 $\alpha_1(i)$ ：

$$
\begin{aligned}
\alpha_1(i) &= P(o_1,\, i_1 = q_j \mid \mu) \\
&= P(i_1 = q_j \mid \mu)P(o_1 \mid i_1 = q_j,\, \mu) = \pi_i b_i(o_1)
\end{aligned}
\tag{23-13}
$$

其中 $b_i(o)$ 表示由状态 q_j 生成观测数据的概率，令 t 时刻的观测数据 $o_t = v_j$，那么：

$$
b_i(o_t) = b_i(o_t = v_j) = P(o_t = v_j \mid i_t = q_i) = b_{ij}
\tag{23-14}
$$

根据式(23-12)前向概率的定义公式，可得 T 时刻的前向概率为：

$$
\begin{aligned}
\alpha_T(i) &= P(o_1,\, o_2,\, \cdots,\, o_T,\, i_T = q_j \mid \mu) \\
&= P(O,\, i_T = q_j \mid \mu)
\end{aligned}
\tag{23-15}
$$

由式(23-15)，对 i_T 的取值进行遍历求和，可得观测数据 O 的边际概率：

$$
\sum_i^N \alpha_T(i) = \sum_i^N P(O,\, i_T = q_j \mid \mu) = P(O \mid \mu)
\tag{23-16}
$$

现根据前向概率公式，假设已知 $\alpha_t(1)$, $\alpha_t(2)$, $\cdots$, $\alpha_t(N)$，需要推导 $\alpha_{t+1}(*)$，由前向概率的定义公式可得：

$$
\alpha_{t+1}(j) = P(o_1,\, o_2,\, \cdots,\, o_{t+1},\, i_{t+1} = q_j \mid \mu)
\tag{23-17}
$$

对式(23-17)引入变量 $i_t = q_i$，有：

$$
\begin{aligned}
\alpha_{t+1}(j) &= \sum_{i=1}^N P(o_1,\, o_2,\, \cdots,\, o_{t+1},\, i_t = q_i,\, i_{t+1} = q_j \mid \mu) \\
&= \sum_{i=1}^N P(o_{t+1} \mid o_1,\, o_2,\, \cdots,\, o_t,\, i_t = q_i,\, i_{t+1} = q_j,\, \mu)P(o_1,\, o_2,\, \cdots, o_t,\, i_t = q_i,\, i_{t+1} = q_j \mid \mu)
\end{aligned}
\tag{23-18}
$$

先看式(23-18)中的第一项，根据式(23-11)的观测独立性假设，第一项可化简为：

$$P(o_{t+1} \mid o_1, o_2, \cdots o_t, i_t = q_i, i_{t+1} = q_j, \mu) = P(o_{t+1} \mid i_{t+1} = q_j) = b_j(o_{t+1}) \qquad (23\text{-}19)$$

根据式(23-10)的齐次马尔可夫假设，第二项可化简为：

$$
\begin{aligned}
&P(o_1, o_2, \cdots, o_t, i_t = q_i, i_{t+1} = q_j \mid \mu) \\
&= P(i_{t+1} = q_j \mid o_1, o_2, \cdots, o_t, i_t = q_i, \mu) P(o_1, o_2, \cdots, o_t, i_t = q_i \mid \mu) \\
&= P(i_{t+1} = q_j \mid i_t = q_i) P(o_1, o_2, \cdots, o_t, i_t = q_i \mid \mu) = a_{ij} \alpha_t(i)
\end{aligned}
\qquad (23\text{-}20)
$$

将式(23-20)和式(23-19)代入式(23-18)中，可得：

$$\alpha_{t+1}(j) = \sum_{i=1}^{N} a_{ij} b_j(o_{t+1}) \alpha_t(i) \qquad (23\text{-}21)$$

以上就是前向算法的基本推导过程。继续以上一节的盒子摸球为例，假设摸到的球的序列 $O = (红，白，红，白，白)$，在给定 HMM 参数 $\mu = (A, B, \pi)$ 的情况下，基于前向算法计算条件概率 $P(O \mid \mu)$。

下面我们基于 NumPy 来实现盒子摸球实验的前向算法，如代码清单 23-2 所示。

代码清单 23-2　基于盒子摸球实验的前向算法实现

```
### 前向算法计算条件概率
def prob_calc(O):
    '''
    输入：
    O: 观测序列
    输出：
    alpha.sum(): 条件概率
    '''
    # 初始值
    alpha = pi * B[:, O[0]]
    # 递推
    for o in O[1:]:
        alpha_next = np.empty(4)
        for j in range(4):
            alpha_next[j] = np.sum(A[:,j] * alpha * B[j,o])
        alpha = alpha_next
    return alpha.sum()

# 给定观测
O = [1,0,1,0,0]
# 计算生成该观测的概率
print(prob_calc(O))
```

输出如下：

0.01983169125

代码清单23-2的前向算法的实现逻辑按照式(23-21)进行编写，在给定生成观测序列为(红, 白, 红, 白, 白)的条件下，HMM 生成该观测的概率为 0.02。

再来看后向算法。

跟前向算法先定义一个前向概率一样，针对后向算法，我们也需要先定义一个后向概率 $\beta_t(i)$：

$$\beta_t(i) = P(o_{t+1}, o_{t+2}, \cdots, o_{T-1}, o_T \mid i_t = q_j, \mu) \tag{23-22}$$

后向概率对应到图 23-4 的 HMM 序列中，如图 23-6 框中所示，后向概率即在给定模型参数 μ 和 t 时刻状态 i_t 的条件下，观测 $o_{t+1}, o_{t+2}, \cdots, o_T$ 和 i_t 之间的联合概率。

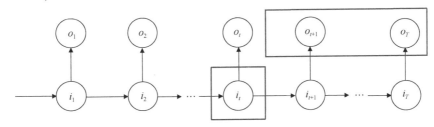

图 23-6 后向概率图示

下面开始基于后向概率的推导。规定后向概率初始值为：

$$\beta_T(1) = \beta_T(2) = \cdots = \beta_T(i) = 1 \tag{23-23}$$

根据后向概率的定义式(23-22)，有：

$$\beta_1(i) = P(o_{t+1}, o_{t+2}, \cdots, o_{T-1}, o_T \mid i_1 = q_i, \mu) \tag{23-24}$$

下面推导 $\beta_1(i)$ 与要计算的目标概率 $P(O \mid \mu)$ 之间的关系：

$$\begin{aligned}
P(O \mid \mu) &= P(o_1, o_2, \cdots, o_T \mid \mu) \\
&= \sum_{i=1}^{N} P(o_1, o_2, \cdots, o_T \mid i_1 = q_i, \mu) \\
&= \sum_{i=1}^{N} P(o_1 \mid o_2, \cdots, o_T, i_1 = q_i, \mu) P(o_2, \cdots, o_T, i_1 = q_i \mid \mu) \\
&= \sum_{i=1}^{N} P(o_1 \mid i_1 = q_i) P(i_1 = q_i \mid \mu) P(o_2, \cdots, o_{T-1}, o_T \mid i_1 = q_i, \mu) \\
&= \sum_{i=1}^{N} b_i(o_1) \pi_i \beta_1(i)
\end{aligned} \tag{23-25}$$

然后，我们假设所有 $\beta_{t+1}(i)$ 是已知的，基于 $\beta_{t+1}(i)$ 来推导 $\beta_t(i)$：

$$\begin{aligned}\beta_t(i) &= P(o_{t+1}, \cdots, o_T \mid i_t = q_i, \mu) \\ &= \sum_{j=1}^{N} P(o_{t+1}, \cdots, o_T, i_{t+1} = q_j \mid i_t = q_i, \mu) \\ &= \sum_{j=1}^{N} P(o_{t+1}, \cdots, o_T \mid i_{t+1} = q_j, i_t = q_i, \mu) P(i_{t+1} = q_j \mid i_t = q_i, \mu) \end{aligned} \qquad (23\text{-}26)$$

针对式(23-26)，后一项 $P(i_{t+1} = q_j \mid i_t = q_i, \mu)$ 即为状态转移概率 a_{ij}，而第一项可以根据观测独立性假设化简为：

$$\begin{aligned} & P(o_{t+1}, \cdots, o_T \mid i_{t+1} = q_j, i_t = q_i, \mu) \\ &= P(o_{t+1}, \cdots, o_T \mid i_{t+1} = q_j, \mu) \\ &= P(o_{t+1} \mid o_{t+2}, i_{t+1} = q_j, \mu) P(o_{t+2}, \cdots, o_T \mid i_{t+1} = q_j, \mu) \\ &= P(o_{t+1} \mid i_{t+1} = q_j) P(o_{t+2}, \cdots, o_T \mid i_{t+1} = q_j, \mu) = b_j(o_{t+1}) \beta_{t+1}(j) \end{aligned} \qquad (23\text{-}27)$$

将式(23-27)结果代入 $\beta_t(i)$，可得：

$$\beta_t(i) = \sum_{j=1}^{N} a_{ij} b_j(o_{t+1}) \beta_{t+1}(j) \qquad (23\text{-}28)$$

以上就是后向算法的基本推导过程。同样以盒子摸球为例，假设摸到的球的序列 $O = ($红，红，白，白，红$)$，在给定 HMM 参数 $\mu = (A, B, \pi)$ 的情况下，基于后向算法计算条件概率 $P(O \mid \mu)$。感兴趣的读者可以参考代码清单 23-2 的前向算法进行尝试，这里略去不讲。

23.3.2　参数估计问题与 Baum-Welch 算法

HMM 的参数估计问题，也就是 HMM 的学习算法问题。HMM 的参数估计问题指的是，在给定观测序列 $(o_1, o_2, \cdots, o_T)$，但没有对应状态序列的情况下，求 HMM 参数 $\mu = (A, B, \pi)$。这种情况下 HMM 事实上是一个含有隐变量的概率模型：

$$P(O \mid \mu) = \sum_{I} P(O \mid I, \mu) P(I \mid \mu) \qquad (23\text{-}29)$$

针对含有隐变量的参数估计问题，我们一般使用 EM 算法进行求解，在 HMM 参数估计问题中，EM 算法也叫 Baum-Welch 算法。我们首先写出完全数据的对数似然函数，然后基于 Baum-Welch 算法求解 HMM 参数问题。

假设所有观测数据可以写为 $O = (o_1, o_2, \cdots, o_T)$，所有隐状态数据为 $I = (i_1, i_2, \cdots, i_T)$，完全数据为 $(O, I) = (o_1, o_2, \cdots, o_T, i_1, i_2, \cdots, i_T)$，完全数据的对数似然函数为 $\log P(O, I \mid \mu)$。下面开始 EM 算法的推导。

先给出 EM 算法的 E 步，定义 EM 算法 Q 函数为：

$$Q(\mu, \mu^{(t)}) = E_{I|O, \mu^{(t)}} \log P(O, I \mid \mu)$$
$$= \sum_I \log P(O, I \mid \mu) P(O, I \mid \mu^{(t)}) \tag{23-30}$$

其中 $\mu^{(t)}$ 是 HMM 当前参数估计值，μ 是要极大化的 HMM 参数。

根据前向概率的相关推导，有：

$$P(O, I \mid \mu) = \pi_{i_1} b_{i_1}(o_1) a_{i_1 i_2} b_{i_2}(o_2) \cdots a_{i_{T-1} i_T} b_{i_T}(o_T) \tag{23-31}$$

将式(23-31)代入式(23-30)中，Q 函数可以写为：

$$Q(\mu, \mu^{(t)}) = \sum_I \log \pi_{i_1} P(O, I \mid \mu^{(t)}) + \sum_I \left(\sum_{t=2}^{T} \log a_{i_t i_{t+1}} \right) P(O, I \mid \mu^{(t)}) + $$
$$\sum_I \left(\sum_{t=1}^{T} \log b_{i_t}(o_t) \right) P(O, I \mid \mu^{(t)}) \tag{23-32}$$

下面再来看 EM 算法的 M 步，即极大化 Q 函数，并求模型参数 A, B, π。观察式(23-32)，可以看到，要极大化的参数分别位于该式的 3 个独立项中，当求解其中一个参数时，另外两项可以直接去掉，所以我们可以对该式的 3 项分别进行优化。

先看第一项 $\sum_I \log \pi_{i_1} P(O, I \mid \mu^{(t)})$，该项是关于参数 π 的优化表达式。我们将其改写为：

$$\sum_I \log \pi_{i_1} P(O, I \mid \mu^{(t)}) = \sum_{i=1}^{N} \log \pi_i P(O, i_1 = q_i \mid \mu^{(t)}) \tag{23-33}$$

π_i 作为一个概率分布，满足约束条件 $\sum_{i=1}^{N} \pi_i = 1$，所以，可以使用拉格朗日乘子法将式(23-33)转化为无约束优化问题，如式(23-34)所示：

$$L_{\pi_i} = \sum_{i=1}^{N} \log \pi_i P(O, i_1 = q_i \mid \mu^{(t)}) + \gamma \left(\sum_{i=1}^{N} \pi_i - 1 \right) \tag{23-34}$$

对式(23-34)求偏导并令结果为 0：

$$\frac{\partial L}{\partial \pi_i} \left(\log \pi_i P(O, i_1 = q_i \mid \mu^{(t)}) + \gamma \left(\sum_{i=1}^{N} \pi_i - 1 \right) \right) = 0 \tag{23-35}$$

化简有：

$$P(O, i_1 = q_i \mid \mu^{(t)}) + \gamma \pi_i = 0 \tag{23-36}$$

对 i 求和有：

$$\gamma = -P(O \mid \mu^{(t)}) \tag{23-37}$$

将式(23-37)代入式(23-34)，即可得：

$$\pi_i = \frac{P(O, i_1 = q_i \mid \mu^{(t)})}{P(O \mid \mu^{(t)})} \tag{23-38}$$

式(23-32)第二项可以改写为：

$$\sum_I \left(\sum_{t=1}^{T-1} \log a_{i_t i_{t+1}} \right) P(O, I \mid \mu^{(t)}) = \sum_{i=1}^{N} \sum_{j=1}^{N} \sum_{t=1}^{T-1} \log a_{ij} P(O, i_t = i, i_{t+1} = j \mid \mu^{(t)}) \tag{23-39}$$

对于式(23-39)应用约束条件 $\sum_{j=1}^{N} a_{ij} = 1$，基于拉格朗日乘子法可解得：

$$a_{ij} = \frac{\sum_{t}^{T-1} P(O, i_t = i, i_{t+1} = j \mid \mu^{(t)})}{\sum_{t=1}^{T-1} P(O, i_t = i \mid \mu^{(t)})} \tag{23-40}$$

同理，对于式(23-32)第三项 $\sum_I \left(\sum_{t=1}^{T} \log b_{i_t}(o_t) \right) P(O, I \mid \mu^{(t)})$，基于 $\sum_{k=1}^{M} b_j(k) = 1$ 的约束条件，使用拉格朗日乘子法可解得：

$$b_j(k) = \frac{\sum_{t=1}^{T} P(O, i_t = j \mid \mu^{(t)}) I(o_t = v_k)}{\sum_{t=1}^{T} P(O, i_t = j \mid \mu^{(t)})} \tag{23-41}$$

最后，整理一下 EM 算法在 HMM 参数估计问题上的迭代求解公式：

$$\pi_i^{(t+1)} = \frac{P(O, i_1 = q_i \mid \mu^{(t)})}{P(O \mid \mu^{(t)})} \tag{23-42}$$

$$a_{ij}^{(t+1)} = \frac{\sum_{t}^{T-1} P(O, i_t = i, i_{t+1} = j \mid \mu^{(t)})}{\sum_{t=1}^{T-1} P(O, i_t = i \mid \mu^{(t)})} \tag{23-43}$$

$$b_j^{(t+1)} = \frac{\sum_{t=1}^{T} P(O, i_t = j \mid \mu^{(t)}) I(o_t = v_k)}{\sum_{t=1}^{T} P(O, i_t = j \mid \mu^{(t)})} \tag{23-44}$$

基于 Baum-Welch 算法的 HMM 参数估计问题本节略过，读者可以基于本节的推导和 EM 算法流程自行尝试。

23.3.3 序列标注问题与维特比算法

HMM 的最后一个问题是，给定模型参数 $\mu = (A, B, \pi)$ 和观测序列 $O = (o_1, o_2, \cdots, o_T)$，求最大概率的隐状态序列 $(i_1, i_2, \cdots, i_T)$。这类问题称为 HMM 的序列标注预测问题，也叫解码问题。

求解 HMM 序列标注问题（如图 23-7 所示）的方法叫作**维特比算法**（Viterbi algorithm）。将序列标注问题中的求解目标，即隐状态的最大概率，对应为一种最优路径，实际上维特比算法是一种基于动态规划求解最优路径的算法。

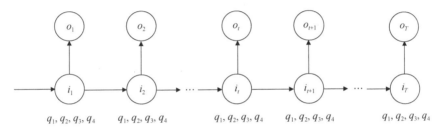

图 23-7 序列标注问题图示

如图 23-7 所示，模型参数 μ 和观测序列 O 已知，隐状态 $(i_1, i_2, \cdots, i_T)$ 未知，且每个状态的取值都是 q_1, q_2, q_3, q_4 中的任意一个。观测序列取值范围为 (v_1, v_2, v_3, v_4)，假设 $o_1 = v_1$，如图 23-8 所示。

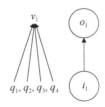

图 23-8 序列标注推导第一步

现在我们定义一个新的变量 $\delta_1(i)$，表示从 i_1 取值为 q_1 到 q_4，然后再生成 $o_1 = v_1$ 这样一个过程的概率，i_1 的取值由初始概率 π_i 决定，那么有：

$$\delta_1(i) = \pi_i b_i(o_1) \tag{23-45}$$

若序列长度为 1，即 $T = 1$，最优路径就是：

$$i_T^* = \arg\max_i \delta_T(i) \tag{23-46}$$

接着我们转移状态 i_2，假设还有 $o_2 = v_1$，由 i_2 生成观测 o_2 的计算一样，但关键在于由 i_1 到 i_2 该如何计算最大概率，如图 23-9 所示。

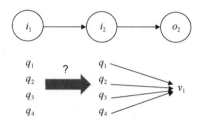

图 23-9　序列标注推导关键问题：如何计算由 i_1 到 i_2 的最大概率

将该问题推广到 i_t 到 i_{t+1}，其中 i_t 为最优路径，可以写出由 i_t 到 i_{t+1} 的最大概率为：

$$\delta_T(j) = \left[\max_i \delta_{T-1}(i) a_{ij} \right] b_j(x_{T-1}) \tag{23-47}$$

对应到最优路径上，所以对式(23-47)还需要取索引：

$$\varphi_T(j) = \arg\max_i \delta_{T-1}(i) a_{ij} \tag{23-48}$$

上述过程就是维特比算法的基本思想。同样以盒子摸球模型为例，给定模型参数 $\mu = (\boldsymbol{A}, \boldsymbol{B}, \boldsymbol{\pi})$ 分别如下，已知观测序列为(红, 白, 红, 红, 白)，根据维特比算法求解最优隐状态路径。下面我们基于 NumPy 来求解该问题，实现过程如代码清单 23-3 所示。

代码清单 23-3　维特比解码算法

```python
### 序列标注问题和维特比算法
def viterbi_decode(O):
    '''
    输入：
    O：观测序列
    输出：
    path：最优隐状态路径
    '''
    # 序列长度和初始观测
    T, o = len(O), O[0]
    # 初始化 delta 变量
    delta = pi * B[:, o]
    # 初始化 varphi 变量
    varphi = np.zeros((T, 4), dtype=int)
    path = [0] * T
    # 递推
    for i in range(1, T):
        delta = delta.reshape(-1, 1)
        tmp = delta * A
        varphi[i, :] = np.argmax(tmp, axis=0)
        delta = np.max(tmp, axis=0) * B[:, O[i]]
    # 终止
```

```
    path[-1] = np.argmax(delta)
    # 回溯最优路径
    for i in range(T-1, 0, -1):
        path[i-1] = varphi[i, path[i]]
    return path

# 给定观测序列
O = [1,0,1,1,0]
# 输出最可能的隐状态序列
print(viterbi_decode(O))
```

输出如下:

```
[0, 1, 2, 3, 3]
```

代码清单 23-3 给出了 HMM 序列标注问题的维特比算法实现过程。在代码中,我们首先初始化 δ 和 φ 变量,然后根据式(23-47)进行递推,满足终止条件后,回溯最优路径即可。可以看到,在给定观测序列为(红, 白, 红, 红, 白)的条件下,最优隐状态路径为(0, 1, 2, 3, 3)。

23.4 小结

HMM 是一个关于时序预测的生成式概率模型,描述了一个由隐藏的马尔可夫链随机生成不可观测的隐状态序列,并由该隐状态序列生成观测序列的过程。HMM 由初始状态概率向量 $\boldsymbol{\pi}$、状态转移概率矩阵 $\boldsymbol{A}$ 和观测概率矩阵 $\boldsymbol{B}$ 共同决定。一个 HMM 可以表示为 $\mu = (\boldsymbol{A}, \boldsymbol{B}, \boldsymbol{\pi})$。

针对 HMM 有三个经典问题,分别是概率计算问题、参数估计问题和序列标注问题。概率计算问题是在给定模型参数和观测序列的条件下,计算观测序列出现的最大概率,常用的求解方法为前向算法或者后向算法。参数估计问题是在给定观测序列且状态序列未知的情况下,求解模型参数,这是一个含有隐变量的极大似然估计问题,一般使用 Baum-Welch 算法进行求解。序列标注问题则是在已知模型参数和观测序列的条件下,求概率最大的隐状态序列,使用基于动态规划原理的维特比算法来求解该问题。

第 24 章

条件随机场

区别于隐马尔可夫这样的概率有向图和生成式模型,条件随机场是一种概率无向图和判别式模型。条件随机场是在给定一组输入随机变量的条件下,另一组输出随机变量的条件概率模型,并且该组输出随机变量构成马尔可夫随机场。本章以条件随机场的经典应用——词性标注问题作为引入,在介绍概率无向图的基础上,阐述条件随机场的定义和形式。然后介绍条件随机场的三大问题和相应解法:概率计算问题与前向/后向算法、参数估计问题与迭代尺度算法以及序列标注问题与维特比算法,同时给出部分代码实现范例。

24.1 从生活画像到词性标注问题

假设我们要处理这样一个图像分类问题:现有笔者从早到晚的一系列照片,我们想根据这些照片对笔者日常活动进行分类判断,比如吃饭、上班、学习和运动等。要达到这个目的,我们可以训练一个图像分类模型来对照片所对应的活动进行分类。在训练数据足够的情况下,是可以达到这个分类目的的。但这种常规的图像分类训练方法一个最大的缺陷是,忽略了笔者这些照片之间是存在时序关系的,如果能确定某一张照片的前一张或者后一张的活动状态,那对于分类工作大有帮助。

另一个典型的自然语言处理问题是**词性标注**(part-of-speech tagging)。词性标注是指为分词结果中每个单词标注一个正确词性的程序,即确定每个词是名词、动词、形容词或其他词性的过程。比如给 "louwill wrote the code carefully" 这句话的每个单词注明词性后是这样的:"louwill(名词)wrote(动词)the(冠词)code(名词)carefully(副词)"。

以上(名词, 动词, 冠词, 名词, 副词)的标注序列是我们给出的真实的词性标注,但在实际用模型预测一句话的词性序列时,可能的标注序列有很多种。上面这句话可以标注为(名词, 动词, 动词, 名词, 副词),还可以标注为其他可能的结果,词性标注预测要做的就是从这么多可能的标注中选择最靠谱的那一个作为这句话的标注。但就该例而言,第二个标注显然不如第一个靠谱,因为它把 "the" 标注为动词,并且接在了 "wrote" 这个动词后面,从语法的角度来看显然不符合规范。

所以这种符合语法的规范性就被我们用作判断标注靠不靠谱的特征指标。现在我们将这些特征指标量化，建立一个特征函数集合和打分机制，标注序列满足某个正向的特征就得正分，比如副词用在动词后作为修饰，具备某个负向的特征就得负分，比如动词后面还接动词。最后根据得分来评选出最靠谱的标注序列。

条件随机场（conditional random field，CRF）是针对这种带有时序关系的图像分类问题和经典的词性标注问题的一种经典序列模型。

24.2 概率无向图

因为 CRF 是一种概率无向图模型，所以在正式介绍之前，我们需要简单了解概率无向图。如上一章所述，概率图是一种由图表示的概率分布模型。给定一个联合概率分布 $P(Y)$ 和其表示的无向图 G，下面定义由无向图表示的随机变量之间存在的成对马尔可夫性、局部马尔可夫性和全局马尔可夫性。

首先看成对马尔可夫性。假设 u 和 v 是无向图 G 中任意两个没有边连接的结点，u 和 v 分别对应随机变量 Y_u 和 Y_v，其他结点集合为 O，对应的随机变量组为 Y_O，成对马尔可夫性是指在给定随机变量组 Y_O 的条件下 Y_u 和 Y_v 是独立的，即有：

$$P(Y_u, Y_v|Y_O) = P(Y_u | Y_O)P(Y_v | Y_O) \tag{24-1}$$

图 24-1 表示式(24-1)所示的成对马尔可夫性。

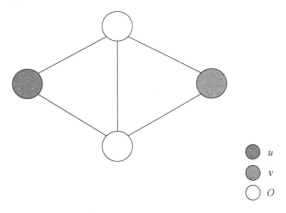

图 24-1　成对马尔可夫性（另见彩插）

然后是局部马尔可夫性。假设 $v \in V$ 是无向图 G 中任意一个结点，W 是与 v 有边连接的所有结点，O 是除 v 和 W 外的所有结点。v 表示随机变量 Y_v，W 表示随机变量组 Y_W，O 表示随机变量组 Y_O，局部马尔可夫性指的是在给定随机变量组 Y_W 的条件下，随机变量 Y_v 与随机变量 Y_O 是独立的，即有：

$$P(Y_v, Y_O \mid Y_W) = P(Y_v \mid Y_W)P(Y_O \mid Y_W) \qquad (24\text{-}2)$$

图 24-2 表示式(24-2)所示的局部马尔可夫性。

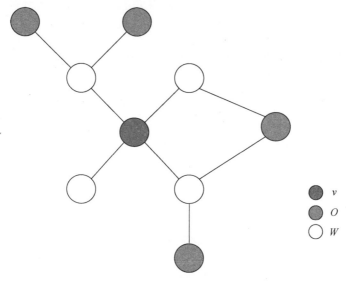

图 24-2　局部马尔可夫性（另见彩插）

　　最后是全局马尔可夫性。假设结点 A、B 是无向图 G 中被集合 C 分开的任意结点的集合，结点集合 A、B、C 分别对应随机变量组 Y_A、Y_B 和 Y_C。全局马尔可夫性是指在给定随机变量组 Y_C 的条件下，随机变量组 Y_A 和 Y_B 是独立的，即有：

$$P(Y_A, Y_B \mid Y_C) = P(Y_A \mid Y_C)P(Y_B \mid Y_C) \qquad (24\text{-}3)$$

图 24-3 表示式(24-3)所示的全局马尔可夫性。

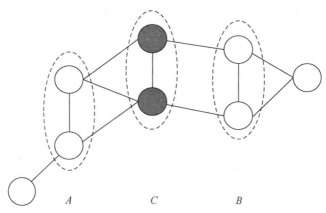

图 24-3　全局马尔可夫性

如果联合概率分布 $P(Y)$ 能够满足成对马尔可夫性、局部马尔可夫性和全局马尔可夫性，那么它就可以称为概率无向图模型，也称马尔可夫随机场（Markov random field，MRF）。

如果一个无向图太大，我们可以通过因子分解的方式将其表示为若干个联合概率的乘积。这里我们先引出团（clique）的概念。无向图 G 中任何两个结点均有边连接的结点子集称为团。若 C 为无向图 G 的一个团，且不能再加进任何一个结点使其成为更大的团，那么 C 就是 G 的最大团。概率无向图的因子分解是指将无向图的概率分布模型表示为其最大团上的随机变量的函数乘积形式。C 为无向图 G 的最大团，Y_C 表示 C 对应的随机变量，那么联合概率分布 $P(Y)$ 可以表示为所有最大团 C 上的函数 $\Psi_C(Y_C)$ 的乘积形式，即：

$$P(Y) = \frac{1}{Z(Y)}\prod_C \Psi_C(Y_C) \tag{24-4}$$

其中 $Z(Y)$ 为规范化因子：

$$Z = \sum_Y \prod_C \Psi_C(Y_C) \tag{24-5}$$

$\Psi_C(Y_C)$ 称为势函数，一般定义为指数函数形式。

图 24-4 是由 4 个结点构成的概率无向图。根据概率无向图的因子分解，该无向图可以表示为：

$$P(Y) = \frac{1}{Z(Y)}(\Psi_1(Y_1, Y_2, Y_3) \cdot \Psi_2(Y_2, Y_3, Y_4)) \tag{24-6}$$

可以看到，(Y_1, Y_2, Y_3) 和 (Y_2, Y_3, Y_4) 是该无向图的两个最大团。

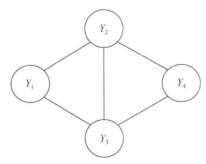

图 24-4　无向图的团和最大团

24.3　CRF 的定义与形式

CRF 是在给定随机变量 X 的条件下，随机变量 Y 的马尔可夫随机场。$P(Y\,|\,X)$ 是给定 X 的条件下 Y 的条件概率分布，且 Y 能够构成一个由概率无向图 $G = (V, E)$ 表示的马尔可夫随机场，即有：

$$P(Y_v \mid X, Y_w, w \neq v) = P(Y_v \mid X, Y_w, w \sim v) \tag{24-7}$$

式(24-7)对任意结点 v 都成立，那么条件概率分布 $P(Y \mid X)$ 就称为条件随机场。其中 $w \sim v$ 表示图 G 中与结点 v 有边连接的所有结点 w，$w \neq v$ 表示结点 v 以外的所有结点，Y_v 和 Y_w 为结点 v 和 w 对应的随机变量。在条件随机场 $P(Y \mid X)$ 中，Y 为输出变量，表示的是标注序列，参照隐马尔可夫模型，标注序列有时候也叫状态序列，X 为输入变量，表示的是观测序列。

式(24-7)定义的是一种广义的 CRF 模型，一般我们说的 CRF 序列建模，指的是 X 和 Y 具有相同的图结构，即**线性链 CRF**（ linear chain CRF ）。假设 $X = (X_1, X_2, \cdots, X_n)$、$Y = (Y_1, Y_2, \cdots, Y_n)$ 均为线性链表示的随机变量序列，在给定 X 的条件下，Y 的条件概率分布 $P(Y \mid X)$ 构成条件随机场，即满足马尔可夫性：

$$P(Y_i \mid X, Y_1, \cdots, Y_{i-1}, Y_{i+1}, \cdots, Y_n) = P(Y_i \mid X, Y_{i-1}, Y_{i+1}) \tag{24-8}$$

则 $P(Y \mid X)$ 为线性链 CRF。线性链 CRF 如图 24-5 所示。

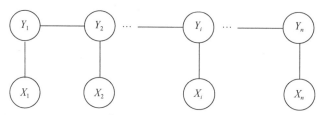

图 24-5　线性链 CRF

由式(24-4)可知，概率无向图的联合概率分布可以因式分解为若干个最大团的乘积。由图 24-5 的线性链图可知，每一个 $(Y_i \sim X_i)$ 对即为一个最大团。

基于以上特征我们来看 CRF 的建模总公式。假设 $P(Y \mid X)$ 为线性链 CRF，在随机变量 X 取值为 x 的条件下，随机变量 Y 取值为 y 的条件概率表达式为：

$$P(y \mid x) = \frac{1}{Z(x)} \exp\left(\sum_{i,k} \lambda_k f_k(y_{i-1}, y_i, x, i) + \sum_{i,l} u_l s_l(y_{i-1}, x, i) \right) \tag{24-9}$$

其中：

$$Z(x) = \sum_y \exp\left(\sum_{i,k} \lambda_k f_k(y_{i-1}, y_i, x, i) + \sum_{i,l} u_l s_l(y_{i-1}, x, i) \right) \tag{24-10}$$

式(24-9)和式(24-10)即为线性链 CRF 的建模基本公式。其中 f_k 和 s_l 均为特征函数，分别表示转移特征和状态特征。24.1 节词性标注例子中一定的语法规范就可以规约为 CRF 的特征函数，λ_k 和 u_l 为对应特征函数的权重。x 为输入的观测序列，i 为观测序列 x 中第 i 个取值，y_i 为输出的标注序列第 i 个取值的标注，y_{i-1} 为输出的标注序列第 $i-1$ 个取值的标注。可以看到，转移特征 f_k 依赖于当前位置和前一个位置，f_k 满足特定的转移条件时取 1，否则为 0。状态特征 s_l 则仅依赖于当前位置，同样，s_l 满足某一状态条件时取 1，否则为 0。

一个线性链 CRF 由特征函数 f_k 和 s_l 以及对应的权重 λ_k 和 u_l 确定。以上就是线性 CRF 的建模部分。

24.4 CRF 的三大问题

跟 HMM 一样，CRF 也有概率计算、参数估计和序列标注三大基本问题。对应这三大问题，也分别有前向/后向算法、基于各类优化算法的极大似然估计和维特比算法来进行求解。

24.4.1 CRF 的概率计算问题

在阐述 CRF 的概率问题之前，我们先将 CRF 进行矩阵化表示。对于给定条件随机场 $P(Y\,|\,X)$，引入起点和终点的状态标记 $y_0 = \text{start}$ 和 $y_{n+1} = \text{stop}$，此时我们可以对 CRF 进行矩阵表示。对观测序列 x 的每一个位置 $i = 1, 2, \cdots, n+1$，定义一个 m 阶矩阵，m 表示标注 y_i 的取值个数。相关公式如下：

$$M_i(x) = \left[M_i(y_{i-1}, y_i\,|\,x) \right] \tag{24-11}$$

$$M_i(y_{i-1}, y_i\,|\,x) = \exp(W_i(y_{i-1}, y_i\,|\,x)) \tag{24-12}$$

$$W_i(y_{i-1}, y_i\,|\,x) = \sum_{k=1}^{K} w_k f_k(y_{i-1}, y_i, x, i) \tag{24-13}$$

根据式(24-11)~式(24-13)，给定观测序列 x，对应标注序列 y 的联合概率可以通过该序列 $n+1$ 个矩阵相应元素的乘积 $\prod_{i=1}^{n+1} M_i(y_{i-1}, y_i\,|\,x)$ 得到。所以，CRF 可以矩阵化表示为：

$$P(y\,|\,x) = \frac{1}{Z(x)} \prod_{i=1}^{n+1} M_i(y_{i-1}, y_i\,|\,x) \tag{24-14}$$

同时，规范化因子 $Z(x)$ 可以表示为：

$$Z(x) = (M_1(x)M_2(x)\cdots M_{n+1}(x))_{\text{start,stop}} \tag{24-15}$$

然后我们来看 CRF 的概率计算问题。该问题是指在给定条件随机场 $P(Y\,|\,X)$、输入序列 x 和输出序列 y 的情况下，计算条件概率 $P(Y_i = y_i\,|\,x)$、$P(Y_{i-1} = y_{i-1}, Y_i = y_i\,|\,x)$ 和相关数学期望的问题。跟 HMM 求解概率计算问题一样，CRF 也是基于前向/后向算法来计算概率。

同样定义前向/后向向量，然后递归地计算上述概率。对于每一个位置，定义前向向量 $\alpha_i(x)$：

$$\alpha_0(y\,|\,x) = \begin{cases} 1, & y = \text{start} \\ 0, & \text{否则} \end{cases} \tag{24-16}$$

前向递推公式为：

$$\alpha_i^{\mathrm{T}}(y_i \mid x) = \alpha_{i-1}^{\mathrm{T}}(y_{i-1} \mid x)\big[M_i(y_{i-1}, y_i \mid x)\big], \; i = 1, 2, \cdots, n+1 \tag{24-17}$$

式(24-17)可简化为：

$$\alpha_i^{\mathrm{T}}(x) = \alpha_{i-1}^{\mathrm{T}}(x) M_i(x) \tag{24-18}$$

其中 $\alpha_i(y_i \mid x)$ 表示在位置 i 的标注为 y_i 并且到位置 i 的前部分标注序列的非规范化概率，由于 y_i 可能的取值有 m 个，所以 $\alpha_i(x)$ 是个 m 维向量。

基于同样的方式来定义后向概率。对于每一个位置，定义后向向量 $\beta_i(x)$：

$$\beta_{n+1}(y_{n+1} \mid x) = \begin{cases} 1, \; y_{n+1} = \text{stop} \\ 0, \; \text{否则} \end{cases} \tag{24-19}$$

后向递推公式为：

$$\beta_i(y_i \mid x) = \big[M_{i+1}(y_i, y_{i+1} \mid x)\big]\beta_{i+1}(y_{i+1} \mid x) \tag{24-20}$$

同样，式(24-20)可简化为：

$$\beta_i(x) = M_{i+1}(x)\beta_{i+1}(x) \tag{24-21}$$

其中 $\beta_i(y_i \mid x)$ 表示在位置 i 的标注为 y_i 并且到位置 $i+1$ 至 n 的后部分标注序列的非规范化概率。由前向/后向向量可得 $Z(x)$ 为：

$$Z(x) = \alpha_n^{\mathrm{T}}(x) \cdot \mathbf{1} = \mathbf{1}^{\mathrm{T}}\beta_1(x) \tag{24-22}$$

根据前向/后向向量的定义，可计算标注序列在位置 i 为标注 y_i 的条件概率以及在位置 $i-1$ 与 i 为标注 y_{i-1} 和 y_i 的条件概率分别为：

$$P(Y_i = y_i \mid x) = \frac{\alpha_i^{\mathrm{T}}(y_i \mid x)\beta_i(y_i \mid x)}{Z(x)} \tag{24-23}$$

$$P(Y_{i-1} = y_{i-1}, Y_i = y_i \mid x) = \frac{\alpha_{i-1}^{\mathrm{T}}(y_{i-1} \mid x)M_i(y_{i-1}, y_i \mid x)\beta_i(y_i \mid x)}{Z(x)} \tag{24-24}$$

其中 $Z(x) = \alpha_n^{\mathrm{T}}(x) \cdot \mathbf{1}$。

以上就是关于 CRF 概率计算问题的基本推导。

24.4.2　CRF 的参数估计问题

CRF 的模型参数主要指的是特征函数 f_k 的权重 λ_k，所以 CRF 的参数估计问题就是在给定训练集条件下的模型学习问题，即估计模型参数。由式(24-9)可知，CRF 本质上是一种定义在序列数据上的对数线性模型。CRF 的学习算法主要是极大似然估计,具体的优化算法包括梯度下降法、改进的迭代尺度法和拟牛顿法等。

训练数据的对数似然函数为:

$$L(w) = \log \prod_{x,y} P(y|x)^{\tilde{P}(y|x)} = \sum_{x,y} \tilde{P}(y|x) \log P(y|x) \tag{24-25}$$

若 $P(y|x)$ 为式(24-9)和式(24-10)给出的 CRF 模型,则式(24-25)可以表示为:

$$
\begin{aligned}
L(w) &= \sum_{x,y} \tilde{P}(y|x) \log P(y|x) \\
&= \sum_{x,y} \left[\tilde{P}(y|x) \sum_{k=1}^{K} w_k f_k(y,x) - \tilde{P}(y|x) \log Z(x) \right] \\
&= \sum_{j=1}^{N} \sum_{k=1}^{K} w_k f_k(y_j, x_j) - \sum_{j=1}^{N} \log Z(x_j)
\end{aligned}
\tag{24-26}
$$

针对式(24-26)给出的 CRF 参数优化目标式,直接使用梯度下降法进行优化,即每次取 $L(w)$ 关于梯度 w 的负梯度方向进行搜索。按照式(24-27)进行迭代优化:

$$w^{(k+1)} = w^{(k)} + \lambda(-\nabla L(w^{(k)})) \tag{24-27}$$

本节仅对 CRF 参数估计问题进行了简要阐述,详细过程可参考《统计学习方法》。

24.4.3　CRF 的序列标注问题

CRF 的序列标注问题是指在给定条件随机场 $P(Y|X)$ 和输入观测序列 x 的条件下,求最大概率的输出标注序列 y^*。跟 HMM 一样,序列标注问题也叫序列解码问题,基本的求解算法仍然是基于动态规划的维特比算法。

我们可以将 CRF 简写成如下形式:

$$P(y|x) = \frac{\exp(w \cdot F(y,x))}{Z(x)} \tag{24-28}$$

其中:

$$Z(x) = \sum_y \exp(w \cdot F(y,x)) \tag{24-29}$$

$F(y,x)$ 表示包含特征权重和特征函数的全局特征向量。

基于式(24-28),可将最大概率的输出标注序列 y^* 表示为:

$$y^* = \arg\max_y P(y \mid x)$$

$$= \arg\max_y \frac{\exp(w \cdot F(y, x))}{Z(x)}$$

$$= \arg\max_y \exp(w \cdot F(y, x)) \tag{24-30}$$

$$= \arg\max_y (w \cdot F(y, x))$$

由式(24-30)可知，CRF 的预测问题可以转化为求非规范化概率最大值的最优路径问题，这里最优路径即为最优序列解码的标注序列。在式(24-30)中：

$$w = (w_1, w_2, \cdots, w_K)^{\mathrm{T}} \tag{24-31}$$

$$F(y, x) = (f_1(y, x), f_2(y, x), \cdots f_K(y, x))^{\mathrm{T}} \tag{24-32}$$

$$f_k(y, x) = \sum_{i=1}^n f_k(y_{i-1}, y_i, x, i), \ k = 1, 2, \cdots, K \tag{24-33}$$

根据式(24-32)将式(24-30)改写为：

$$\arg\max_y (w \cdot F_i(y_{i-1}, y_i, x)) \tag{24-34}$$

其中：

$$F_i(y_{i-1}, y_i, x) = (f_1(y_{i-1}, y_i, x, i), f_2(y_{i-1}, y_i, x, i), \cdots, f_K(y_{i-1}, y_i, x, i))^{\mathrm{T}} \tag{24-35}$$

下面基于维特比算法来求解式(24-34)的路径优化问题。首先给出位置 1 的各个标注 $j = 1, 2, \cdots, m$ 的非规范化概率：

$$\delta_1(j) = w \cdot F_1(y_0 = \text{start}, y_1 = j, x), \ j = 1, 2, \cdots, m \tag{24-36}$$

然后根据递推公式求出位置 i 的各个标注 $l = 1, 2, \cdots, m$ 的非规范化概率最大值：

$$\delta_i(l) = \max_{1 \leqslant j \leqslant m} \{\delta_{i-1}(j) + w \cdot F_i(y_{i-1} = j, y_i = l, x)\}, \ l = 1, 2, \cdots, m \tag{24-37}$$

并记录非规范化概率最大值的路径：

$$\Psi_i(j) = \arg\max_{1 \leqslant j \leqslant m} \{\delta_{i-1}(j) + w \cdot F_i(y_{i-1} = j, y_i = l, x)\}, \ l = 1, 2, \cdots, m \tag{24-38}$$

直到 $i = n$ 时终止计算，此时非规范化概率最大值为：

$$\max_y (w \cdot F(y, x)) = \max_{1 \leqslant j \leqslant m} \delta_n(j) \tag{24-39}$$

最后进行最优路径回溯：

$$y_i^* = \Psi_{i+1}(y_{i+1}^*), \ i = n-1, n-2, \cdots, 1 \tag{24-40}$$

可求得最优路径 $y^* = (y_1^*, y_2^*, \cdots, y_n^*)^\mathrm{T}$。

以上就是 CRF 序列解码问题的维特比算法过程。

24.4.4　基于 sklearn_crfsuite 的 CRF 代码实现

为了节省篇幅，本节使用 sklearn_crfsuite 库来给出 CRF 各个问题的实现方式。sklearn_crfsuite 是一个轻量级的 CRF 算法库，之所以用 sklearn 进行冠名，是因为 sklearn_crfsuite 可以提供跟 sklearn 一样的调用方式，包括模型训练和预测等方法。其核心类模块为 sklearn_crfsuite.CRF。

下面基于 sklearn_crfsuite 给出 CRF 的概率计算、参数估计和序列标注问题的实现和调用范例，如代码清单 24-1 所示。

代码清单 24-1　sklearn_crfsuite 调用范例

```python
# 导入 sklearn_crfsuite 库
import sklearn_crfsuite
# 设定训练数据
X_train = None
y_train = None
# 创建 CRF 模型实例
crf = sklearn_crfsuite.CRF(
    algorithm='lbfgs',
    c1=0.1,
    c2=0.1,
    max_iterations=100,
    all_possible_transitions=True
)
# CRF 模型训练
crf.fit(X_train, y_train)
# CRF 模型预测
y_pred = crf.predict(X_test)
# 一组输入观测序列
observed_seq = None
# 维特比算法解码为最可能的输出标注序列
y = crf.predict_single(observed_seq)
```

代码清单 24-1 基于 sklearn_crfsuite 库给出了 CRF 的模型调用方式。首先创建 CRF 模型实例并指定相关参数，包括拟牛顿法的求解算法、L1 和 L2 正则化系数、最大迭代次数等，然后执行模型训练和预测，最后给定一组观测序列，基于 predict_single 方法进行序列解码，从代码可以看到明显的 sklearn 风格。完整的 sklearn_crfsuite 代码应用实例可参考本书配套代码库。

24.5　小结

CRF 是一个关于时序预测的判别式概率模型，描述了在给定输入随机变量 X 的条件下，输出随机变量 Y 的概率无向图模型，也称马尔可夫随机场。CRF 的建模表达式为参数化的对数线性模型。除非特别说明，一般情况下的 CRF 模型指的是线性链 CRF。

针对 CRF 也有三个经典问题，分别是概率计算问题、参数估计问题和序列标注问题。概率计算问题是指在给定条件随机场 $P(Y|X)$、输入序列 x 和输出序列 y 的情况下，计算条件概率 $P(Y_i = y_i | x)$、$P(Y_{i-1} = y_{i-1}, Y_i = y_i | x)$。跟 HMM 求解概率计算问题一样，CRF 也是基于前向/后向算法来计算概率。

CRF 的参数估计问题是在给定训练集的条件下的模型学习问题，即估计模型参数。CRF 的学习算法主要是极大似然估计，具体的优化算法包括梯度下降法、改进的迭代尺度法和拟牛顿法等。

CRF 的序列标注问题是指在给定条件随机场 $P(Y|X)$ 和输入观测序列 x 的条件下，求最大概率的输出标注序列 y^*。跟 HMM 一样，序列标注问题也叫序列解码问题，基本的求解算法仍然是基于动态规划的维特比算法。

第 25 章

马尔可夫链蒙特卡洛方法

马尔可夫链蒙特卡洛方法是一种将马尔可夫链和蒙特卡洛方法相结合、用于在概率空间中进行随机采样来估算目标参数的后验概率分布方法。本章在给出马尔可夫链和蒙特卡洛方法等前置知识的基础上，详细阐述马尔可夫链蒙特卡洛方法的两种基本构造方法——Metropolis-Hasting 抽样和 Gibbs 算法，并给出相应的代码实现范例，最后结合贝叶斯方法，阐述马尔可夫链蒙特卡洛方法的相关应用情况。

25.1 前置知识与相关概念

25.1.1 马尔可夫链

通过前述内容，我们对马尔可夫相关概念已经不陌生了。关于**马尔可夫链**（Markov chain），前文也多少有涉及，但并不系统和全面。为了本章知识的系统性和完整性，这里我们有必要简单阐述马尔可夫链。

马尔可夫链的定义比较简单。对于一个随机变量序列，假设某一时刻状态的取值只依赖于它的前一个状态，符合该特征的随机变量序列就可以称作马尔可夫链。假设给定随机变量序列 $(X_1, X_2, \cdots, X_{t-2}, X_{t-1}, X_t, X_{t+1}, \cdots)$，马尔可夫链的基本性质就是在时刻 $t+1$ 的状态仅依赖于前一时刻 t 的状态，即：

$$P(X_{t+1} \mid X_1, X_2, \cdots, X_{t-2}, X_{t-1}, X_t) = P(X_{t+1} \mid X_t) \tag{25-1}$$

所以，只要给定初始状态概率向量 $\boldsymbol{\pi}$ 和序列间的状态转移概率矩阵 $\boldsymbol{A}$，我们就可以求出任意两个状态之间的转换概率，一条马尔可夫链就可以随之确定。一个马尔可夫链示例如图 25-1 所示。

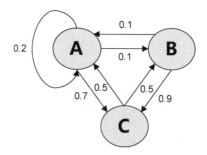

图 25-1   马尔可夫链示例

假设一个非周期性的（即状态转移不是循环的）马尔可夫链的转移概率矩阵为 $\boldsymbol{P}$，且其在任意时刻的两个状态都是相同的，那么 $\lim\limits_{n\to\infty} P_{ij}^n$ 存在且与 i 无关，记为 $\lim\limits_{n\to\infty} P_{ij}^n = \pi_j$，相应地可得：

$$\lim_{n\to\infty} P^n = \begin{bmatrix} p_1 & p_2 & \cdots & p_j \\ p_1 & p_2 & \cdots & p_j \\ p_1 & p_2 & \cdots & p_j \\ \vdots & \vdots & \vdots & \vdots \end{bmatrix} \tag{25-2}$$

$$\pi_j = \sum_{i=0}^{\infty} p_i P_{ij} \tag{25-3}$$

如果 $\lim\limits_{n\to\infty} P_{ij}^n = \pi_j$ 存在，则由：

$$\boldsymbol{P}(X_{n+1} = j) = \sum_{i=0}^{\infty} \boldsymbol{P}(X_n = i)\boldsymbol{P}(X_{n+1} = j \mid X_n = i) = \sum_{i=0}^{\infty} \boldsymbol{P}(X_n = i) P_{ij} \tag{25-4}$$

两边取极限可得：

$$\pi_j = \sum_{i=0}^{\infty} p_i P_{ij} \tag{25-5}$$

若 π 是方程 $\pi\boldsymbol{P} = \pi$ 的唯一非负解，其中 $\pi = \begin{bmatrix} \pi_1, & \pi_2, & \cdots, & \pi_j, & \cdots \end{bmatrix}$，$\sum\limits_{i=0}^{\infty} \pi_i = 1$，则 π 为马尔可夫链的平稳分布。

假定以初始分布 p_0 为起始点在马尔可夫链上做状态转移，X_i 的概率分布为 p_i，相应地有 $X_0 \sim p_0(x)$，$X_1 \sim p_1(x)$，其中 $p_i(x) = p_{i-1}(x)\boldsymbol{P} = p_0(x)P^n$。根据马尔可夫链收敛性质 $p_i(x)$ 将收敛到平稳分布 $p(x)$，则有 $X_0 \sim p_0(x), X_1 \sim p_1(x), \cdots, X_m \sim p_m(x), X_{m+1} \sim p_{m+1}(x) = p(x)$，所以它们都是同分布但不独立的随机变量。假设从一个很明确的初始状态 p_0 出发，沿着马尔可夫链按照概率转移矩阵更新状态，相应的更新结果就是一个转移序列 $p_0, p_1, p_2, \cdots, p_m, p_{m+1}, \cdots, p_n, \cdots$。根据马尔可夫链的收敛性质，$p_{m+1}, \cdots, p_n, \cdots$ 都是平稳分布 $\pi(x)$ 的样本。

25.1.2 蒙特卡洛算法

蒙特卡洛（Monte Carlo）方法源于 18 世纪法国数学家布丰（Buffon）的投针实验，得名于二战期间摩纳哥的一座名为蒙特卡洛的赌城。这是一种经典的统计仿真和随机抽样方法，在数学、概率统计和金融工程等领域都有广泛应用。图 25-2 是基于蒙特卡洛方法来计算椭圆形区域的面积。我们可以在矩形区域内随机投放 n 个点，看有多少个点落入椭圆形区域，计算落入该区域的比例，并乘以矩形区域的面积，就可以近似估算椭圆形区域的面积了。

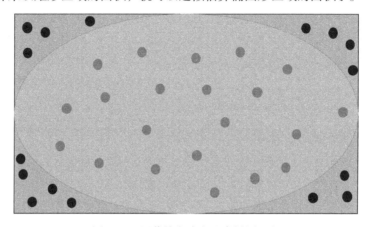

图 25-2 用蒙特卡洛方法求椭圆面积

蒙特卡洛方法的一个经典应用例子是计算定积分。比如有如下积分计算：

$$y = \int_a^b f(x)\mathrm{d}x \tag{25-6}$$

当 $f(x)$ 表达式形式复杂且难以求出原函数时，式(25-6)会是一个很难求解的定积分。在这种情况下，可以使用蒙特卡洛方法来模拟求解该积分的近似值。假设 $f(x)$ 的函数图像如图 25-3 所示。

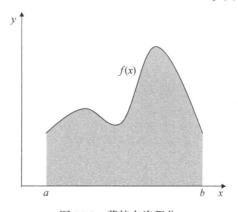

图 25-3 蒙特卡洛积分

图 25-3 将式(25-6)转化为求函数曲线 $f(x)$ 下的面积。蒙特卡洛积分的基本做法是在积分区间 $[a, b]$ 上采样 n 个点 $x_0, x_1, \cdots, x_{n-1}$，计算这 n 个点的函数值的均值来作为 $f(x)$ 在该区间上的近似积分值。所以，该定积分可以近似求解为：

$$\frac{b-a}{n} \sum_{i=1}^{n-1} f(x_i) \tag{25-7}$$

虽然式(25-7)可以求出定积分的近似解，但忽略了一个重要的假设，即 x 在区间 $[a, b]$ 上是均匀分布的，但大多数情况下，x 在区间 $[a, b]$ 上不是均匀分布的。在这种情况下，还是沿用式(25-7)进行积分计算的话，会产生较大的偏差。针对这个问题，我们可以尝试得到 x 在 $[a, b]$ 上的概率分布函数 $p(x)$，那么式(25-6)可以写为：

$$y = \int_a^b f(x)\mathrm{d}x = \int_a^b \frac{f(x)}{p(x)} p(x)\mathrm{d}x \approx \frac{1}{n} \sum_{i=0}^{n-1} \frac{f(x_i)}{p(x_i)} \tag{25-8}$$

式(25-8)即为蒙特卡洛积分的一般形式。

现在问题变成了如何求 x 的概率分布函数 $p(x)$ 所对应的若干样本。在 $p(x)$ 已知的情况下，我们可以基于概率分布进行采样，然后再进行蒙特卡洛积分。对于常见的概率分布函数，我们可以直接进行采样，但当 x 的概率分布不常见时，就无法直接对其进行采样了。

对于这种概率分布不常见的情况，一个可行的方法是使用接受/拒绝采样来得到该复杂分布的样本。其基本想法是既然 $p(x)$ 无法直接采样，那我们可以设定一个能够直接采样的常见分布 $q(x)$，然后按照一定的方式来接受或者拒绝某些样本，以达到接近 $p(x)$ 的目的，其中 $q(x)$ 也叫**建议分布**（proposal distribution）。

除建议分布外，还需要准备一个辅助的均匀分布 $U(0, 1)$，以及设定一个最小常数值 c，使得满足：

$$c \cdot q(x) \geqslant f(x) \tag{25-9}$$

具体操作如下，首先从建议分布 $q(x)$ 中采样得到样本 Y，然后从辅助均匀分布 $U(0, 1)$ 中采样得到样本 U，若有 $U \leqslant f(Y) / (c * q(Y))$，则接受本次采样，否则拒绝并重新从 $q(x)$ 中采样。如果我们每次生成两个样本 Y 和 U，对应图 25-4 矩形框内的一点 $P(Y, U*c*q(Y))$，采样接受条件为 $U \leqslant f(Y) / (c * q(Y))$，即 $U * c * q(Y) \leqslant f(Y)$，其几何意义是点 P 在 $f(x)$ 下方，采样不接受则在 $f(x)$ 上方。

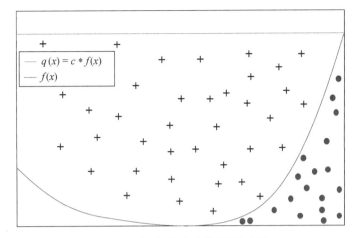

图 25-4　拒绝/接受采样的几何意义

25.2　MCMC 的原理推导

从蒙特卡洛方法来看，我们能够基于它对一些常见或者不那么常见的分布进行采样。但是很多时候用蒙特卡洛方法依然无法有效采样，比如对于一些二维分布 $P(X, Y)$，或者一些高维的非常见分布，使用拒绝/接受采样效果不佳。

从马尔可夫链来看，假定我们可以得到需要采样样本的平稳分布所对应的马尔可夫链状态转移矩阵，那么就可以通过马尔可夫链采样得到我们需要的样本集，进而进行蒙特卡洛模拟。但是有一个重要问题，在给定一个平稳分布 π 的情况下，如何得到其所对应的马尔可夫链状态转移矩阵 P 呢？

不管是蒙特卡洛方法还是马尔可夫链，虽然都能实现采样，但均有较大的限制性。所以，一种将二者结合起来的采样方法——MCMC（Markov chain Monte Carlo，马尔可夫链蒙特卡洛）方法就应运而生了。

MCMC 的基本思想是：首先构造一条能够使其平稳分布为目标参数的后验概率分布的马尔可夫链，然后采用相应的抽样技术从该马尔可夫链中生成后验概率分布样本，最后在此基础上进行蒙特卡洛模拟。

25.2.1　MCMC 采样

在讨论从给定平稳分布 π 到对应的马尔可夫链状态转移矩阵 P 之前，我们先来看一下马尔可夫链的细致平稳条件。

假设非周期性的马尔可夫链的状态转移矩阵 P 和概率分布 $\pi(x)$ 对所有 i, j 满足：

$$\pi(i)P(i, j) = \pi(j)P(j, i) \tag{25-10}$$

则概率分布 $\pi(x)$ 就可以作为状态转移矩阵 $\boldsymbol{P}$ 的平稳分布，由细致平稳条件，有：

$$\sum_{i=1}^{\infty}\pi(i)\boldsymbol{P}(i,\,j)=\sum_{i=1}^{\infty}\pi(j)\boldsymbol{P}(j,\,i)=\pi(j)\sum_{i=1}^{\infty}\boldsymbol{P}(j,\,i)=\pi(j) \tag{25-11}$$

式(25-10)的矩阵可表达为：

$$\pi\boldsymbol{P}=\pi \tag{25-12}$$

所以，想从平稳分布 π 找到对应的马尔可夫链状态转移矩阵，只需要找到使得概率分布 $\pi(x)$ 满足细致平稳分布的矩阵 $\boldsymbol{P}$ 即可。但一般情况下，从细致平稳条件难以找到合适的矩阵 $\boldsymbol{P}$。比如给定目标平稳分布 $\pi(x)$ 和状态转移矩阵 $\boldsymbol{Q}$，细致平稳条件很难满足：

$$\pi(i)\boldsymbol{Q}(i,\,j)\neq\pi(j)\boldsymbol{Q}(j,\,i) \tag{25-13}$$

如何使式(25-13)得到满足呢？来看看 MCMC 方法是怎么做的。我们先尝试对式(25-13)做一个变换，使其能够成立。引入一个 $\alpha(i,\,j)$，令式(25-13)两端取等号：

$$\pi(i)\boldsymbol{Q}(i,\,j)\alpha(i,\,j)=\pi(j)\boldsymbol{Q}(j,\,i)\alpha(j,\,i) \tag{25-14}$$

这个 $\alpha(i,\,j)$ 需要能够满足如下条件：

$$\alpha(i,\,j)=\pi(j)\boldsymbol{Q}(j,\,i) \tag{25-15}$$

$$\alpha(j,\,i)=\pi(i)\boldsymbol{Q}(i,\,j) \tag{25-16}$$

此时 $\pi(x)$ 对应的状态转移矩阵 $\boldsymbol{P}$ 为：

$$\boldsymbol{P}(i,\,j)=\boldsymbol{Q}(i,\,j)\alpha(i,\,j) \tag{25-17}$$

如何理解上述操作呢？简单来说，我们所要获取的目标平稳分布矩阵 $\boldsymbol{P}$ 可以通过任意一个状态转移矩阵 $\boldsymbol{Q}$ 乘以一个 $\alpha(i,\,j)$ 得到。这个 $\alpha(i,\,j)$ 如何理解呢？我们可以称其为接受率，取值在 $[0,\,1]$ 之间。即目标矩阵 $\boldsymbol{P}$ 可以通过状态转移矩阵 $\boldsymbol{Q}$ 以一定的概率获得。这跟 25.1 节蒙特卡洛方法的拒绝/接受采样的思路是一致的，如图 25-5 所示。

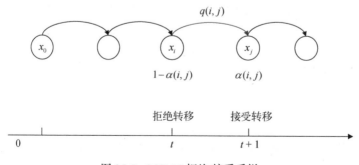

图 25-5　MCMC 拒绝/接受采样

所以，我们梳理 MCMC 采样过程，具体如下。

(1) 给定任意一个状态转移矩阵 $\boldsymbol{Q}$、平稳分布 $\pi(x)$、状态转移次数 m 和采样样本个数 n。

(2) 从任意简单概率分布采样得到初始状态值 x_0。

(3) 从时刻 $t = 0$ 到 $m + n - 1$ 开始遍历：

    (a) 从条件概率分布 $\boldsymbol{Q}(x \mid x_t)$ 中采样得到样本 x_*；

    (b) 从均匀分布 $U \sim [0, 1]$ 中采样得到 u；

    (c) 如果 $u \leqslant \alpha(x_t, x_*) = \pi(x_*)\boldsymbol{Q}(x_*, x_t)$，则接受 $x_t \to x_*$ 的状态转移，即 $x_{t+1} = x_*$，否则不接受转移，即 $x_{t+1} = x_t$。

经过上述 MCMC 采样流程得到的样本 $(x_m, x_{m+1}, \cdots, x_{m+n-1})$ 即为目标平稳分布所对应的采样集。

虽然 MCMC 采样看起来非常好，但实际应用起来很难，主要问题在于上述最后一步中接受率 $\alpha(x_t, x_*)$ 可能会比较低，这会导致大部分采样被拒绝，采样效率很低。所以，单纯的 MCMC 采样还不是很好用。

25.2.2　Metropolis-Hasting 采样算法

Metropolis-Hasting 采样简称 M-H 采样，该算法首先由 Metropolis 提出，经由 Hasting 改进之后而得名，是 MCMC 经典构造方法之一。M-H 采样最主要的贡献是解决了 MCMC 采样接受率过低的问题。

我们先将式(25-14)两边扩大 N 倍，使得 $N * \alpha(j, i) = 1$，这样做可以提高采样中的转移接受率，所以最终的 $\alpha(i, j)$ 可以取：

$$\alpha(i, j) = \min\left\{\frac{\pi(j)\boldsymbol{Q}(j, i)}{\pi(i)\boldsymbol{Q}(i, j)}, 1\right\} \tag{25-18}$$

相对于原始的 MCMC 采样，M-H 采样的完整流程如下。

(1) 给定任意一个状态转移矩阵 $\boldsymbol{Q}$、平稳分布 $\pi(x)$、状态转移次数 m 和采样样本个数 n。

(2) 从任意简单概率分布采样得到初始状态值 x_0。

(3) 从时刻 $t = 0$ 到 $m + n - 1$ 开始遍历：

    (a) 从条件概率分布 $\boldsymbol{Q}(x \mid x_t)$ 中采样得到样本 x_*；

    (b) 从均匀分布 $U \sim [0, 1]$ 中采样得到 u；

    (c) 如果 $u \leqslant \alpha(x_t, x_*) = \min\left\{\dfrac{\pi(*)\boldsymbol{Q}(x_*, x_t)}{\pi(t)\boldsymbol{Q}(x_t, x_*)}, 1\right\}$，则接受 $x_t \to x_*$ 的状态转移，即 $x_{t+1} = x_*$。

    否则不接受转移，$t = \max\{t - 1, 0\}$。

经过上述 M-H 采样流程得到的样本 $(x_m, x_{m+1}, \cdots, x_{m+n-1})$ 即为目标平稳分布所对应的采样集。另外，如果选择的马尔可夫链状态转移矩阵 $\boldsymbol{Q}$ 为对称矩阵，即满足 $\boldsymbol{Q}(i, j) = \boldsymbol{Q}(j, i)$，相应的接受概率可以简化为：

$$\alpha(i, j) = \min\left\{\frac{\pi(j)}{\pi(i)}, 1\right\} \tag{25-19}$$

下面我们借助 Python 高级计算库 SciPy 给出 M-H 采样算法的基本实现示例。假设目标平稳分布是正态分布，基于 M-H 的采样过程如代码清单 25-1 所示。[①]

代码清单 25-1   基于 M-H 采样的 MCMC 采样

```
### M-H 采样
# 导入相关库
import random
from scipy.stats import norm
import matplotlib.pyplot as plt

# 定义平稳分布为正态分布
def smooth_dist(theta):
    '''
    输入：
    thetas：数组
    输出：
    y：正态分布概率密度函数
    '''
    y = norm.pdf(theta, loc=3, scale=2)
    return y

# 定义 M-H 采样函数
def MH_sample(T, sigma):
    '''
    输入：
    T：采样序列长度
    sigma：生成随机序列的尺度参数
    输出：
    pi：经 M-H 采样后的序列
    '''
    # 初始分布
    pi = [0 for i in range(T)]
    t = 0
    while t < T-1:
        t = t + 1
        # 状态转移进行随机抽样
        pi_star = norm.rvs(loc=pi[t-1], scale=sigma, size=1, random_state=None)
        alpha = min(1, (smooth_dist(pi_star[0]) / smooth_dist(pi[t-1])))
        # 从均匀分布中随机抽取一个数 u
        u = random.uniform(0, 1)
        # 拒绝/接受采样
        if u < alpha:
            pi[t] = pi_star[0]
```

---

① 该代码示例参考了刘建平的博客文章《MCMC（三）MCMC 采样和 M-H 采样》，已获原作者授权使用。

```
            else:
                pi[t] = pi[t-1]
        return pi

# 执行 M-H 采样
pi = MH_sample(10000, 1)
### 绘制采样分布
# 绘制目标分布散点图
plt.scatter(pi, norm.pdf(pi, loc=3, scale=2), label='Target Distribution')
# 绘制采样分布直方图
plt.hist(pi,
         100,
         normed=1,
         facecolor='red',
         alpha=0.6,
         label='Samples Distribution')
plt.legend()
plt.show();
```

在代码清单 25-1 中，我们首先定义目标平稳分布为正态分布，然后基于平稳分布直接定义 M-H 采样过程，按照拒绝/接受进行采样，经过 10 000 次迭代后的正态分布采样效果如图 25-6 所示。

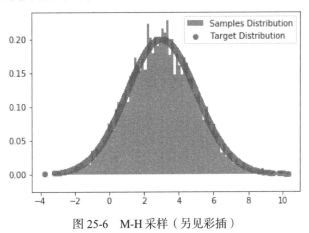

图 25-6　M-H 采样（另见彩插）

25.2.3　Gibbs 采样算法

M-H 采样虽然解决了接受率过低的问题，但仍然有一些不足。在大数据环境下，M-H 采样主要有两大缺陷：一是在数据特征特别多的情况下，M-H 采样的接受率计算公式计算效率偏低，二是多维特征之间联合概率分布难以给出，这两点使得 M-H 采样在数据量较大时有一定局限性。Gibbs 采样通过寻找更加合适的细致平稳条件来弥补 M-H 采样的缺陷。

M-H 采样通过引入接受率使细致平稳条件得到满足。现在换一个思路，我们从二维数据分布开始推演。假设 $\pi(x_1, x_2)$ 为二维联合概率分布，给定第一个特征维度相同的两个点 $A = \left(x_1^{(1)}, x_2^{(1)}\right)$ 和 $B = \left(x_1^{(1)}, x_2^{(2)}\right)$，则有下列公式成立：

$$\pi\left(x_1^{(1)}, x_2^{(1)}\right)\pi\left(x_2^{(2)} \mid x_1^{(1)}\right) = \pi\left(x_1^{(1)}\right)\pi\left(x_2^{(1)} \mid x_1^{(1)}\right)\pi\left(x_2^{(2)} \mid x_1^{(1)}\right) \tag{25-20}$$

$$\pi\left(x_1^{(1)}, x_2^{(2)}\right)\pi\left(x_2^{(1)} \mid x_1^{(1)}\right) = \pi\left(x_1^{(1)}\right)\pi\left(x_2^{(2)} \mid x_1^{(1)}\right)\pi\left(x_2^{(1)} \mid x_1^{(1)}\right) \tag{25-21}$$

式(25-20)和式(25-21)两式右边部分相等，有：

$$\pi\left(x_1^{(1)}, x_2^{(1)}\right)\pi\left(x_2^{(2)} \mid x_1^{(1)}\right) = \pi\left(x_1^{(1)}, x_2^{(2)}\right)\pi\left(x_2^{(1)} \mid x_1^{(1)}\right) \tag{25-22}$$

进一步地：

$$\pi(A)\pi\left(x_2^{(2)} \mid x_1^{(1)}\right) = \pi(B)\pi\left(x_2^{(1)} \mid x_1^{(1)}\right) \tag{25-23}$$

仔细观察式(25-23)和式(25-13)的细致平稳条件，可以发现在 $x_1 = x_1^{(1)}$ 这条直线上，如果用 $\pi\left(x_2^{(2)} \mid x_1^{(1)}\right)$ 作为马尔可夫链的状态转移概率矩阵，那么任意两点之间的状态转移也满足细致平稳条件。假设有一点 $C = \left(x_1^{(2)}, x_2^{(1)}\right)$，有：

$$\pi(A)\pi\left(x_1^{(2)} \mid x_2^{(1)}\right) = \pi(C)\pi\left(x_1^{(1)} \mid x_2^{(1)}\right) \tag{25-24}$$

基于以上发现，我们就可以构造分布 $\pi(x_1, x_2)$ 的马尔可夫链对应的状态转移概率矩阵 $\boldsymbol{P}$。若 $x_1^{(A)} = x_1^{(B)} = x_1^{(1)}$，有：

$$\boldsymbol{P}(A \to B) = \pi\left(x_2^{(B)} \mid x_1^{(1)}\right) \tag{25-25}$$

若 $x_2^{(A)} = x_2^{(C)} = x_2^{(1)}$，有：

$$\boldsymbol{P}(A \to C) = \pi\left(x_1^{(C)} \mid x_2^{(1)}\right) \tag{25-26}$$

此外：

$$\boldsymbol{P}(A \to D) = 0 \tag{25-27}$$

根据上述状态转移矩阵，可以验证平面上任意两点 J, K，能够满足如下细致平稳条件：

$$\pi(J)\boldsymbol{P}(J \to K) = \pi(K)\boldsymbol{P}(K \to J) \tag{25-28}$$

这种重新寻找细致平稳条件的方法就是 Gibbs 抽样算法。根据式(25-25)~式(25-27)的状态转移矩阵，我们就可以进行二维的 Gibbs 采样，具体过程如下。

(1) 给定平稳分布 $\pi(x_1, x_2)$、状态转移次数 m 和采样样本个数 n。

(2) 随机初始化初始状态概率 $x_1^{(0)}$ 和 $x_2^{(0)}$。

(3) 从时刻 $t = 0$ 到 $m + n - 1$ 开始遍历：

   (a) 从条件概率分布 $P\left(x_2 \mid x_1^{(t)}\right)$ 中采样得到样本 x_2^{t+1}；

   (b) 从条件概率分布 $P\left(x_1 \mid x_2^{(t+1)}\right)$ 中采样得到样本 x_1^{t+1}。

经过上述 Gibbs 采样流程得到的样本 $\left\{\left(x_1^m, x_2^n\right), \left(x_1^{m+1}, x_2^{n+1}\right), \cdots, \left(x_1^{m+n-1}, x_2^{m+n-1}\right)\right\}$ 即为目标平稳分布所对应的采样集。可以观察到，在 Gibbs 采样过程中，我们是通过一种轮换坐标轴的方式来进行采样的，采样过程为：

$$\left(x_1^{(1)}, x_2^{(1)}\right) \rightarrow \left(x_1^{(1)}, x_2^{(2)}\right) \rightarrow \left(x_1^{(2)}, x_2^{(2)}\right) \rightarrow \cdots \rightarrow \left(x_1^{(m+n-1)}, x_2^{(m+n-1)}\right) \tag{25-29}$$

如图 25-7 所示，Gibbs 采样是在两个坐标轴上不停轮换进行的。

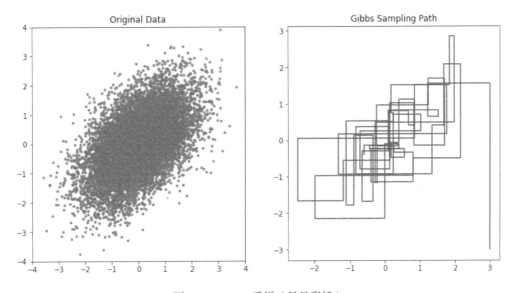

图 25-7　Gibbs 采样（另见彩插）

我们同样可以将 Gibbs 采样扩展到多维的情形，这里限于篇幅不做进一步展开。下面以二维 Gibbs 采样为例，给出一个 Gibbs 采样的 Python 实现过程。假设我们要采样的是一个二维正态分布 $N(\mu, \Sigma)$，其中：

$$\mu = (\mu_1, \mu_2) = (5, -1) \tag{25-30}$$

$$\Sigma = \begin{pmatrix} \sigma_1^2 & \rho\sigma_1\sigma_2 \\ \rho\sigma_1\sigma_2 & \sigma_2^2 \end{pmatrix} = \begin{pmatrix} 1 & 1 \\ 1 & 4 \end{pmatrix} \tag{25-31}$$

采样过程中的状态转移条件分布为：

$$P(x_1 \mid x_2) = N\left(\mu_1 + \frac{\rho\sigma_1}{\sigma_2(x_2 - \mu_2)}, (1-\rho^2)\sigma_1^2\right) \tag{25-32}$$

$$P(x_2 \mid x_1) = N\left(\mu_2 + \frac{\rho\sigma_2}{\sigma_1(x_1 - \mu_1)}, (1-\rho^2)\sigma_2^2\right) \tag{25-33}$$

基于上述公式设定，二维正态分布的 Gibbs 采样实现过程如代码清单 25-2 所示。[①]

代码清单 25-2　二维正态分布的 Gibbs 采样

```
### Gibbs 采样
# 导入 math 库
import math
# 导入多元正态分布函数
from scipy.stats import multivariate_normal

# 指定二维正态分布均值矩阵和协方差矩阵
target_distribution = multivariate_normal(mean=[5,-1], cov=[[1,0.5],[0.5,2]])

# 定义给定 x 的条件下 y 的条件状态转移分布
def p_yx(x, mu1, mu2, sigma1, sigma2, rho):
    '''
    输入：
    x: 式(25-32)中的 x2
    mu1: 二维正态分布中的均值 1
    mu2: 二维正态分布中的均值 2
    sigma1: 二维正态分布中的标准差 1
    sigma2: 二维正态分布中的标准差 2
    rho: 式(25-32)中的 rho
    输出：
    给定 x 的条件下 y 的条件状态转移分布
    '''
    return (random.normalvariate(mu2 + rho * sigma2 / sigma1 *
                                (x - mu1), math.sqrt(1 - rho ** 2) * sigma2))

# 定义给定 y 的条件下 x 的条件状态转移分布
def p_xy(y, mu1, mu2, sigma1, sigma2, rho):
    '''
    输入：
    y: 式(25-33)中的 x1
    mu1: 二维正态分布中的均值 1
    mu2: 二维正态分布中的均值 2
    sigma1: 二维正态分布中的标准差 1
    sigma2: 二维正态分布中的标准差 2
    rho: 式(25-33)中的 rho
    输出：
    给定 y 的条件下 x 的条件状态转移分布
    '''
    return (random.normalvariate(mu1 + rho * sigma1 / sigma2 *
                                (y - mu2), math.sqrt(1 - rho ** 2) * sigma1))

def Gibbs_sample(N, K):
    '''
    输入：
    N: 采样序列长度
    K: 状态转移次数
    输出：
    x_res: Gibbs 采样 x
    y_res: Gibbs 采样 y
```

---

① 该代码示例参考了刘建平的博客文章《MCMC（四）Gibbs 采样》，已获原作者授权使用。

```
        z_res: Gibbs 采样 z
        '''
        x_res = []
        y_res = []
        z_res = []
        # 遍历迭代
        for i in range(N):
            for j in range(K):
                # y 给定得到 x 的采样
                x = p_xy(-1, 5, -1, 1, 2, 0.5)
                # x 给定得到 y 的采样
                y = p_yx(x, 5, -1, 1, 2, 0.5)
                z = target_distribution.pdf([x,y])
                x_res.append(x)
                y_res.append(y)
                z_res.append(z)
        return x_res, y_res, z_res

# 二维正态分布的 Gibbs 抽样
x_res, y_res, z_res = Gibbs_sample(10000, 50)

# 绘图
num_bins = 50
plt.hist(x_res, num_bins, normed=1, facecolor='red', alpha=0.5,
         label='x')
plt.hist(y_res, num_bins, normed=1, facecolor='dodgerblue',
         alpha=0.5, label='y')
plt.title('Sampling histogram of x and y')
plt.legend()
plt.show();
```

在代码清单 25-2 中，我们首先指定了要抽样的二维正态分布，然后分别定义状态转移条件分布式(25-32)和式(25-33)，并在此基础上定义二维正态分布的 Gibbs 采样过程。基于 Gibbs 算法的二维正态分布采样的三维效果如图 25-8 所示。

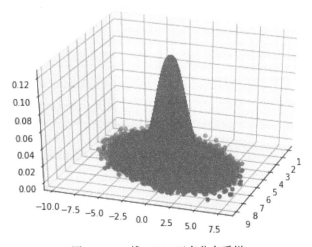

图 25-8　二维 Gibbs 正态分布采样

25.3 MCMC 与贝叶斯推断

MCMC 的一个重要应用价值，就是与贝叶斯方法相结合，MCMC 对高效的贝叶斯推断有重要作用。假设有如下贝叶斯后验概率分布：

$$p(x \mid y) = \frac{p(x)p(y \mid x)}{\int p(y \mid x)p(x)\mathrm{d}x} \tag{25-34}$$

在概率分布多元且形式复杂的情形下，经过贝叶斯先验和似然推导后，很难进行积分运算。具体包括以下三种积分运算：规范化、边缘化和数学期望。首先是后验推断中的分母，即规范化计算积分 $\int p(y \mid x)p(x)\mathrm{d}x$，在分布复杂的情况下，该式无法直接进行积分计算。如果是多元随机变量或者包含隐变量 z，后验概率分布还需要边缘化计算：

$$p(x \mid y) = \int p(x \mid z)p(y)\mathrm{d}z \tag{25-35}$$

另外，如果针对某一函数 $f(x)$，计算该函数关于后验概率分布的数学期望也包含了较为复杂的积分形式：

$$\mathrm{E}_{p(x \mid y)}\big[f(x)\big] = \int f(x)p(x \mid y)\mathrm{d}x \tag{25-36}$$

当观测数据、先验概率分布和似然函数都比较复杂的时候，以上三个积分计算都会变得极为困难，这也是早期贝叶斯推断受到冷落的一个原因。但有了 MCMC 方法的辅助之后，就可以通过 MCMC 采样来实现上述复杂积分的计算了，这极大地促进了贝叶斯方法的进一步发展。

25.4 小结

MCMC 是一种用于在概率空间中进行随机采样进而估算目标参数的后验概率分布的方法。作为一种基于已有方法的综合性方法，MCMC 分别汲取了马尔可夫链采样和蒙特卡洛采样方法的优点，在复杂分布采样上具备独特的优势。

MCMC 方法有两种经典的采样算法，分别是 Metropolis-Hasting 采样算法和 Gibbs 采样算法，Metropolis-Hasting 采样算法通过提高接受概率的方式来提高采样效率，而 Gibbs 采样通过重新寻找细致平稳条件的方式来处理大数据和高维数据采样的问题。

MCMC 和贝叶斯方法的结合使得贝叶斯推断更加高效。通过采样模拟复杂后验概率分布，能够快速得到目标参数的后验估计。

第六部分

总　　结

第 26 章

机器学习模型总结

本章是对全书机器学习模型与算法的一个大的总结，将从多个维度对本书涉及的机器学习模型进行归纳和划分，包括单模型和集成学习模型、监督学习模型和无监督学习模型、判别式模型和生成式模型、概率模型和非概率模型等，最后谈谈本书的不足并对本书未来的改进提出一些展望。

26.1 机器学习模型的归纳与分类

本书总共介绍了 26 种机器学习模型与算法，几乎涵盖了全部主流的机器学习算法，包括线性回归、对数几率回归、LASSO 回归、Ridge 回归、LDA、k 近邻、决策树、感知机、神经网络、支持向量机、AdaBoost、GBDT、XGBoost、LightGBM、CatBoost、随机森林、聚类算法与 k 均值聚类、PCA、SVD、最大信息熵、朴素贝叶斯、贝叶斯网络、EM 算法、HMM、CRF 和 MCMC。

其中决策树、神经网络、支持向量机和聚类算法都各自代表了一大类算法，比如决策树具体包括 ID3、C4.5 和 CART，神经网络包括 DNN、CNN、RNN 等网络模型，这里仅对大类算法做区分。

我们将第 1 章图 1-4 再次拿出来，将图 26-1 的模型体系划分打乱，分别从单模型和集成学习模型、监督学习模型和无监督学习模型、判别式模型和生成式模型、概率模型和非概率模型等多个维度来讨论本书涉及的 26 种算法。

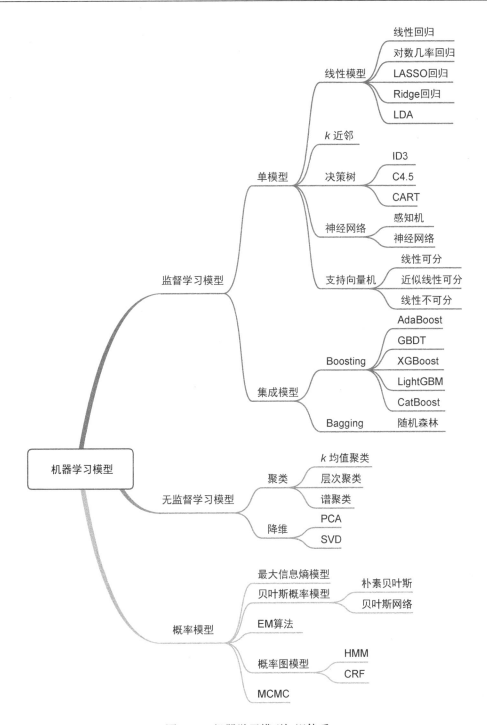

图 26-1　机器学习模型知识体系

26.1.1 单模型与集成模型

从模型的个数和性质角度来看，可以将机器学习模型划分为**单模型**（single model）和**集成模型**（ensemble model）。所谓单模型，是指机器学习模型仅包括一个模型，基于某一种模型独立进行训练和验证。本书所述监督学习模型大多可以算作单模型，包括线性回归、对数几率回归、LASSO 回归、Ridge 回归、LDA、k 近邻、决策树、感知机、神经网络、支持向量机和朴素贝叶斯等。

与单模型相对的是集成模型。集成模型就是将多个单模型组合成一个强模型，这个强模型能取所有单模型之长，达到相对的最优性能。集成模型中的单模型既可以是同类别的，也可以是不同类别的，总体呈现一种"多而不同"的特征。常用的集成模型包括 Boosting 和 Bagging 两大类，主要包括 AdaBoost、GBDT、XGBoost、LightGBM、CatBoost 和随机森林等。单模型和集成模型分类如图 26-2 所示。

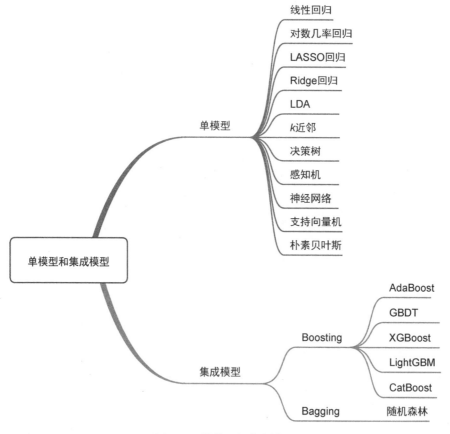

图 26-2　单模型与集成模型

26.1.2 监督模型与无监督模型

监督模型（supervised model）和**无监督模型**（unsupervised model）代表了机器学习模型最典型的划分方式，几乎所有模型都可以归类到这两类模型当中。监督模型是指模型在训练过程中根据数据输入和输出进行学习，监督模型包括**分类**（classification）、**回归**（regression）和**标注**（tagging）等模型。无监督模型是指从无标注的数据中学习得到模型，主要包括**聚类**（clustering）、**降维**（dimensionality reduction）和一些概率估计模型。

图 26-2 中所有单模型和集成模型都是监督模型，图 26-1 中的一部分概率模型也属于监督模型，包括 HMM 和 CRF，它们属于其中的标注模型。无监督模型主要包括 k 均值聚类、层次聚类和谱聚类等一些聚类模型，以及 PCA 和 SVD 等降维模型。另外，MCMC 也可以作为一种概率无监督模型。监督模型和无监督模型的划分如图 26-3 所示。

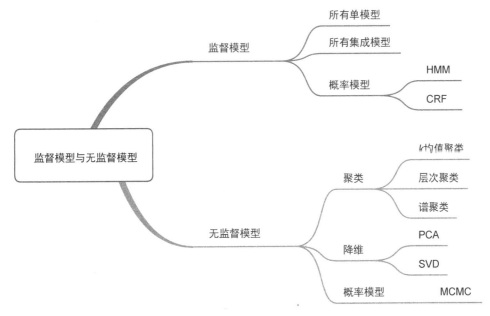

图 26-3 监督模型与无监督模型

26.1.3 生成式模型与判别式模型

在机器学习模型中监督模型占主要部分，针对监督模型，我们可以根据模型的学习方式将其分为**生成式模型**（generative model）和**判别式模型**（discriminative model）。生成式模型的学习特点是学习数据的联合概率分布 $P(X, Y)$，然后基于联合分布求条件概率分布 $P(Y \mid X)$ 作为预测模型，如式(26-1)所示：

$$P(Y\mid X)=\frac{P(X,\,Y)}{P(X)} \tag{26-1}$$

常用的生成式模型包括朴素贝叶斯、HMM 以及隐含狄利克雷分布模型等。

判别式模型的学习特点是基于数据直接学习决策函数 $f(X)$ 或者条件概率分布 $P(Y\mid X)$ 作为预测模型，判别式模型关心的是对于给定输入 X，应该预测出什么样的 Y。常用的判别式模型有线性回归、对数几率回归、LASSO 回归、Ridge 回归、LDA、k 近邻、决策树、感知机、神经网络、支持向量机、最大信息熵模型、全部集成模型以及 CRF 等。生成式模型与判别式模型的划分如图 26-4 所示。

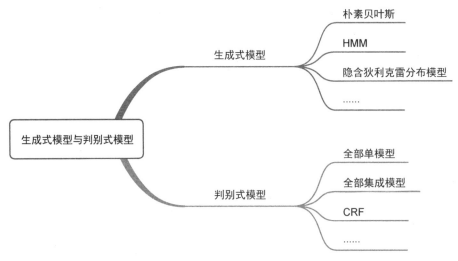

图 26-4　生成式模型与判别式模型

26.1.4　概率模型与非概率模型

根据模型函数是否为概率模型，可以将机器学习模型分为**概率模型**（probabilistic model）和**非概率模型**（non-probabilistic model）。通过对输入 X 和输出 Y 之间的联合概率分布 $P(X,\,Y)$ 和条件概率分布 $P(Y\mid X)$ 进行建模的机器学习模型，都可以称为概率模型。而通过对决策函数 $Y=f(X)$ 建模的机器学习模型，即为非概率模型。

常用的概率模型包括朴素贝叶斯、贝叶斯网络、HMM 和 MCMC 等，而线性回归、k 近邻、支持向量机、神经网络以及集成模型都可以算作非概率模型。

需要注意的是，概率模型与非概率模型的划分并不绝对，有些机器学习模型既可以表示为概率模型，也可以表示为非概率模型。比如决策树、对数几率回归、最大信息熵模型和 CRF 等模型，就兼具概率模型和非概率模型两种解释。概率模型和非概率模型的划分如图 26-5 所示。

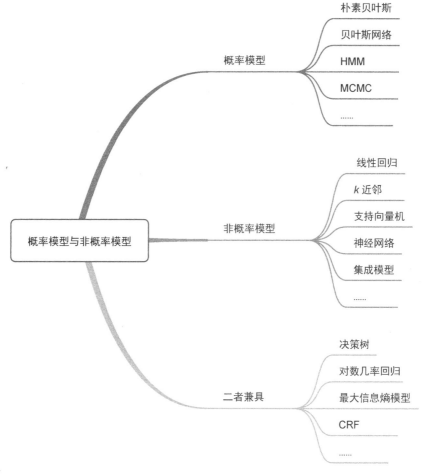

图 26-5　概率模型与非概率模型

26.2　本书的不足和未来展望

　　本书的主题围绕机器学习模型与算法理论，最大的特点是着重机器学习模型背后的数学推导和不借助或少借助主流机器学习库的代码实现。一个可能的好处是，本书对主流的机器学习算法囊括很全面，对大部分模型与算法的理论和细节以及必要的推导能落到实处。借助代码实现，能够帮助读者深入掌握大部分机器学习理论，以及应对工业界相关岗位的算法面试。

　　饶是如此，本书仍然有较为明显的不足之处。本书虽然以数学理论和公式推导为支撑，但对于大部分机器学习模型的推导还停留在非常浅薄的层面，部分章节甚至可能有未发现的错误。机器学习理论浩瀚庞杂，总体而言，这并不是一本能够深入到理论本质的参考书，在阅读过程中，也请各位读者不要迷信本书的所有推导公式，唯真唯实，方能探寻机器学习的真理。

除此之外，本书也不是一本重在技术实践的书。通读全书，可以发现只有极少的章节用了具体的数据实例，对于大多数章节，主要还是以公式理论加上对应的算法代码实现的形式来进行讲解。所以，本书是一本重在理论而弱于实战的机器学习算法书，这既是本书的一个特点，也是一个不足之处。

下一步，笔者将继续对内容进行优化，并不断收集读者反馈，优化全书中的代码实例，并对每一个算法配套以合适的数据实例，使得全书更完善、更立体。

参考文献

1. The NumPy community. NumPy quickstart[EB/OL], 2021-06-22.

2. scikit-learn developers. Getting Started[EB/OL], 2020-10-08.

3. 李航. 统计学习方法[M]. 北京: 清华大学出版社, 2012.

4. 周志华. 机器学习[M]. 北京: 清华大学出版社, 2016.

5. 谢文睿, 秦州. 机器学习公式详解[M]. 北京: 人民邮电出版社, 2021.

6. eriklindernoren. ML-From-Scratch[EB/OL], 2019-10-19.

7. heolin123. id3[EB/OL], 2016-03-23.

8. Fei-Fei Li, Justin Johnson, Serena Yeung. CS231n: Convolutional Neural Networks for Visual Recognition[EB/OL], 2015-11-20.

9. mblondel. svm.py[EB/OL], 2010-09-01.

10. 鲁伟. 深度学习笔记[M]. 北京: 北京大学出版社, 2020.

11. Andrew NG, K Katanforoosh, Y B Mourri. Deep Learning Specialization[EB/OL].

12. 周志华. 集成学习 基础与算法[M]. 李楠, 译, 北京:电子工业出版社, 2020.

13. Chen T, Guestrin C. Xgboost: A scalable tree boosting system[C]//Proceedings of the 22nd acm sigkdd international conference on knowledge discovery and data mining. 2016: 785-794.

14. Ke G, Meng Q, Finley T, et al. Lightgbm: A highly efficient gradient boosting decision tree[J]. Advances in neural information processing systems, 2017, 30: 3146-3154.

15. Prokhorenkova L, Gusev G, Vorobev A, et al. CatBoost: unbiased boosting with categorical features[J]. arXiv preprint arXiv:1706.09516, 2017.

16. fmfb. BayesianOptimization[EB/OL], 2020-12-19.

17. pgmpy. pgmpy[EB/OL], 2021-10-05.

18. 宗成庆. 统计自然语言处理[M]. 北京: 清华大学出版社, 2008.

19. 永远在你身后. 一站式解决: 隐马尔可夫模型(HMM)全过程推导及实现[EB/OL], 2019-10-09.

20. TeamHG-Memex. sklearn-crfsuite[EB/OL], 2019-12-05.

21. 刘建平. MCMC(三)MCMC 采样和 M-H 采样[EB/OL], 2017-03-29.

22. 刘建平. MCMC(四)Gibbs 采样[EB/OL], 2017-03-30.

23. jessstringham. notebooks[EB/OL], 2018-05-23.

技术改变世界 · 阅读塑造人生

图解机器学习算法

◆ 152张图表，轻松掌握17种常用算法！
◆ 没有复杂公式，零基础也可轻松读懂！

作者：秋庭伸也，杉山阿圣，寺田学
译者：郑明智

机器学习实战

◆ 使用Python阐述机器学习概念
◆ 介绍并实现机器学习的主流算法
◆ 面向日常任务的高效实战内容

作者：Peter Harrington
译者：李锐，李鹏，曲亚东，王斌

机器学习算法竞赛实战

◆ 腾讯广告算法大赛两届冠军、Kaggle Grandmaster倾力打造
◆ 赛题案例来自Kaggle、阿里天池、腾讯广告算法大赛
◆ 按照问题建模、数据探索、特征工程、模型训练、模型融合的步骤讲解竞赛流程

作者：王贺，刘鹏，钱乾

技术改变世界 · 阅读塑造人生

深度学习的数学

◆ 穿插235幅插图和大量具体示例讲解，对易错点、重点反复说明，通俗易懂
◆ 书中使用Excel进行理论验证，帮助读者直观地体验深度学习的原理
◆ 只需基础的数学知识，有一定基础的读者也可以通过本书加深理解

作者： 涌井良幸，涌井贞美
译者： 杨瑞龙

深度学习入门：基于 Python 的理论与实现

◆ 日本深度学习入门经典畅销书，长期位列日亚"人工智能"类图书榜首
◆ 使用Python 3，尽量不依赖外部库或工具，从零创建一个深度学习模型
◆ 示例代码清晰，源代码可下载，简单易上手
◆ 结合直观的插图和具体的例子，将深度学习的原理掰开揉碎讲解，简明易懂

作者： 斋藤康毅
译者： 陆宇杰

Python 深度学习

◆ 30多个代码示例，带你全面掌握如何用深度学习解决实际问题
◆ Keras框架速成的明智之选
◆ 夯实深度学习基础，在实践中培养对深度神经网络的良好直觉
◆ 无须机器学习经验和高等数学背景

作者： 弗朗索瓦·肖莱
译者： 张亮（hysic）